中国空气动力研究与发展中心系列图书

# 风洞轴流式风扇气动设计

廖达雄　黄知龙　等著

国防工业出版社

·北京·

# 内 容 简 介

本书较系统地介绍风洞轴流式风扇的气动设计方法及应用,内容包括风洞用轴流式风扇的特点、基本设计理论、工程设计方法、性能分析和试验测试。重点介绍了目前工程上应用成熟的自由涡和任意涡两种设计方法,并给出了应用实例。此外,作者还依据自身的工程实践对风洞中风扇设计密切相关的问题进行了探讨和说明,包括设计点选取、非设计点性能评估、风扇噪声分析控制及风扇设计新技术、新动态。

本书可作为从事管道轴流式风扇空气动力学设计方向的相关技术人员、教师和研究生参考用书。

**图书在版编目(CIP)数据**

风洞轴流式风扇气动设计／廖达雄等著. —北京：
国防工业出版社,2018.10
ISBN 978 - 7 - 118 - 11736 - 3

Ⅰ．①风… Ⅱ. ①廖… Ⅲ. ①风扇 - 风洞试验 - 气动
技术 Ⅳ. ①V211.74

中国版本图书馆 CIP 数据核字(2018)第 215752 号

※

*国防工业出版社*出版发行
(北京市海淀区紫竹院南路23号 邮政编码100048)
北京龙世杰印刷有限公司印刷
新华书店经售
*
开本 710×1000 1/16 印张 19 字数 348 千字
2018 年 10 月第 1 版第 1 次印刷 印数 1—1500 册 定价 198.00 元

**(本书如有印装错误,我社负责调换)**

国防书店:(010)88540777 发行邮购:(010)88540776
发行传真:(010)88540755 发行业务:(010)88540717

# 前　言

　　风洞是开展空气动力学研究和飞行器研制的重要基础地面试验设备,是提高我国核心竞争力和战略威慑力的重要战略资源,是加快我国国防现代化特别是武器装备现代化的重要支撑。轴流式风扇系统是低速风洞的动力源,为风洞提供稳定运转所需的能量,同时风扇还是风洞的主要噪声源之一,其设计的好坏,对风洞运行效能和试验段气流动态流场品质具有决定性的影响。因此,轴流式风扇气动设计在低速风洞设计中占有举足轻重的地位。

　　迄今为止,国内尚没有比较系统和深入介绍风洞轴流式风扇气动设计的书籍。本书内容是中国空气动力研究与发展中心设备设计及测试技术研究所 40 多年从事风洞设计的经验总结,同时参阅了大量国内外相关文献,吸收其精华。在内容取舍上,力求系统性、知识性、实用性和前瞻性。

　　全书共 10 章,第 1 章概述了风洞的基本概念、组成及风洞轴流式风扇的特点、工作原理、基本组成、基本形式、调节方式、设计要求及流程等。第 2 章是风洞轴流式风扇设计基本理论,主要介绍了流体动力学基本理论、叶型及二维叶栅相关理论等。第 3 章是叙述了风洞轴流式风扇两种工程气动设计方法,包括总体参数确定、转子叶片设计、导叶设计、整流罩设计、风扇效率以及受力分析等内容。第 4 章风扇气动设计分析及优化,着重论述了相似理论在轴流式风扇中的应用,以及设计点选取、非设计点性能评估、雷诺数及真实气体效应等对性能的影响分析。第 5 章是风扇噪声分析及控制技术,主要阐述了风扇噪声的基本概念、评价与标准、风扇噪声的估算方法、风扇噪声测量技术、降低风扇气动噪声的主被动降噪方法等。第 6 章是风扇内流场数值模拟技术,在简要介绍轴流式风扇物理模型建立的基础上,重点探讨了基于 CFD 的风扇气动性能预测、性能优化方法及动静叶对噪声影响评估等。第 7 章是风扇性能试验及测试技术,系统地介绍了风扇性能测试的内容、步骤、设备和数据分析方法。第 8 章以两个典型轴流风扇工程设计为例,详细介绍了本书阐述内容在低速风洞设计中的应用。第 9 章介绍了目前轴流式风扇设计新技术、新动态。第 10 章为风洞中轴流式风扇设计常用翼型及相关数据。

　　参加本书编写的人员有中国空气动力研究与发展中心设备设计及测试技术研究所气动设计室黄知龙、屈晓力、丛成华、吕金磊、雷鹏飞、张海洋、郑娟等。

参加校审工作的有李方洲、栗根文、陈作斌、肖泰顺、王宁、彭磊、龙炳祥等。

本书不仅适用从事风洞轴流式风扇设计与运行的工程技术人员阅读,也可供从事与轴流式风扇设计相关其他专业的技术人员参考。

在本书的编写过程中,得到了中国空气动力研究与发展中心两级机关、领导和专家的关心和支持,在此表示衷心的感谢。

由于编著者学识水平有限,不妥之处在所难免,敬请读者批评指正,也欢迎对书中内容持不同观点的读者与作者交流、讨论。

作者
2018 年 5 月

# 目　录

# 第1章 风洞轴流式风扇概述

## 1.1 风洞及其动力系统

### 1.1.1 风洞简介

空气动力学研究有三大手段,分别为风洞试验、数值模拟和模型自由飞。它们之间相互补充、相互促进、协调发展,缺一不可。

数值模拟全称计算流体力学或计算流体动力学(CFD),是用电子计算机和离散化的数值方法对流体力学问题进行数值模拟和分析的一个力学分支,是国际上一个强有力的研究领域,是进行传热、传质、动量传递及燃烧、多相流和化学反应研究的核心和重要技术,广泛应用于航天设计、汽车设计、生物医学工业、化工处理工业、涡轮机设计和半导体设计等诸多工程领域。20 世纪 60 年代以来,CFD 技术在空气动力学研究领域异军突起,计算空气动力学用数值方法借助于电子计算机求满足初、边值条件的空气动力学基本方程组的数值解,即对空气流动的流场进行数值模拟,为飞行器的研制和性能评估发挥了极其重要的作用(图 1 - 1)。CFD 技术在空气动力学研究中得到了迅速发展的主要原因:一是利用计算的方法,不但可以对外形给定的飞行器进行空气动力学的分析,还可以按预定的气动特性要求设计飞行器的外形,得出流场中物理量的细节分布,不存在风洞试验中洞壁和支架干扰等一系列麻烦而难解的问题;二是计算机的运算能力迅速提高,计算费用不断下降。CFD 技术在飞行器的空气动力学分析和设计中发挥着越来越大的作用,使设计过程发生了根本性的变革,其主要内容包括建立数学模型、数值计算方法、计算机技术三个方面。CFD 目前已经广泛应用于飞行器研制前期的选型和优化工作。同时,由于 CFD 仿真结果的精度高度依赖于复杂流场仿真前置处理时的边界条件与实际流动的一致性,目前也有不少无法完全依靠计算解决的复杂问题,如包含有湍流、流动转捩、燃烧和化学反应等的工程技术问题,还需要依赖风洞试验的测试结果进行验证。而开展大流场的直接 N - S 方程数值模拟还受到计算能力的限制,因此飞行器气动外形的最终定型都需要通过风洞试验的考核。

模型自由飞试验是飞行器模型在天空中飞行进行空气动力、气动热、飞行力

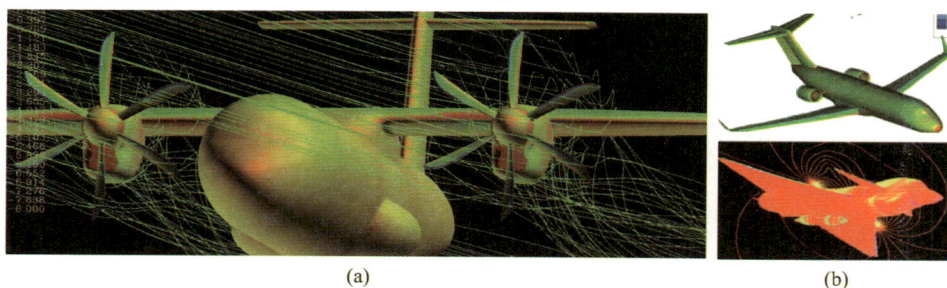

图 1-1　飞行器流场数值模拟

学或其他问题研究的一种模拟飞行试验手段。模型自由飞试验在航空技术发展过程中起着不可替代的重要作用(图 1-2)。采用缩比模型制造的遥控飞机真实地预测了多种型号飞机的失速、尾旋,以及大迎角飞行特性。在这些飞行试验中,外参数测量技术对于研究型号飞机模型的飞行轨迹、失速特性、失速改出、失速改出的安全高度、尾旋特性、尾旋速度、尾旋半径、尾旋改出的高度损失和尾旋安全高度等至关重要。目前,依赖于飞行控制技术和无线遥测技术的迅速发展,模型自由飞也成为越来越热门的领域。同时,由于受到模型尺寸大小、雷诺数模拟、模型材料特性等的限制,同样需风洞试验测试结果作为支撑。

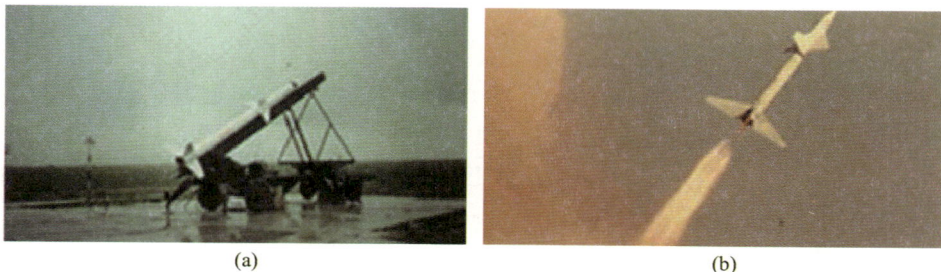

图 1-2　模型自由飞试验

　　风洞是指按一定要求设计,产生和驱动可控制气流的管道系统,根据运动的相对性和相似性原理进行各种气动力或气动热试验的设备。连续式风洞示意图如图 1-3 所示,它是目前开展空气动力学研究和飞行器研制最基础的地面试验设备及最有效的工具之一。风洞试验是飞行器研制工作中一个不可缺少的重要组成部分,是目前最经济可靠的飞行器研制手段,它不仅在航空航天工程的研究和发展中起十分重要的作用,且随着工业空气动力学的发展和人民对美好生活的向往越来越强烈,其在交通运输、桥梁建筑、风能利用及体育竞技等国民经济领域也扮演着越来越重要的角色。

　　风洞被称为先进飞行器研制的摇篮,将飞行器的缩比模型(对于特大型风

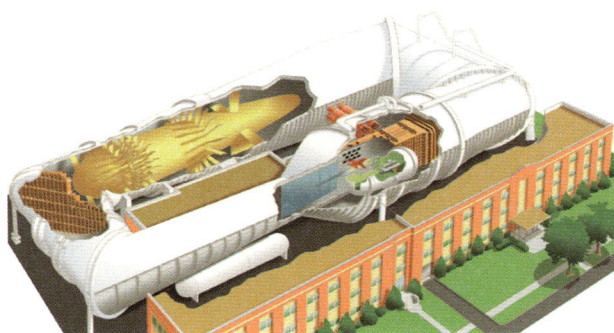

图 1 - 3　连续式风洞示意图

洞有可能是全尺寸模型,也有可能是飞行器的某个零部件,如机翼和尾翼等)安装在风洞试验段内(图 1 - 4),通过相应测试手段获得飞行器设计和改进需要的基础数据,包括压力分布、阻力系数、升力系数、气动加热特性等。相对于后期在大气环境中的飞行试验,风洞提供了飞行器研发前期一个高效、方便、经济的试验手段。现代飞行器的设计对风洞的依赖性很大。例如,20 世纪 50 年代美国 B - 52 轰炸机的研制,曾进行了约 10000h 的风洞试验,而 80 年代第一架航天飞机的研制则进行了约 100000h 的风洞试验。借助于现代测试技术,可以测量的参数数量和测量精度都有了巨大的提升,天平可以测量飞行器的气动力,温敏漆 (TSP) 和压敏漆 (PSP) 可以测量飞行器表面的全场温度压力分布,粒子图像速度场 (PIV) 可以测量速度场分布,激光诱导荧光技术 (LIF) 可以测量密度场分布,加之一些非常经典的测试技术如纹影、阴影、丝线、烟线、油流等,在风洞中获取气流流过试验模型时相关流动参数的能力相当强大。

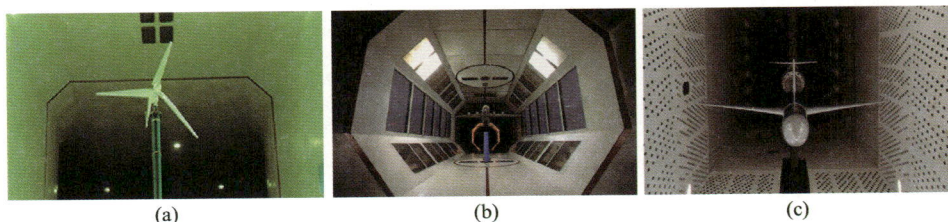

(a)　　　　　　　　　　(b)　　　　　　　　　　(c)

图 1 - 4　风洞模型试验

　　当汽车行驶速度达到 110km/h 以上时,风的阻力占到总行驶阻力的 70%,也就是说大部分燃油消耗在了克服风阻上。同时,风噪将会明显增加,超越发动机噪声和路面噪声成为主要的噪声源,影响乘员舒适性。因此优化汽车外形设计,减少风阻、提高行车安全性、降低噪声,是汽车风洞试验的主要目的。而对于新一代高速动车组的最高行驶速度达到 480km/h,随着列车行驶速度的提高,列车的空气动力学问题日益突出。列车空气动力研究的目的主要是减小气动阻力,改善操纵稳定性,提高安全舒适性及减小其对环境的影响。列车在空气中高速运动时,其气动性能(如气动阻力、气动升力等)与列车的外形有着密切的关系。另外,高铁列车的小半径转弯、进出隧道、交汇等特殊情况将引起更为复杂和显著的空气动力学问题,这些问题都通过获得大量的风洞试验数据并对原有设计进行了改进。

在桥梁和建筑物方面,气流绕过一般非流线型外形的桥梁和建筑结构时,会产生涡旋和流动的分离,形成复杂的空气作用力。当结构的刚度较大时,保持静止不动,这种空气作用力只相当于静力作用;当桥梁和建筑结构的刚度较小时,结构振动得到激发,这时空气力不仅具有静力作用,而且具有动力作用。在过去相当长的时间内,人们把风对结构的作用仅仅看成是一种由定常风所引起的静力作用。1940 年秋,美国华盛顿州建成才 4 个月的塔科马(Tacoma)悬索桥在不到20m/s 的 8 级风作用下发生强烈的风致振动——反对称扭转振动而导致桥面折断和桥面坍塌,这才开始了以风致振动为重点的桥梁抗风研究。桥梁风洞常见开展的三种试验为静力三分力试验、弹簧悬挂刚体节段试验和全桥气动弹性模型试验。大型建筑和桥梁是有相关的风洞试验国家标准的。我国目前建设的所有大型桥梁都在风洞中通过了风载考核。

风洞试验相对于数值模拟和模型自由飞这两种手段而言,其具有以下一些显著特点:

(1)风洞中气流参数,如速度、压力、密度、温度等,可进行精确控制,并随时根据需要改变,因此风洞试验可以方便、可靠地满足各种试验要求。

(2)风洞试验在室内进行,一般不受环境大气变化的影响,可以全天候开展试验,因而风洞的可利用率极高。

(3)风洞中不仅可以测试整机性能,而且可以分别测量各部件(如机翼、机身、尾翼)及其组合体的性能。

(4)较之模型自由飞等其他手段,风洞试验还具有价格低廉和可重复的优点。

风洞试验也具有一些不足之处,主要体现在模拟的试验流场难以保证与真实飞行条件下的流场完全相似:

(1)因为工程实践中受到投资造价和运行动力消耗的限制,风洞试验很难同时满足所有的相似准则,如马赫数和雷诺数。但随着特种风洞的建设,如大型低温风洞的建成实现了雷诺数、马赫数及运行压力的独立控制模拟。

(2)风洞的气流存在边界,不可避免地存在洞壁的影响(称为洞壁干扰),同时模型支撑也会影响流场(称为支架干扰)。这些都会对数据的准确性带来影响,但工程上已经建立了较成熟的修正方法。

基于风洞试验的上述特点,国内外已有的研究表明,风洞试验是目前开展飞行器气动力研究和性能测试最经济可靠的技术途径。因而世界各国先后建造了大量各种类型、不同速度及尺寸的风洞,为先进飞行器的研制做出了不可替代的贡献。世界航空航天强国成立了专门从事风洞设计、研究和试验的机构或单位持续开展风洞的相关研究工作,著名的研究机构如美国国家航空航天局(NASA)下属的兰利(Langley)研究中心、艾姆斯(Ames)研究中心、格林(Glenn)研究中心等,俄罗斯中央流体力学研究院(TSAGI)、法国国家航空航天研究院(ONERA)、德国航空航天研究院(DLR)、意大利航空研究中心(CIRA)、英国奎奈蒂克(QinetiQ)公司、英国宇航系统(BAE)公司和英国飞机研究协会(ARA)等。风洞设备的发展大致经历了低速风洞发展阶段,超声速风洞发展阶段,跨声速风洞发展阶段,高超声速风洞发展阶段,风洞设备更新改造和稳定发展阶段,以及风洞设备发展适应新需求、探索新概念风洞发展阶段。20 世纪 90 年代,随着经济全球化和型号发展数量的减少,一方面风洞设备在数量上呈现出过剩状态,另一方面又缺少能满足未来型号精细化发展要求的高性能风洞。

世界上公认的第一座风洞是由英国航空协会的 Frank H. Wenham 于 1871年建成,长 3.7m,宽 0.457m,使用蒸汽驱动的风扇可以产生 64km/h 气流。美国的莱特兄弟于 1901 年建造了一座截面尺寸 0.4m × 0.4m、风速 12m/s 的风洞,以此为试验装置,于 1903 年成功试飞了世界上第一架载人飞机。风洞的大量出现是在 20 世纪中叶,到目前为止,全世界的风洞总数已达千余座,试验段口径的特征尺寸从几十毫米至几十米,试验段气流速度从几米每秒至声速的几十倍,运行介质的温度从零下几百摄氏度至零上几千摄氏度。最大的低速风洞是位于美国加州圣何塞的国家航空航天局艾姆斯研究中心的国家全尺寸设备(NFSF),试验段尺寸为 24.4m × 36.6m,足以试验一架完整的真飞机,每台风扇由 1 台16.5MW 电机驱动,可以产生 185km/h 的气流速度。目前,雷诺数最高的大型跨声速风洞是美国兰利研究中心的国家跨声速设备(NTF),建成于 20 世纪 80年代,它是一座试验段尺寸为 2.5m × 2.5m 的低温增压风洞。采用了喷注低温液氮的技术,大大降低试验介质气体温度,从而使风洞试验的雷诺数达到或接近飞行器的实际飞行值,它采用了一级轴流式压缩机驱动,试验段最大运行马赫数1.20,驱动功率约 100MW。世界上公认的性能最佳低速风洞位于荷兰的DNW – LLF,建成于 1980 年,配置 3 个可更换的闭口试验段(6m × 6m、8m × 6m、9.5m × 9.5m),采用单级风扇驱动,风扇段直径 12.3m,驱动功率 14.3MW,最大试验段风速 80m/s。流场品质最优的跨声速风洞为欧洲跨声速风洞(ETW),1992 年由德国、荷兰、法国和英国合资建成,试验段尺寸 2m × 2.4m,马赫数范围0.15 ~ 1.30,最低运行气流总温 110K,由两级轴流压缩机驱动,驱动功率 50MW。

我国现有风洞(设备)绝大多数都是新中国成立后逐步建成的。经过几十年的不断发展,目前已经形成了初具规模的风洞群,其风洞规模亚洲第一,国际上仅次于美国,主要分布于中国空气动力研究与发展中心(CARDC)、中国航空工业空气动力研究院、中国航天空气动力技术研究院、中国科学院力学研究所及各个高等院校实验室。截至 2010 年,我国已经拥有各类风洞(设备)共 140 余座,其数量分布见表 1-1,覆盖了低速、高速和超高速所有运行速度范围,其中各类工程型风洞 37 座,见表 1-2。

表 1-1　国内风洞(设备)分布情况

| 单位名称 | 风洞总数量 | 工程型风洞数量 |
|---|---|---|
| 中国空气动力研究与发展中心 | 52 | 20 |
| 中国航天空气动力技术研究院 | 22 | 7 |
| 中国航空工业空气动力研究院 | 8 | 4 |
| 中国兵器工业集团第二〇三研究所 | 1 | 1 |
| 中国科学院力学研究所 | 10 | — |
| 高等院校 | 50 | 5 |
| 合计 | 143 | 37 |

表 1-2　国内工程型风洞(设备)分布情况

| 单位名称 | 低速风洞 | 跨超声速风洞 | 高超声速风洞 | 超高速设备 | 特种试验设备 | 合计 |
|---|---|---|---|---|---|---|
| 中国空气动力研究与发展中心 | 4 | 4 | 4 | 5 | 3 | 20 |
| 中国航天空气动力技术研究院 | 1 | 2 | 3 | 1 | — | 7 |
| 中国航空工业空气动力研究院 | 1 | 3 | — | — | — | 4 |
| 中国兵器工业集团第二〇三研究所 | — | 1 | — | — | — | 1 |
| 高等院校 | 3 | 1 | 1 | — | — | 5 |
| 合计 | 9 | 11 | 8 | 6 | 3 | 37 |

## 1.1.2　风洞的组成及分类

风洞通常主要由洞体、动力系统、测量控制系统及辅助系统组成,各部分的具体形式因风洞类型和试验需求不同而异。典型连续式跨声速风洞系统组成如图 1-5 所示,除风洞洞体外,还包括诸多分系统以实现特定的功能,确保风洞协调安全运行。

洞体是用于实现运行介质按照预定的设计路径和要求流动的管道。有一个能对试验模型进行测量和观察的试验段。试验段上游有提高气流匀直度、降低湍流度的稳定段和使气流加速到所需流速的收缩段和喷管。试验段下游有降低流速、减少能量损失的扩压段。对于回流式风洞一般还有将气流转向的 4 个拐

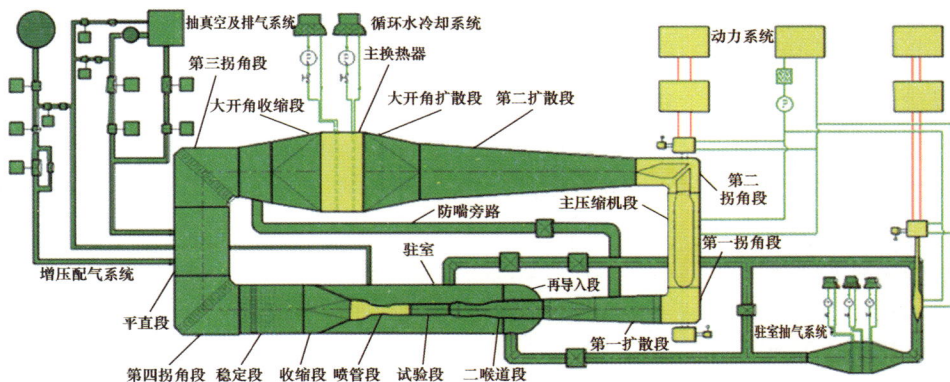

图 1 - 5  典型连续式高速风洞系统组成

角段和平衡动力系统输入能量的换热器段。为了降低风洞内外的气流噪声,往往在尺寸较大的部段、拐角段或排气口等处装有消声器。

动力系统是给风洞运行介质输入能量的驱动系统。根据风洞运行方式的不同将动力系统分为两大类:一类是提供连续式风洞运行的所需功率的轴流式风扇系统(或轴流压缩机系统),一般用于低速风洞、亚声速风洞、跨声速风洞。连续式风洞具有持续运行时间长、风洞试验段流场气流稳定、能够精确地重复某设定试验段内气流流动参数,有利于得到可靠的非定常试验数据和风洞运行试验费用较低等特点。另一类采用间歇式运行模式,即通过长时间积累能量,如把空气压缩到一定的高压并储存在高压储罐内,短时间泄出,快速建立暂冲式风洞运行所需要的压力比。暂冲式风洞设计简单、建造周期短、投资少、启动快、在高速流动建立过程中施加给模型的启动负荷相对较小;但是工作时间较短,一般为几秒到几十秒。对于脉冲式风洞,运行时间短至毫秒量级。

测量控制系统按预定的试验程序控制动力系统、各种阀门、运动部件、模型姿态,并通过天平、压力和温度等传感器,由数据采集与处理系统测得气流参数、模型姿态和模型上的力、压力有关的物理量,以确定飞行器的气动性能和流场状态。

辅助系统是满足风洞正常运行或试验技术开展所需要的配套系统,如冷却水系统、干燥系统、润滑油系统、抽真空系统及进排气系统等。依据风洞类型和实现的功能需求不同,辅助系统千差万别。

风洞种类多样,外观形式和用途也各有不同,风洞有多种分类的方式,国内外都比较认可的风洞分类方法有两种:一是按照试验段的流动速度;二是按照可运行时间的长短。按照试验段速度范围通常可将风洞分为低速风洞($Ma < 0.4$)、亚声速风洞($0.4 \leqslant Ma < 0.8$)、跨声速风洞($0.8 \leqslant Ma < 1.4$)、超声速风洞($1.4 \leqslant Ma < 5.0$)、

高超声速风洞($5.0 \leqslant Ma < 10$)和高焓高超声速风洞($Ma \geqslant 10$),马赫数表示气流速度与当地声速之比。工业空气动力学研究领域的风洞基本都属于低速类风洞,航空飞行器研究领域的风洞一般涉及从低速类到超声速类风洞,而航天及导弹研究领域的风洞则主要涉及高超声速及高焓高超声速类风洞。风洞试验段所需的不同速度范围也决定了其工作原理、形式、构造和尺寸等。

另外,按照风洞可运行时间的长短,又可将风洞分为连续式风洞、暂冲式风洞和脉冲风洞三大类。本书描述的风扇系统主要针对连续式低速风洞类型。为了满足各种特殊试验的需要,还可建设各种专用风洞,如供研究飞机穿过结冰云层飞行时飞机表面局部结冰现象的结冰风洞,供研究飞机尾旋飞行特性之用的立式风洞。研究飞行器动力系统的推进风洞及以水为运行介质的水洞。还有如汽车风洞、建筑风洞和桥梁风洞,这类风洞经常需要模拟大气边界层的影响。按照风洞的总体布局形式,风洞还可分为直流式、回流式及半回流式等。对于常规低速风洞,其类型也是多种多样的,有单回流式,双回流式,直流式等等。低速风洞的试验段有开口和闭口两种基本构型。对于常规低速风洞的发展,到 20 世纪 70 年代以后,常规低速风洞的基本形式已趋于集中并统一为直流式和单回流式两种,单回流式风洞称为回流式风洞。而对于暂冲式高速还存在半回流的形式,暂冲式风洞按照驱动方式还可分下吹式和引射式。下面简要介绍几种典型的高低速风洞形式。

图 1-6 是典型直流连续式低速风洞,为大气边界层风洞,位于中国建筑科学研究院(CABR)。该风洞主要用于开展建筑物风工程试验研究,2008 年 12 月建成使用。风洞配置串联式双试验段,主试验段截面尺寸为 4m(宽)×3m(高),空风洞最大设计风速 30m/s。次验段截面尺寸为 6m(宽)×3.5m(高),空风洞最大设计风速 18m/s。采用单级轴流式风扇为动力驱动。该风洞进出口均与环境大气相通,试验介质为空气。

图 1-6　典型直流式低速风洞(CABR 边界层风洞)

图 1 – 7 是典型回流式高速风洞,1961 年建成,位于法国国家航空航天研究院。配置有两个试验段:亚声速试验段尺寸 1.77m(高)× 1.75m(宽),马赫数范围 0.1 ~ 1.3;超声速试验段尺寸 1.935m(高)× 1.75m(宽),马赫数范围 1.5 ~ 3.1。风洞由多级轴流压缩机驱动运行。该风洞可以实现增压运行,最大总压达到 2.5atm(1atm = 1.013 × 10$^5$Pa),风洞配有冷却水循环管路,可以实现一定程度的温度控制,试验介质为空气。

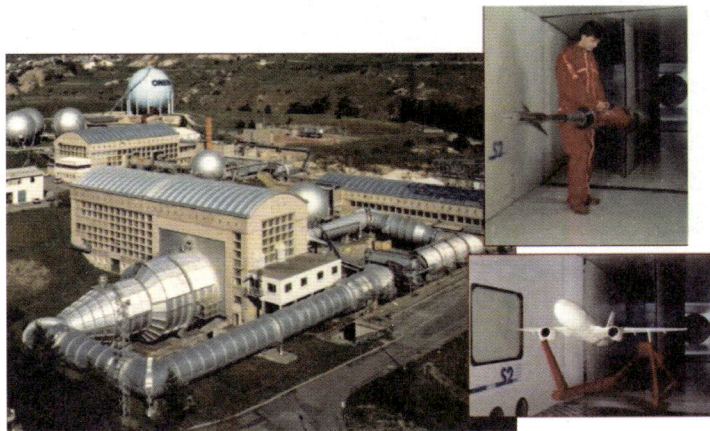

图 1 – 7   典型回流式高速风洞(法国的 S2MA 风洞)

图 1 – 8 是典型暂冲式高速风洞,建成于 1959 年,可以实现马赫数 0.1 ~ 5.5,配置多个试验段,最大的试验段尺寸为 0.80m(宽)× 0.76m(高)。稳定段前方安装有加热器,可将气体加热至最高 530K。在低速或者马赫数较低的超声速运行时,直接采用下吹方式运行;马赫数较高时,则为下吹 + 真空罐抽吸运行。风洞本身的运行总压可以达到 7.5atm;供气系统为中压气源,容积达到 9500m$^3$,最大压力 9atm。风洞运行时间从数十秒至数分钟不等,由运行时所配置的试验段尺寸和风洞运行参数决定。

图 1 – 9 是典型引射式高速风洞,1998 年建成于中国空气动力研究与发展中心高速空气动力研究所。试验段尺寸 2.4m(高)× 2.4m(宽),通过多喷嘴等面积引射器注入高能量气体驱动风洞运行。马赫数范围 0.25 ~ 1.20,试验介质为空气。该风洞的运行时间受限于中压气源容积的大小,不能长时间持续运行。

对于所有的连续式风洞,下面简要介绍常规低速风洞回路部段的组成情况。CARDC 的 6m × 8m 是一座典型连续直流式低速风洞,其气动轮廓如图 1 – 10 所示。通过轴流式风扇系统驱动,气流连续地从外界环境大气通过进气口进入风洞,在经过稳定段整流和收缩段加速后到达试验段流过试验模型,然后通过扩散段减速增压后由排气口排出到外界大气中。根据风洞的具体设计要求风扇段可

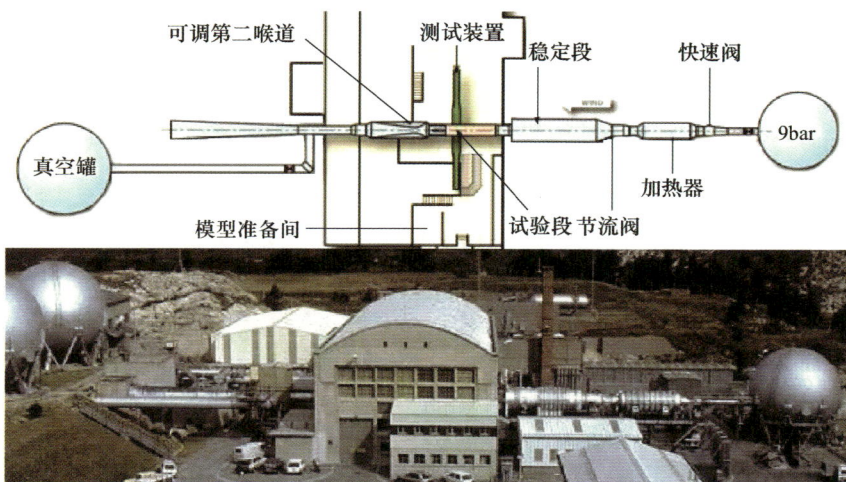

图 1-8 典型暂冲式高速风洞(法国 S3MA 高速风洞)

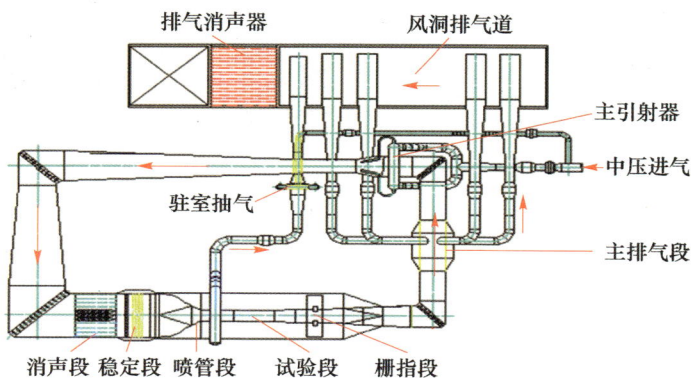

图 1-9 典型引射式高速风洞(CARDC 的 2.4m 跨声速风洞)

位于试验段上游(下吹式),也可位于下游(抽吸式)。风洞沿程共计约 13 个部段,总体和部段设计方案应考虑为风扇段提供尽量均匀的入流条件。

典型回流式低速风洞如图 1-11 所示,通过风扇系统的驱动,气流连续地在风洞回路内持续流动,其主要部段设置与直流风洞基本相同。另外,其需要设置 4 个拐角段实现气流的转向。直流式和回流式风洞各有优、缺点,在具体设计时通常根据投资规模和试验目的来选定风洞形式。

直流式风洞与回流式风洞相比,造价较低,占地面积较小,便于做烟流显示试验及不需要换热器平衡热量。其缺点也非常明显:

(1)试验段的气流品质容易受到外界大气环境的影响,例如 CARDC 的 8m×6m 直流式低速风洞,即使风洞风扇不运转,在外界环境的影响下,试验段内

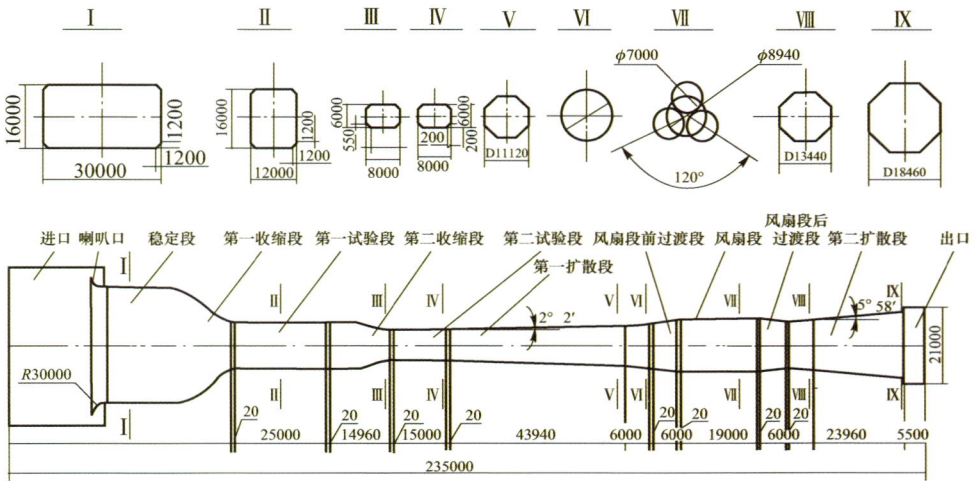

图 1-10 典型直流式低速风洞（CARDC 12m×16m/6m×8m 低速风洞）

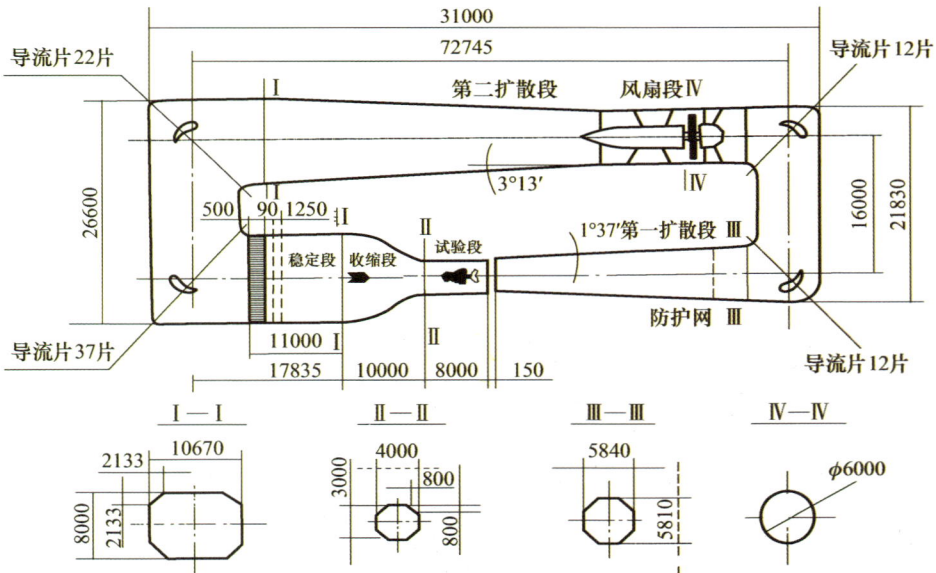

图 1-11 典型回流式低速风洞（CARDC 4m×3m 低速风洞）

最大风速也可达 7m/s，通常为 5m/s 左右。

（2）对试验段尺寸为 3m 以上的较大尺寸的直流式风洞来讲，由于排气流量大，风洞运行的噪声可能给环境带来影响。

（3）无法开展增压试验。

关于风洞采用开口试验段和闭口试验段的比较，有以下几点需要指出：

（1）闭口试验段的能量损失较少，因而闭口风洞运转功率明显低于开口风洞。

（2）若直流式风洞采用开口试验段，则必须要有一个相对较大的封闭试验段的外壳，以防止空气从试验段四周而不是从风洞进气口进入风洞。当空气从试验段四周进入风洞时，会影响试验段内的气流品质。

（3）具有外式天平的大型回流式风洞，其开口试验段趋向于有一个固定的边界，因为天平不能受到气流的影响。

（4）在开口试验段中，安装地板是比较困难的，在大尺寸的风洞中，为更换而靠近模型也是比较困难的。

因此，除非有特殊的需要如大阻塞或声学试验，近年来国外新建的先进常规低速风洞均设计成闭口试验段，或是以闭口试验段为主的试验段。

### 1.1.3　风洞动力系统

气流在风洞管道内流动时必然产生能量的损失，这种损失主要来自四个方面：一是由于气体的黏性导致与洞壁和内流构件间存在速度梯度而产生的摩擦损失；二是气流在物体表面由于黏性和逆压梯度产生分离引起的能量耗散；三是气流以一定速度排出风洞带走的能量；四是开口试验段的射流损失。为了维持试验段内的气流速度，风洞需要从外界输入能量，该功能由风洞的动力系统实现。能量的输入方式主要有两种：一种是以风扇系统为动力的连续式风洞（图1－12（a）），通过风扇系统将外部输入的电能转化为机械能对气流做功转换为压力能，使风洞获得运行所需要的压升；另一种是暂冲式风洞，通过阀门或引射器等向洞体内上游输入高能气流或在下游抽吸形成压力差（图1－12（b）），使风洞获得运行所需的能量。

(a)　　　　　　　　　　　　　(b)

图1－12　风洞动力装置

（a）langley连续式风洞轴流风扇；（b）CARDC暂冲式风洞引射器。

对于连续式低速风洞中的气流，基本上可以假设为不可压缩流。其维持运行所需输入的能量与试验段速度的三次方成正比,与风洞试验段面积、回路当量损失系数和运行压力成正比,与风扇的运行效率成反比,可表示为

$$N = \frac{\Delta P_0 Q}{1000 \eta_f} = \frac{\frac{1}{2} \cdot \rho V_T^3 \xi A}{1000 \eta_f} \qquad (1-1)$$

式中　$\Delta P_0$——风扇段总压升(Pa);

　　　$Q$——风扇入口体积流量($m^3/s$);

　　　$\rho$——试验段气流密度($kg/m^3$);

　　　$V_T$——试验段气流速度($m/s$);

　　　$A$——试验段面积气流速度($m/s$);

　　　$\xi$——回路总损失系数;

　　　$\eta_f$——风扇效率;

　　　$N$——轴功率(kW)。

为了使风洞模型试验达到必要的试验雷诺数,低速风洞试验段的口径较大,一般在 3 ~ 10m 量级,特大型低速风洞则可达到约 40m,如位于美国艾姆斯研究中心的国家全尺寸设备(NFAC),试验段尺寸为 24.4m × 36.6m,最大速度为51m/s,最大运行功率达到 106MW。低速风洞试验段速度范围一般为 5 ~ 120m/s,最高速度可达 260m/s,如 CARDC 的 4m × 3m 结冰风洞高速试验段风速超过256m/s,最大运行功率约 7MW。低速风洞相对于高速风洞而言,维持气流运转所需的单台风扇功率相对较低,一般小于 20MW。因此,为实现其运转所需压力由电动机驱动单级或多级轴流式风扇来提供是可行的。有时,为了获得足够大的流量,也采用多台轴流风扇并联的方式运行,如上述世界上最大低速风洞就采用了 6 台大型轴流风扇分上、下两排并联驱动,还有 CARDC 的 8m × 6m 低速风洞采用 3 台轴流风扇品字形分布并联驱动,每台风扇电机驱动功率约 2.6MW,试验段最大风速约 100m/s。上述两座风洞的多台风扇布局如图 1 - 13 所示。

对于轴流式压缩机驱动的亚跨声速连续式风洞,其结构形式和组成与低速风洞布局并没有本质的差别。但是,由于风洞试验段内的气流速度最大可达到声速的 1.2 ~ 1.3 倍,气流局部也表现出可压缩性和在管道内产生激波,风洞运行压比随着马赫数的增大迅速增加。风洞运行所需要的功率比低速风洞要高得多,一般从几兆瓦到几百兆瓦,所需压比($\varepsilon = P_{0out}/P_{0in}$)也较低速风洞高出许多,但一般小于 1.4,还属于工业通风机或鼓风机范畴。通常采用多级轴流式通风机串联的方式提供动力,在风洞设计领域一般将其称为轴流压缩机,以区别于不需要考虑气体压缩性的低速风扇。对于以空气为介质的轴流压缩机,其运行功率可通过下式估算:

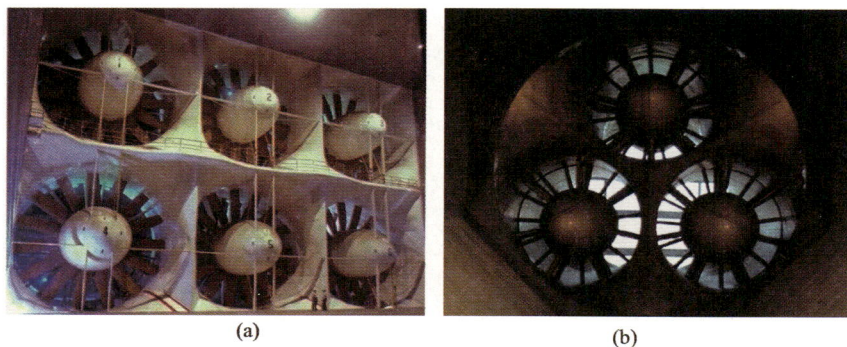

图 1 - 13　风扇并联驱动

（a）艾姆斯 NFAC 风洞驱动风扇；（b）CARDC 8m×6m 风洞驱动风扇。

$$N = \frac{1004.5 T_{01} \left[ \left( \dfrac{P_{0\text{out}}}{P_{0\text{in}}} \right)^{0.2857} - 1 \right]}{1000 \eta_c} \qquad (1-2)$$

式中　$P_{0\text{out}}$——压缩机段入口总压（Pa）；

　　　$P_{0\text{in}}$——压缩机段出口总压（Pa）；

　　　$T_{01}$——压缩机段入口总温（K）；

　　　$\eta_c$——压缩机效率；

　　　$N$——轴功率（kW）。

　　由于上述输入的巨大能量在流动过程中全部转化为热量，亚跨声速连续式风洞连续运转时的温升问题很严重，必须对气流采取冷却措施维持气流温度不变。但是，随着风洞试验段气流速度的进一步增高，所需的驱动功率急剧增大。图 1 - 14 给出了国内外高速风洞启动时所需要的最大压比和运行时所需的最小压比的统计结果。

　　由图 1 - 14 中压比曲线可知，当风洞试验段 $Ma > 2.0$ 时，其压比将达到 2.5 以上，需采用所谓的轴流式压缩机驱动，但高压比轴流压缩机研制技术难度和风险非常大。例如，美国阿诺德空军基地（AEDC）16S 风洞中，其原设计 $Ma$ 上限为 5.0，但很快发现最大运行 $Ma$ 仅能达到 3.5。一是扩压段损失高于预期；二是 18 级压缩机性能比预期要低。在后来的技改中，通过配置增压抽气系统（PES）才使得 $Ma$ 数达到 4.75。因此，业内普遍认为在超声速和高超声速风洞中采用暂冲式（也称间歇式）风洞的形式在工程上更为可行。但受到气源系统规模的限制，风洞的运行时间会大大缩短，对测试技术也提出了更高、更苛刻的要求。

　　暂冲式风洞动力系统通常有以下三种类型：

　　（1）暂冲式下吹风洞（图 1 - 15）：该风洞利用压气机将空气压缩储存在中

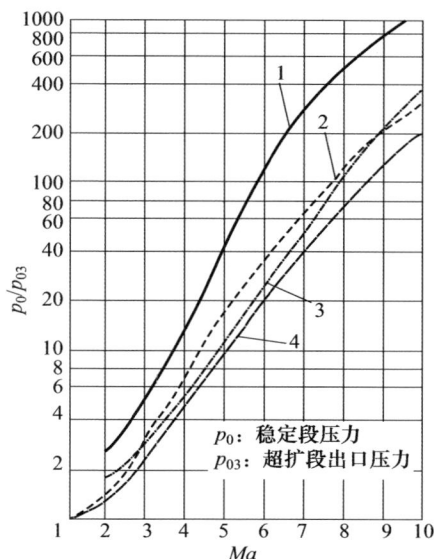

图 1-14 典型超声速风洞启动(或运行)时所需压比

1—风洞启动压比;2—正激波位于试验段时压比;3—风洞运行压比;
4—二喉道截面积刚好达到使风洞能完成启动过程时风洞所需压比。

压或高压储气罐内。运行时,瞬间打开通向风洞进气管路上的阀门,高压空气进入风洞稳定段内,提供风洞运行所需要的压力比,气流在下游减速增压后排入大气。

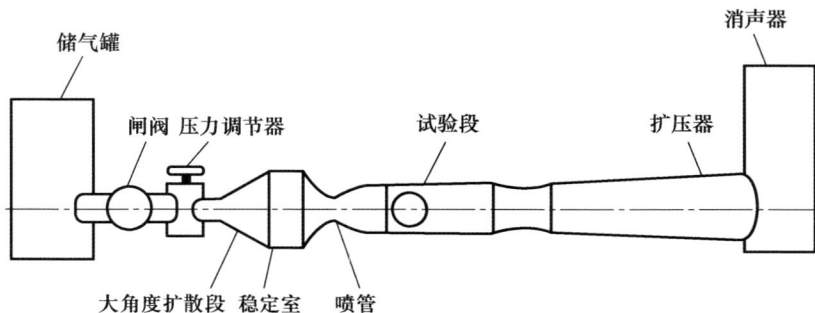

图 1-15 暂冲式吹气风洞示意图

(2)暂冲式吸气风洞(图 1-16):该风洞首先用真空泵把与风洞出口管道相连的真空罐抽真空,利用真空罐与大气间的压差而蓄能。运行时,空气自大气流经风洞进入真空罐,引起罐压升高。当大气压与真空罐压力之比减少到低于驱动风洞所需压比时,运行终止。有时下游的真空罐也可采用引射器替代。

(3)压力-真空风洞(图 1-17):基于上述两种风洞的组合形式,该风洞如

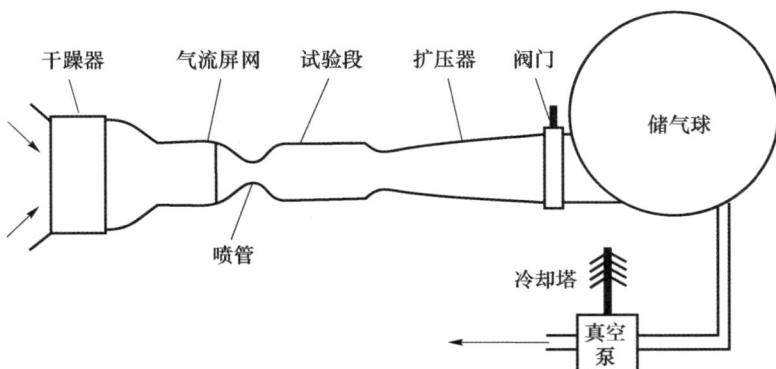

图 1-16　暂冲式吸气风洞示意图

下吹风洞那样将高压空气导入风洞,再如吸气风洞那样将流经风洞的气体排入真空罐。由于把风洞的排气压力抽到了低压,因此可以获得更大的运行压比,并能大大降低上游的运行压力。它一般用于高超声速风洞。

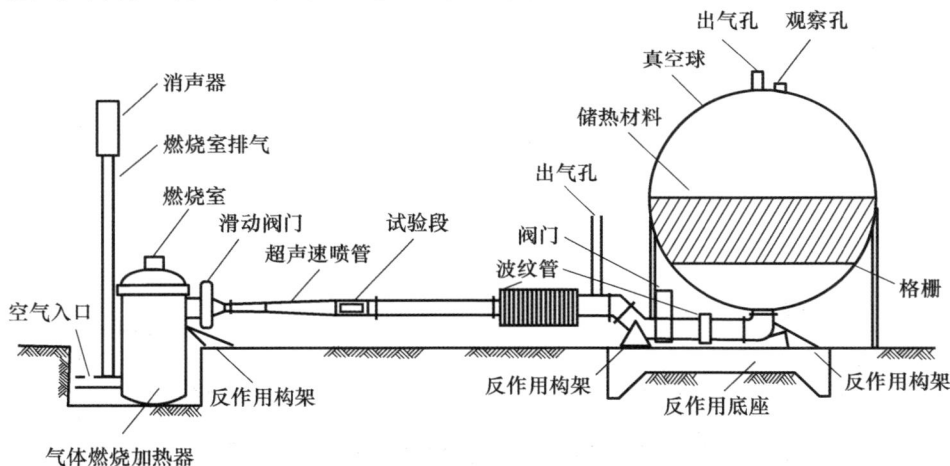

图 1-17　压力-真空风洞示意图

# 1.2　轴流式风扇在风洞中的应用

## 1.2.1　工业风机的分类及其用途简介

### 1. 风机的分类

　　风扇在工业上又称为风机,是对气体压缩和气体输送装置的简称,通常包括通风机、鼓风机、压缩机三种。根据 JB/T2977—2005《工业通风机、透平鼓风机

和压缩机名词术语》规定,各类风机的定义如下:

在标准状态(101.325kPa)压力下,风扇压升一般小于 30kPa 的机械称为通风机;

出口表压在 30kPa~0.2MPa 之间的机械称为鼓风机;

出口表压大于 0.2MPa 之间的机械称为压缩机。

上述规定中所假设进口压力为常压,定义风扇的出口气流总压与进口气流总压之比 $\varepsilon = p_{0out}/p_{0in}$,因此,工业上通风机的压比 $\varepsilon \leq 1.3$,鼓风机的压比 $1.3 < \varepsilon \leq 2.0$,压缩机压比 $\varepsilon > 2.0$。

另外,按照工作原理的不同一般又可分为转子式风机和容积式风机两类,其中转子式风机应用最为广泛。

转子式风机又称透平式风机,包括轴流式风机(气流在旋转叶片的流道中沿着轴线方向流动、轴向进排气)、离心式风机(气流沿着半径方向流动、轴向进气径向排气)和混流式风机(流动介于轴流式和离心式之间)。通过原动机带动转子旋转将机械能传递给气体,从而提高气体的压力。转子式风机的工作原理如图 1 - 18 所示。

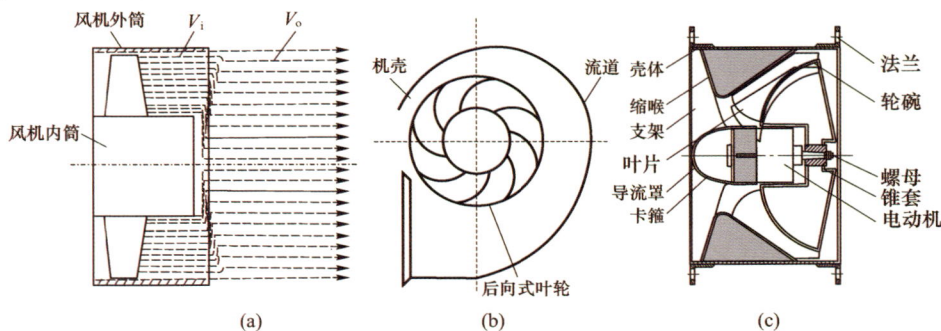

图 1 - 18  转子式风机工作原理
(a)轴流式 ;(b)离心式;(c)混流式。

容积式风机借助于汽缸内做旋转运动的一个或多个转子,使得气体容积减小,以达到增压的目的。使用较多的有回转式(滑片式、螺杆式、罗茨式)风机和往复式(活塞式)风机。罗茨式风机的工作原理如图 1 - 19 所示。

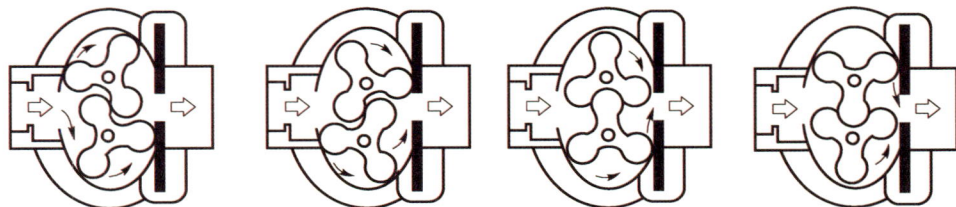

图 1 - 19  罗茨式风机的工作原理

在长期的工业实践中形成了系列的标准,下通风机部分现行标准如下:

GB/T 1236—2000《工业通风机用标准化风道进行性能试验》;

GB/T 2888—2008《风机和罗茨鼓风机噪声测量方法》;

GB/T 3235—2008《通风机基本形式、尺寸参数及性能曲线》;

GB/T 10178—2006《工业通风机现场性能试验》;

GB/T 19843—2005《工业通风机射流风机的性能试验》;

GB/T 17774—1999《工业通风机尺寸》;

JB/T 4296—2011《矿井轴流式通风机》;

JB/T 4355—2004《矿井离心通风机》;

JB/T 6445—2005《工业通风机叶轮超速试验》。

**2. 风机的应用**

随着我国经济的快速发展,城镇化和工业现代化的不断升级,动力机械的需求越来越广泛,其研究也越来越深入。通风机就是其中最具代表性的旋转机械之一。风机作为一种输送气体的设备,从能量角度分析,它是把驱动机的机械能转化为气体能量的一种装置。风机是通用流体机械,在工业、农业、国防、航海、航空、民用等各领域及人们的日常生活中都大量使用,如矿井的通风、火力发电厂的锅炉送风、钢铁工业热风炉送风、列车隧道通风、石油化工燃料输运、天然气和煤气输送、水泥工业通风冷却和高温尾气排放、环保除尘、空调和消防排烟、大小船舶和潜艇换气通风、飞机机舱空调压缩机及换气、空分系统压缩机组、家庭广泛使用的电风扇和吹风扇、航空领域连续式风洞的驱动系统等。据统计,工业风扇及泵的耗电量占整个国民经济用电的1/3,通风机的耗电量约占5%,由此可见,风扇在各行业有广泛的应用。

工业风机的种类较多,转子式风机可分为轴流式风机、离心式风机和混流式风机,工业上最常见的三种基本外形如图1-20所示。轴流式风机工作时,气体是按轴向进入旋转通道,在旋转叶片的压缩作用下被增压后排向风机出口,其优点是体积流量大。其叶轮直径的范围从小到100mm大到20多米都有分布,可适应多种不同的安装环境。对于一些大型轴流式风机,标准流量可达到$1.5 \times 10^7 \mathrm{m}^3/\mathrm{h}$,单级的轴流风机其效率可达90%以上。但是,轴流式风机的缺点是风压系数相对较低,压头不高,普遍在5000Pa以下,而且当工作转速较高时,风机的振动噪声会很大。离心式风机工作时,气体是以旋转的方式进入叶片通道,在离心力的作用下,气体被叶片压缩,并被抛向叶轮的外缘。离心风机的优点是升压快,风压较高。缺点是流量系数小,体积大,风机的进口方向与流道垂直,气体需要折入,流道复杂,会产生较多的能量损失,其效率整体上远低于另外两种形式。混流式风机是处于轴流式风机和离心式风机之间的一种形式,可代替压升2000Pa以下的中低压离心风机。采用直线形外筒、锥形轮毂、扭曲翼形叶片、进风口加置集流器的结构形式。工作时气体在叶轮通道内既做轴向运动又做离心运动。混流风机的风压系数比轴流风机高，流量系数比离心风机高，兼具了二者的优点。这一系列的风机结构紧凑，体积较小，便于安装，并且效率较高，噪声不大，广泛应用于隧道、地下车库、高级民用建筑、冶金、厂矿等场所的通风换气及消防高温排烟。

图 1 – 20　转子式风机实物图

为了适应国民经济的发展，满足各类型风扇的需求，我国风扇行业经过几十年的发展，形成了以沈阳鼓风机集团有限公司、西安陕鼓动力股份有限公司、上海鼓风机厂有限公司三大鼓为代表的专业从事风扇研发、设计和加工制造的大型企业，其产品基本覆盖了各种类型的风扇。其中沈阳鼓风机集团有限公司成立于 1934 年，辽宁省名牌产品，以离心式鼓风机产品为主；西安陕鼓动力股份有限公司成立于 1968 年，位于陕西省西安市，以轴流式压缩机产品为主；上海鼓风机厂有限公司始建于 1947 年，现由上海电气（集团）总公司全资控股，以轴流通风机产品为主。另外，在 2006 年 8 月，由中国电建集团透平科技有限公司与德国 TLT – Turbo GmbH 公司合资组建特而特涡轮（四川）有限公司。业务主要集中于风洞、矿山、地铁隧道及电站等的通风系统领域。还有诸多大型优秀的民营企业。如创办于 1974 年的浙江上风高科专风实业有限公司，从事研发、生产和销售大型通风设备。还有始创于 1968 年的山东章丘鼓风机股份有限公司，是集鼓风机、工业泵、气力输送成套系统研发、设计、生产为一体的现代化企业。我国各类院校的能源与动力学院一般设置有泵与风机专业，为我国风机的设计、运行和维护不断输送着专业技术人才。

## 1.2.2　风机基本结构和主要参数

### 1. 风机的结构

不同类型的风机结构差异较大，但相同类型的风机结构基本相似。轴流式通风机主要由集流器、整流罩、转子、导叶、外壳、扩散器、驱动轴、电机等部分组成，如图 1 – 21 所示。气体首先通过集流器进入风机，经由整流罩和外壳形成的环形通道向下游流动，通过轮毂上周向均布的叶片旋转对气流做功，下游静止导叶实现气流按要求偏转,后经过扩散器减速增压后流出。轮毂和叶片的组合称为转子,通过驱动电机和轴旋转。驱动电机依据设计要求和尺寸限制情况,可以外置,也可以内置于整流罩内。驱动电机内置时的设计相对复杂,需要考虑电机的冷却,部分需要在真空下运行的风机则还需要考虑密封设计,但由于减少了传动环节,电机的驱动效率相对较高,且运行可靠;外置时结构简单,但驱动轴系较长,且影响入流条件,运行效率相对较低。

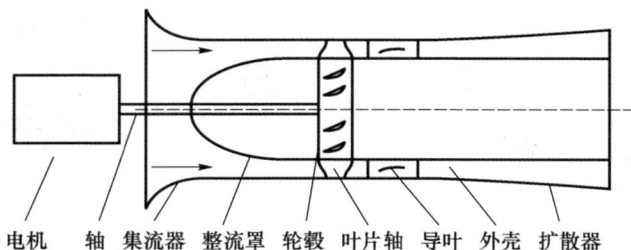

电机  轴  集流器  整流罩  轮毂  叶片轴  导叶  外壳  扩散器

图 1 - 21   轴流式通风机结构

离心式通风机主要由进风箱、集流器、转子、传动轴、蜗壳、出风口等部件组成,如图 1 - 22 所示。在离心风机工作时,叶轮的高速旋转带动周围气体一起运动,速度增加而压力下降,风机入口出现负压。在压力差的作用下,环境空气从侧向通过集流器进入风机,叶轮获得相对均匀的来流,外置的电机通过轴驱动转子对气流做功,气流转向沿蜗壳通道减速增压后流出。有时为了满足较宽的运行压力和流量的调节需求,离心式风机入口还安装有前导器,由角度可调节的叶片组成,可获得不同叶片角度下的风机性能,以拓宽风机的工作范围。一般而言,轴向前导器安装在集流器通道内,径向前导器安装在进风箱内。

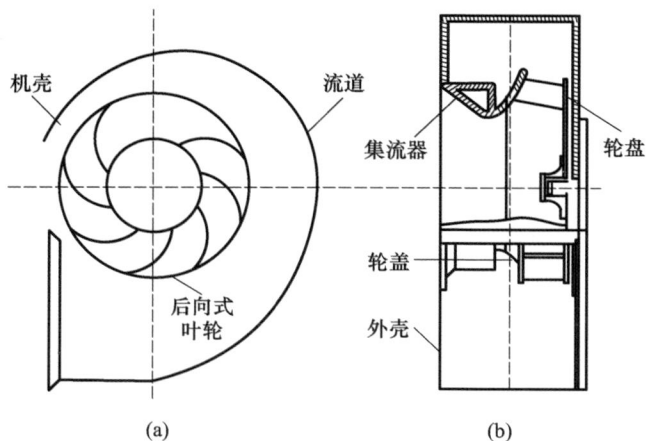

机壳  流道  集流器  轮盘  轮盖  外壳  后向式叶轮

(a)   (b)

图 1 - 22   离心式通风机结构

集流器的作用是将来流气体平滑的导入下游转子。其外形需要精心设计和加工,以确保气流进入转子前速度分布均匀,且无明显的流动分离。进风箱只是在大型的或双侧进风的离心式通风机上采用,其主要作用是使得驱动轴承安装在通风机机壳外部,便于安装和检修。进气箱的出口与集流器的进口相连接。

转子是通风机的核心部件,它由原动机通过轴系驱动,转子旋转对气流做功,将机械能转化为压力能,使得气体压力升高。轴流式通风机的转子主要由轮毂和叶片组成,离心式通风机转子则由轮盖、轮盘、叶片和轴盘等组成。叶片造型有前弯、后弯及径向三种形式。轮盘和轮盖分别位于转子的前后端,起到为附近流体导流的作用。

蜗壳是离心式通风机特有部件,由蜗板和左右两块侧板组成,其外形类似于蜗牛壳而得名。其作用是汇集从转子流出的气体,并引导至特定的方向,流入下游管道或排入大气。蜗壳流道通常为阿基米德螺旋线结构,如图 1 - 23 所示。随着蜗壳曲线的不断延伸,其截面积逐渐增大,气体速度就会逐渐降低,根据伯努利方程,动能的下降会引起气体压力的升高,这样在离心风机机壳中气体就完成了由动能向压力势能的转换。

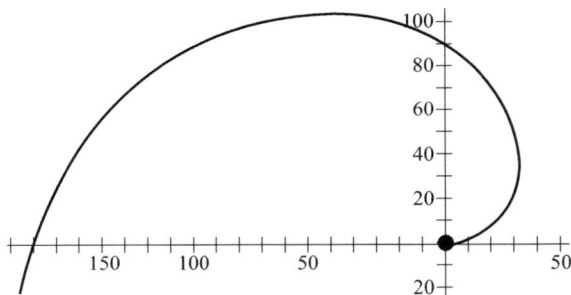

图 1 - 23 阿基米德螺旋线

导叶分为进口导叶和出口导叶,由角度可调节的叶片组成,剖面形状为翼形。进口导叶安装在转子上游,出口导叶安装在转子下游。进口导叶的作用是通过改变入口气流角度的方法,获得不同的风扇性能,以扩大通风机的工作范围。出口导叶又称为止旋片,将经过转子后带旋转的气流导直,旋转动能转化为静压力能。

整流罩为轴流式通风机部件,分为头罩和尾罩,分别位于转子上游和下游,为转子提供均匀的环状入口气流和转子下游逐步扩散的环形通道,为风扇转子提供良好的入流条件,可提高风扇运行效率,降低运行能耗。工业上常常为了节约成本而简化设计,将其省略,因此导致风扇的整体运行效率低。

**2. 通风机的主要性能参数**

1) 流量

流量分为体积流量和质量流量。单位时间内流过风扇入口的气体体积称为体积流量。其单位为 m³/s、m³/min 或 m³/h,依次用 $Q_s$、$Q_m$ 或 $Q_h$ 表示。风扇的体积流量如无特殊说明,均指入口的空气在标准状态下的体积(即在压力 760mmHg、温度 20℃、相对湿度 50% 以下),气体密度约为 1.2kg/m³。由于通风机的进出口流速较低,气体压力变化较小,一般忽略气体的压缩性,因此,通风机的体积流量为单位时间内流过任意截面的气体体积。当运行介质为非标准环境空气时,则需要依据风扇实际的介质入口压力、温度、气体组分等计算出体积流量。通风机的流量有时也用质量流量表示,指单位时间内流过通风机或管道的气体质量。其单位为 kg/s、kg/min 或 kg/h,依次用 $m_s$、$m_m$ 或 $m_h$ 表示。质量流量与体积流量可相互换算,风机行业更多采用体积流量来体现其流通能力。体积流量与质量流量的换算关系式为

$$Q_s = \frac{m_s}{\rho} \tag{1-3}$$

2)压力

根据空气动力学基本理论可知,流动气体的压力可区分为动压、静压和总压。基于不可压缩流体的伯努利方程式

$$\frac{1}{2}V^2 + \frac{p}{\rho} + gy = \mathrm{const} \tag{1-4}$$

式中　$V$——气流速度(m/s);

　　　$g$——重力加速度(m/s²);

　　　$y$——高度(m)。

式(1-4)等号左边第三项代表了流体由于重力产生的势能,由于风机的运行介质一般为空气,对于定常的气流而言是相对小量,可以忽略不计。式(1-4)通常写为

$$p + \frac{1}{2}\rho V^2 = \mathrm{const} \tag{1-5}$$

式(1-5)等号右边第一项是气流的压强,称为静压,记为 $p$,表示测量仪器随流体以相同的速度运动时所测压力;第二项也相当于一个压强,是流动存在速度所造成的压强,称为动压,记为 $q$,$q = \frac{1}{2}\rho V^2$。该式规定,在定常不可压气流中,动压和静压之和是一个常数,此常数名为总压,记为 $P_0$,$P_0 = p + q$,工业风扇领域又称为全压。

风扇的压升是其最重要的设计及性能参数之一,可表示为全压升和静压升,一般是指风扇的全压升,以 $\Delta P_0$ 表示,即风扇的出口和进口之间的全压之差,表征气体流过风扇后获得的总能量。若以下标 2 表示出口截面,下标 1 表示进口

截面,则关系式如下:

$$\Delta P_0 = (p_2 + q_2) - (p_1 + q_1) \qquad (1-6)$$

上述静压、动压和总压均为绝对压力,单位为 Pa,也可用 kPa 或 MPa 表示。工业上的压力常用表压表示,即与外界大气压的差值。而在空气动力学研究领域未经说明,压力通常指绝对压力,也就是表压与大气压之和。

3)转速

转速是指通风机转子的周向旋转速度,一般称为角速度,用 $\omega$ 表示,单位为 rad/s。工程上,习惯用每分钟或每秒转子绕旋转轴的旋转圈数表示,记为 $n$,单位为 r/min 或 r/s。通风机的转速是其核心设计参数,与其做功能力和气流噪声密切相关,其需综合考虑确定。

4)功率

风扇所输送气体在单位时间内通过转子做功所获得的有效能量称为风扇的有效功率或全压有效功率,用 $P_e$ 表示。对于通风机来讲,一般不考虑气体的压缩性,全压有效功率为

$$P_e = \frac{\Delta P_0 Q_s}{1000} \qquad (1-7)$$

式中 $\Delta P_0$——全压升(pa);

$Q_s$——体积流量($\mathrm{m^3/s}$),$Q_s = V \cdot A$。

风扇的静压有效功率为

$$P_{es} = \frac{\Delta p_s Q_s}{1000} \qquad (1-8)$$

式中 $\Delta p_s$——静压升(Pa)。

风扇的有效功率 $P_e$ 加上内部流动的损失功率 $\Delta P_{in}$ 称为风扇内部功率,记为 $P_{in}$:

$$P_{in} = P_e + \Delta P_{in} \qquad (1-9)$$

单位时间原动机传递给风扇轴的能量称为轴功率,记为 $P_{sh}$ 表示:

$$P_{sh} = P_e + \Delta P_{in} + \Delta P_{me} \qquad (1-10)$$

轴功率又称为风扇的输入功率,实际上它也是原动机(电机)的输出功率。有效功率和轴功率最常用,上述所有功率的单位为 kW。

5)效率

风扇效率是反映其性能优劣的重要指标之一,表征能量利用和转换的程度。风扇效率一般分为全压效率、静压效率、内部效率及静压内效率等。通风机有效功率与轴功率之比称为全压效率,用 $\eta_t$ 表示,即

$$\eta_{\text{t}} = \frac{P_{\text{e}}}{P_{\text{sh}}} = \frac{\Delta P_0 Q_{\text{s}}}{1000 P_{\text{sh}}} \tag{1-11}$$

通风机的静压有效功率与轴功率之比称为静压效率,用 $\eta_{\text{s}}$ 表示,即

$$\eta_{\text{s}} = \frac{P_{\text{es}}}{P_{\text{sh}}} = \frac{\Delta p_{\text{s}} Q_{\text{s}}}{1000 P_{\text{sh}}} \tag{1-12}$$

通风机的有效功率与内部功率之比称为全压内部效率,用 $\eta_{\text{i}}$ 表示,即

$$\eta_{\text{i}} = \frac{P_{\text{e}}}{P_{\text{in}}} = \frac{\Delta P_0 Q_{\text{s}}}{1000 P_{\text{in}}} \tag{1-13}$$

通风机的静压有效功率与内部功率之比称为静压内部效率,用 $\eta_{\text{is}}$ 表示,即

$$\eta_{\text{is}} = \frac{P_{\text{es}}}{P_{\text{in}}} = \frac{\Delta p_{\text{s}} Q_{\text{s}}}{1000 N_{\text{in}}} \tag{1-14}$$

通风机的机械效率表示传动系统的好坏,通过内部功率与轴功率之比得到,用 $\eta_{\text{me}}$ 表示,即

$$\eta_{\text{me}} = \frac{P_{\text{in}}}{P_{\text{sh}}} = \frac{\Delta P_0 Q_{\text{s}}}{1000 \eta_{\text{i}} P_{\text{sh}}} \tag{1-15}$$

**3. 常规特性曲线**

风机的主要性能参数可以通过曲线图表示,称为风机的特性曲线图。由特性曲线可看出风机各性能参数的变化趋势,且方便设计人员确定相关参数。主要包括压升与流量特性曲线、效率与流量特性曲线、功率与流量特性曲线。工业风机通常采用定转速运行,某典型的风机特性曲线如图 1-24 所示,图中包含了流量、压升、转速及效率等参数。可以看出:在某转速下,随着入口体积流量的增加,风机压升逐渐减小,而风机的运行效率一般在设计点下达到最高。另外,对于轴流式风机,其流量大小变化与转速变化的比值成一次方关系,静压大小变化与转速变化的比值成二次方关系,功率大小的变化与转速变化的比值则成三次方关系。

## 1.2.3 轴流式风扇概述

轴流式风扇是指转子叶片的驱动轴与气流流动方向平行,转子的旋转平面与气流方向垂直的风扇。其不同于一般的家用电风扇,转子外部还有圆柱形外壳与中心整流罩形成环形的气流通道,其主要构成见 1.2.2 节所述。气流经过集流器进入轴流风扇,在转子动叶中获得能量,再经过后导叶将一部分气流旋转动能转变为静压能,最后气流经过扩散筒将一部分轴向动能转变为静压能输入到后续管道中。轴流式风扇相对离心式风机而言,具有流量大、压升较小、结构复杂和运行效率高等特点。由于其轴线进气和轴向排气,方便与风洞洞体一体

(a)

(b)

(c)

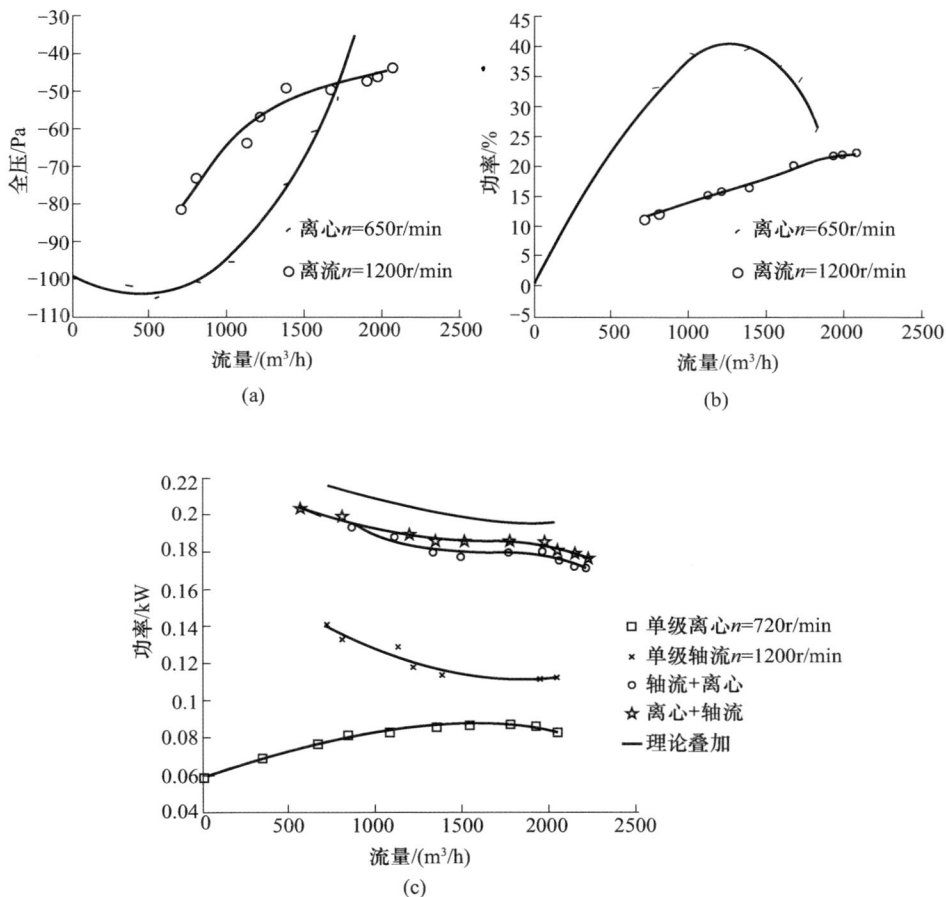

图 1 - 24　风机特能曲线
（a）压力流量；（b）效率流量；（c）功率流量。

化设计,适合作为低速风洞的动力源,而轴向进气、径向排气的离心式风机则不适用。

对于轴流式风扇,目前在我国的各个工业领域也得到广泛应用。经过几十年的发展,主要通过走引进、消化和再自主创新的道路,我国常规轴流风扇在设计和制造方面的技术已经成熟,国内诸多厂家都具备设计和加工制造能力。在20 世纪 80 年代初,西安陕鼓动力股份有限公司从瑞士 SULZER 公司引进了当时世界先进的轴流压缩机全套技术,通过消化吸收,并不断地创新、发展,保持了其常规轴流压缩机技术的世界先进水平。西安陕鼓动力股份有限公司轴流压缩机组广泛应用于高炉鼓风、风洞、硫黄制酸、电站、高炉煤气联合循环发电 CCPP等行业的大型工艺装置,已经为我国冶金、石油、化工、空分、电力、环保和国防等多个产业领域提供超过 1200 台套的轴流压缩机组。目前,西安陕鼓动力股份有限公司通过与协作单位合作已经具备大型压缩机的主轴、壳体、轮盘、轴承箱等的加工制造和装配能力。在风洞压缩机的制造方面,西安陕鼓动力股份有限公司于 90 年代末开始为西北工业大学增压高速叶型风洞 NF-6(最高马赫数1.2)配套设计制造 AV90-2 风洞轴流压缩机组(图 1-25),这是国内第一套风洞用轴流压缩机组,压缩机段直径 1.8m。2008 年该压缩机组正式投入运行,风洞现有的调试结果表明,该压缩机性能满足设计指标要求,最大压比可达到1.35。另外,2010 年底完成了 CARDC 0.6m 连续式跨声速风洞压缩机组的设计工作,并于 2013 年压缩机组完成安装和调试。西安陕鼓动力股份有限公司经过多年在高速风洞轴流压缩机组持续的开展工作,目前已经掌握常规连续式风洞轴流压缩机组的相关设计技术,积累了较丰富风洞轴流压缩机组设计和制造经验。

上海鼓风机厂有限公司始建于 1947 年,是中国机械制造行业中的大型骨干企业和国家机械工业技术进步示范企业,公司专业研发和生产各种轴流式通风机、离心式通风机和压缩机、罗茨鼓风机等。上海鼓风机厂有限公司于 1979 年从德国透平通风技术有限公司(TLT 公司)和德国 Babcock 公司引进动叶可调轴流式风扇、静叶可调轴流式风扇技术及风扇配套消声器技术。对于 TLT 公司提供的模型级与叶型库资料的掌握和应用已经有了相当深入的了解及许多成功案例和经验积累。其引进的动叶可调轴流式风扇具有较大的技术优势,不仅在国内市场上具有很高的占有率,而且在国际市场上有相当的知名度,至今已经有3000 多台套投入运行。多年来上海鼓风机厂有限公司注重对引进的 TLT 公司技术的消化和深入开发,并于 2016 成功收购德国 CFE 公司,使其在国内风扇行业,特别是轴流风扇行业目前处于领先水平。1997 年上海鼓风机厂有限公司为日本佐竹公司设计生产了 500kW 的汽车热环境试验风洞风扇系统(图 1-26);2006 年与同济大学上海地面交通工具风洞中心签署了气动声学风洞风扇系统和热环境风洞风扇系统的总承包合同,上海鼓风机厂有限公司也由此成为国内目前具备设计和生产系列风洞轴流式风扇系统能力的专业厂商之一。

图 1-25　NF-6 风洞轴流压缩机组　　图 1-26　热结构风洞两级轴流风扇系统

由于风洞设计领域的特殊性,与其配套的轴流式风扇系统的要求远高于一

般的工业风机,且由于技术保密的相关要求,多年来,风洞设计方主要采用了自行开展气动和结构设计,然后委托有实力的风机厂家加工制造和安装,后自行开展性能调试的合作模式。近年来,随着风洞这个神秘领域逐渐面向社会开放,各大风机厂商对风洞轴流式风扇的设计要求和特性的理解更为深入,因此风洞设计方和风机厂家携手合作,正在形成联合开发的良好合作局面。

## 1.2.4 轴流式风扇在风洞中的位置

轴流式风扇段作为连续式风洞的一个重要部段,其与风洞的合理匹配设计对于实现风扇本身性能和达到风洞总体性能都至关重要,首先需确定其部段在风洞中的位置。一般来说,轴流式风扇应处于风洞回路中轴向速度较高及截面速度均匀的气流中,以获得相对较高的做功能力和运行效率。但气流速度也不易过高,以减小风扇流道内损失与防止转子叶片的叶尖合速度太高导致的压缩性效应和噪声。另外,还需考虑轴流式风扇的加工制造成本,其基本与风扇转子直径的平方成正比。

对于典型的回流式低速风洞(图1-27),风扇段可能的位置有四处,即试验段后的第一扩散段内、第一二拐角段之间、第二拐角段之后及第三四拐角段之间。首先第三拐角段后截面由于尺寸大、气流速度低,并不利于风扇工作且制造成本高,因此风扇段位于第三或第四拐角段之间是不合适的;其次,风扇要求来流速度均匀,以获得较好的入口工作条件,如果风扇段放在第一拐角前甚至是第一扩散段内,不但此处的流动均匀度较差,风扇段的损失大,而且风洞运行中可能脱落的模型或模型部件将会损坏风扇,因此风扇段一般也不位于第一拐角前;另外,风扇段也较少位于第一二拐角段之间,主要是受限于风洞短轴的长度限制及风扇尾迹对第二拐角段性能的恶化。大多数风洞的风扇布置于第二拐角段之后,这里直径最为合适,且气流的流速较高做功能力强,气流经过第二拐角整流后截面速度的均匀性较好,还有足够的轴向长度布置整流罩及风扇尾迹衰减。同时,位于此处的一个重要原因是有利连续回流式风洞的总体布局和两个长轴尺寸的匹配。当风扇的驱动电机由于外形尺寸过大等限制因素需要外置时,则应尽量通过设计使得风扇转子尽量靠近拐角,以缩短驱动长轴的尺寸,满足转子动力学的指标要求。

对于下吹或吸气直流式低速风洞,根据需要可将风扇段设置于风洞进口或出口位置,如图1-28和图1-29所示。无论是在进口还是出口,均需要根据流量和压升匹配合适的风扇直径,并通过过渡段与前后部段连接。为了减少风洞能量损失,风扇段下游通常设置为扩散段,将气流动能转化为压力能。风扇段位于风洞入口,即稳定段的上游位置时,为了防止外来空气中的杂物损坏风扇,一般需在风扇段的上游安装一层防护网,且需要考虑风扇尾迹对下游气流品质的影响。

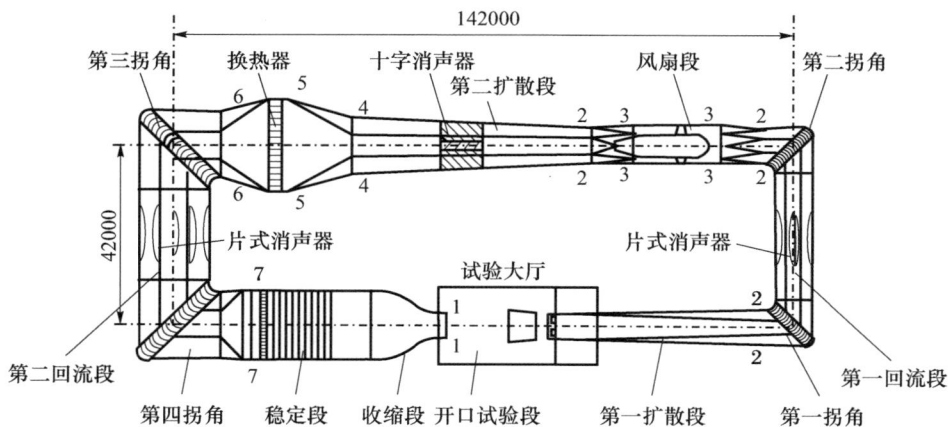

图 1 - 27 轴流式风扇在回流式风洞中的位置

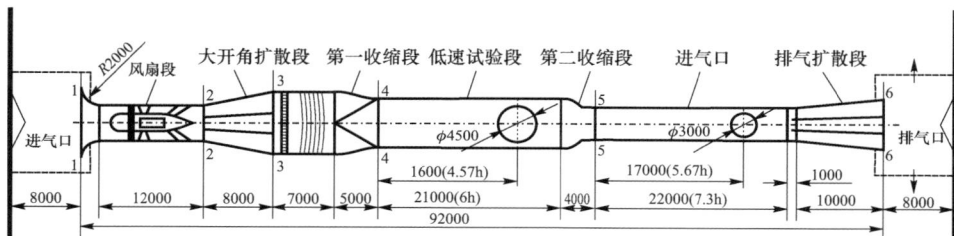

图 1 - 28 轴流式风扇在某下吹气式风洞中的位置(h 为当地试验段高度)

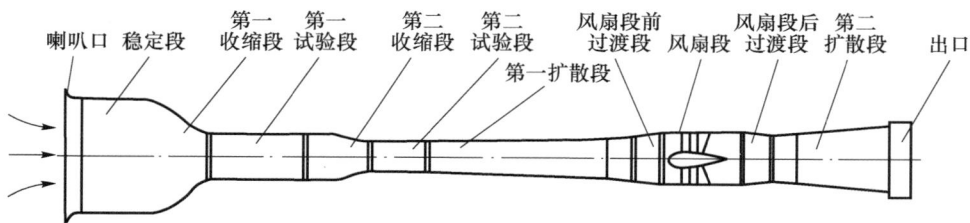

图 1 - 29 风扇在吸气式直流风洞中的位置

## 1.2.5 风洞轴流式风扇的特点

应用于连续式风洞中的轴流式风机习惯称为轴流式风扇或轴流式压缩机。1871 年,英国人 Frank H. Wenham 在格林尼治建造世界上第一座风洞,风扇就开始作为动力用于驱动连续式风洞,目前已经广泛应用于低速风洞、跨声速风洞及超声速风洞。低速风洞由于试验段的气流速度较低(很少高于 250m/s),需要风扇提供的压升相对较小(一般不大于 10kPa),且基本不用考虑气体的压缩性;对于跨声速风洞,试验段的气流速度可达马赫数 1.3,已经需要考虑气体的压缩性,风扇前后的总压比 $\varepsilon$ 可达到 1.5(此时的风扇也称为压缩机,这与工业上对压缩机的定义并不一致);对于超声速风洞,运行压比 $\varepsilon$ 大于 1.5,则需要采用多级压缩机驱动。风洞设计领域中,不考虑气体压缩性的风扇称为风扇,需要考虑压缩性的风扇称为压缩机,即低速风洞中称为风扇,跨超声速风洞称为压缩机。

风洞轴流式风扇(压缩机)具有以下特点:

(1)为管道风扇,区别于螺旋桨或电风扇。轴流式风扇在整流罩和外壳体形成的环形通道内工作,气流在旋转叶片的流道中沿着轴线方向流动,即轴向进气和排气。其作用不是使气流加速或动量增加,而是使气流的压力提高。

(2)风扇段轴向气流速度相对较低,但由于转子旋转导致的叶片顶部相对线速度较高。低速风洞风扇叶片叶尖速度可达到 150m/s,跨超声速风洞压缩机叶片叶尖速度可达到 280m/s。

(3)为了减小风扇单个叶片载荷,动、静叶片数一般较多,同时还需要考虑动叶片和静叶片数目的匹配以降低干涉噪声。据国外测试资料,未采用降噪设计的轴流式风扇,内场噪声高达 150dB(A)。

(4)设置整流罩,驱动电机内置于整流罩内或通过长轴与外置的驱动电机相连接以改善转子入口气流品质,提高风扇效率,电机冷却风通过支撑片夹层进出。因此需要尽量采用大尺寸整流罩安放电机。

(5)中型风洞功率可达 1MW 以上,大型风洞可以达几十兆瓦甚至几百兆瓦,因此风洞风扇(压缩机)系统的总效率必须达到 80%~85%,而单独的轴流式风扇的效率应达到 90% 以上,否则能量损失太大。而常规工业风扇效率一般低于 70%。

(6)为了实现风洞试验段在不同风速下运行,风扇系统需要具备变工况调节和运行能力,流量调节范围可达到 10:1。其性能的调节主要通过变风扇转速、动叶桨距角和入口导叶的单独控制或组合来实现。

(7)风扇的入口气流压力、温度及速度分布随着风洞运行状态的改变而变化,不同于入口为环境大气的稳定入流状态。

## 1.2.6　风洞轴流式风扇系统组成

风洞轴流式风扇系统为了实现高效宽范围运行,风扇段的组成比常规工业风扇更为复杂,常用的为单级轴流式风扇,它主要由风扇段管道(含前后过渡段、外壳体)、头罩、驻段、尾罩、转子叶片、止旋片、前支撑片和尾支撑片等组成,如图 1-30 所示。叶片安装在驻段上,称为转子。风扇外壳体与中心整流罩形成环形通道,支撑片和止旋片沿程安装于环形气流通道内。另外,为了实现其正常运行,还具有驱动电机、驱动轴、变频器及冷却系统等。对于低速风洞,其配置的轴流式风扇目前最多采用两级。另外,还有一种构型为对旋轴流风扇。为了实现转子叶片角度的快速调节,有时还配置有叶片变桨距机构,实现在不停机的状态下获得所需要的风扇叶片安装角。

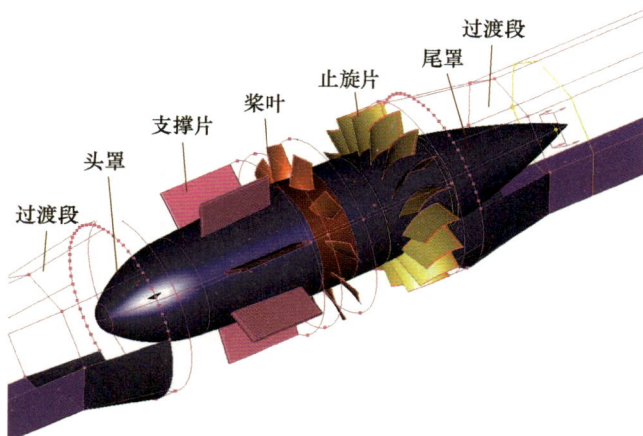

图 1-30　风洞轴流式风扇系统的组成

**1. 气流管道**

风扇段外管道通常是等截面管道。为满足风扇转子周向旋转的需要,其截面必须为圆形。但很多风洞的洞体截面并非圆形,所以风扇段管道的前后两部分经常设置过渡段实现截面形状的过渡。另外,精细化设计的风扇入口管道,需要与整流头罩综合考虑为桨叶提供截面均匀的入口来流,并有效抑制下游噪声的逆气流传播。

**2. 风扇转子**

风扇通过转子叶片对气流做功,是整个风扇系统的核心部件。转子由桨毂和若干片周向均匀布置的桨叶组成。每片桨叶如同一个旋转的半机翼固定在桨毂上,其旋转时对气流产生推力。桨毂通过轴承与风扇主轴相连。

**3. 预旋片和止旋片**

在等截面的不可压管道流动中,来流速度与风扇轴线平行,根据连续方程,通过风扇前后截面其轴向速度基本恒定的。然而,由于风扇旋转使气流产生了扭转或旋转,因此,增加了它的绝对速度。设计预旋片(也称预扭导流片)和止旋片(也称反扭导流片)的目的是消除这个扭转的速度,并将其转变为风扇的压升,提高风扇系统的总效率。

预旋片安装于转子上游环形通道内。气流通过它后将获得一个与风扇旋转方向相反的旋转速度。旋转速度的产生使气流相对于桨叶的合速度增加。气流通过风扇时,预旋片产生的旋转速度和桨叶所诱导的旋转速度相抵消,气流成为单一的轴向流动。气流经过预旋片时,产生了旋转速度,所以是一个加速、减压的过程。同时,通过预旋片角度的调节还可以增大风扇运行范围,提高不同工况下的运行效率。

止旋片安装于风扇下游的环形通道内。气流通过它后,将获得一个与桨叶所诱导的旋转速度方向相反的旋转速度。这样,气流通过止旋片后,其轴向速度保持不变,而旋转分速度消失,因而是一个减速、扩压的过程。

**4. 整流罩**

为了保证风扇系统流道具有光滑的气动外形,使气流进入风扇动叶时具有较好的流动状态,风洞轴流式风扇一般安装有整流罩。整流罩包括头罩、柱段和尾罩三部分。头罩和尾罩分别安装预旋导流片或止旋导流片,柱段为桨毂安装叶片。整流罩头罩使风扇沿轴线截面积逐渐变小,提高了来流的速度,由此提高风扇效率,或者在相同的风扇效率下降低了风扇转速。整流罩尾罩使风扇沿轴线截面积逐渐变大,气流减速增压,但应控制扩散角度不大于10°,防止气流出现分离。

头罩的外形要求并不十分严格,但要求光滑,有时可简单地采用半球形,通常为某母线的旋成体。尾罩的设计要求比较高。气流经过风扇以后,在尾罩和风扇段管道之间是一个扩张的流动。为了保证气流不因扩张过急而引起分离,尾罩必须具有足够的长度,尾罩有时也采用截尾设计。

**5. 驱动电机及变频器**

目前,国内外低速风洞的风扇一般采用电机驱动,并通过变频器控制。对驱动电机的基本要求如下:

(1)在宽转速范围及给定转速下能稳定工作,保证风扇稳定运转,并且具有一定的短时过载能力。

(2)有比较宽的调速范围,以便实现风洞试验段速度调节。调节范围应达到最大速度的10%～100%。要求在这个范围内都能稳定、高效地工作。

(3)转速控制精度指标一般应达到0.02%～0.05%。

(4)使用和维护方便。

直流电机具有很好的启动和制动性能,适合于宽范围内的无级调速。无论是在理论上还是实践上,直流调速系统都比较成熟。因此,低速风洞主要以直流电机为主。与直流电机相比,交流电机具有更高的转速,转子惯量小,无电刷,无转换器,无火花,对周围电器干扰少,结构简单,可靠性高,维修量很少,是电器传动很好的执行机构。但是,由于交流电机是一个非线性、强耦合,多变量控制对象,其数学模型非常复杂,为了获得较高的调速品质,需要采用较复杂的控制器件和控制技术,成本较高,因此在以前的驱动系统设计中很少采用。近年来,随着计算机技术和电力电子器件的发展,交流调速技术有了巨大进步,成本不断降低,有取代直流电机的趋势。

此外,驱动电机的位置对风洞风扇段和整流罩的结构设计有重要的影响。最佳的方案是电机位于整流罩内,此时整流罩的支撑必须承受风扇对风洞外壳产生的扭矩和推力,而不仅仅是推力;而且要求冷却电机,冷却空气可以通过整流罩支架来输送。有时,由于驱动电机的尺寸较大不能内置于整流罩中,则必须采用外置驱动。驱动电机位于风洞洞体外,则可以通过长轴来驱动风扇。长轴通过轴承来保证与风扇旋转中心的同轴度。

根据风洞具体运行条件的不同,风洞轴流式风扇的组成形式是多种多样的,下面介绍几种常见的工程方案。

**1. 方案一**

转子 + 止旋片组合方案:为了消除桨叶所诱导产生的旋转速度,仅在风扇的尾罩上安装止旋片。这种方案压力损失相对小,而总效率也比较高,可达82% ~ 88%,设计制造良好时甚至可以高达90%以上,如果采用动叶(桨叶)可调的方案,可以进一步扩大单机使用范围,提高局部负荷效率。因此,这种布局方案在风洞轴流式风扇的设计中应用最为广泛。中国空气动力研究与发展中心的大部分低速风洞驱动风扇采用了该组合方案。

**2. 方案二**

预旋片 + 转子组合方案:为了消除桨叶所诱导产生的旋转速度,仅在风扇的头罩上安装预旋片。预旋片只有在风扇设计状态下才能保证风扇下游气流没有旋转。如果风扇离开设计状态工作时,气流经过风扇后仍会出现残存的旋转。由于风洞风扇运行范围较宽,这种布局难以适应所有运行工况。当然,也可以为预旋片设置一套机构,根据风扇转子的运行状态实时调节预旋片角度,但结构实现和精确控制两个方面工程上不易实现,该方案已很少采用。

**3. 方案三**

预旋片 + 转子 + 止旋片组合方案:预旋片只有在风扇设计状态下才能保证风扇下游气流没有旋转。如果风扇离开设计状态工作时,气流经过风扇后仍会出现残存的旋转,必须在下游设置止旋片予以消除。因此,有些风洞在风扇前后同时安装了预旋片和止旋片。上游的预旋片主要用于不同工况下优化气流进口条件,扩大风扇运转范围,对来流具有相对更好的适应性。该方案由于需要设置一套机构进行调解,系统相对复杂,也较少采用。

**4. 方案四**

正反对旋风扇方案:正反对旋轴流式风扇总体布局如图 1 - 31 所示,对旋式轴流风机采用两个相邻的动叶轮等速、反向旋转,产生总压升,从而输运气体,两个叶轮均采用独立的电机驱动。前后叶轮一般具有相同的叶轮直径和轮毂比,为了降低离散噪声,两叶轮的叶片数一般互为质数。主要目的是用下游的风扇来消除上游的风扇造成的旋转气流。一对正反转的风扇,理论上在任何风速和输入功率的情况下都应能消除气流的扭转。由于两个风扇往往可以设计成能比单级风扇产生更大的推力,因此对于运转压升大的风扇装置来讲,采用正反转双叶轮风扇系统是合适的。对旋式轴流风扇相比传统的两级轴流风扇,最大的优点是无需配备导叶,从而使得结构紧凑,生产成本低廉。然而,对旋风机的后级叶片进口的相对速度在所有各级叶轮中(包括两级轴流风机的一级、二级动叶和对旋风机的前级动叶)是最大的,从而在对旋风机的后级叶轮中,流动引起的总压损失也是各级叶轮中最大的。所以设计不当,还极有可能造成后级叶轮的总压损失超过两级轴流风机。由于气流的切向速度在两个转子间要实现反转,流动并不稳定,因此在连续式风洞设计实际工程中应用并不多见。且需要设置两套驱动系统(电机、驱动轴系及变频器),分别从两端通过驱动轴与转子连接,结构和控制系统就会更复杂。

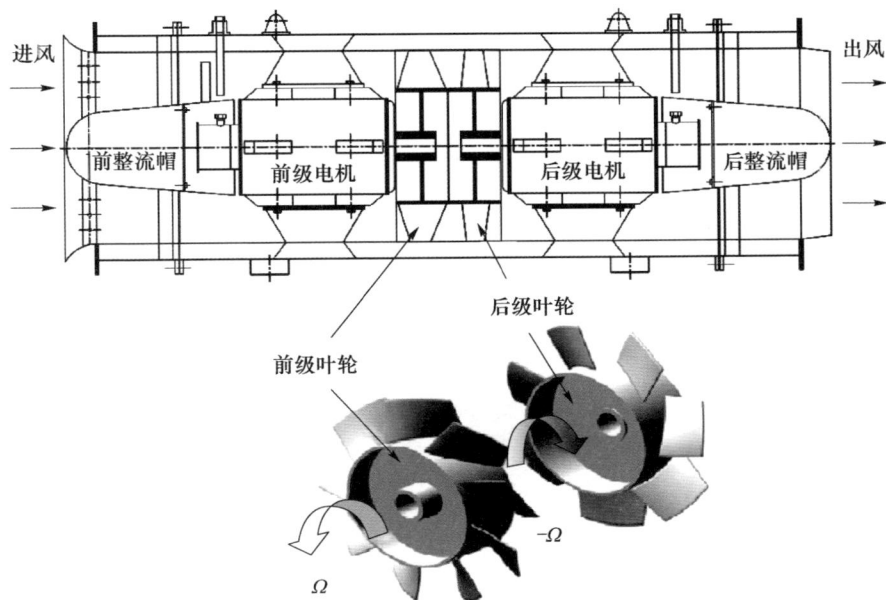

图 1 – 31    对旋轴流式风扇示意图

中国空气动力研究与发展中心的直径 3.2m 低速风洞和法国高速风洞 S1MA 驱动系统均采用了该对旋轴流式风扇构型。对旋轴流式风扇如图 1 – 32 所示。

**5. 方案五**

多级(转子 + 止旋片)串联组合方案:多级转子和止旋片串联,即多个"方案一"组合,可以满足风洞高压升的需求。通常为两级,每级(转子 + 止旋片)的气

图 1 – 32　对旋轴流式风扇（直径 15m）

动外形、旋转方向、旋转速度完全相同，与多级压缩机布局类似，一般采用等压升设计方案，常规两级轴流式风扇布局如图 1 – 33 所示。上述的对旋风扇是一种特殊的两级轴流风扇。多级轴流风扇的结构和驱动控制系统较单级更为复杂，因此低速风洞试验段速度低于 200m/s 时中较少使用，上海交通大学某连续式低速风洞采用了该两级轴流风扇方案，试验段最大风速达到 260m/s。

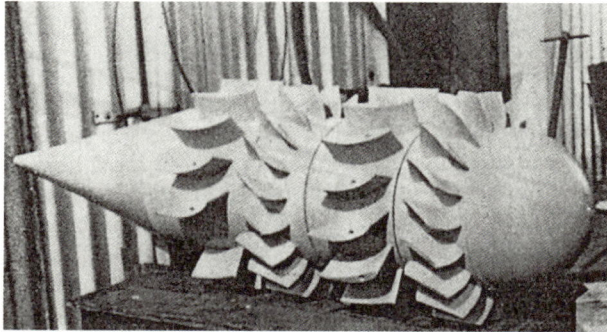

图 1 – 33　二级串联轴流式风扇

## 6. 变桨距风扇

变桨距风扇，即风扇桨叶角可快速调节的风扇。即便风扇具有可变转速的驱动装置，采用变距风扇也是很有价值的，CARDC 的 3m×2m 结冰风洞轴流风扇采用了该系统来实现不同试验段下的性能匹配：

（1）通过变距改变风扇桨叶的安装角度，可实现在不停机和转速不变的状态下实现风速的快速变化。

（2）采用同步电机驱动风洞，若使用变距风扇，则启动时可将变距风扇的桨叶角放在小桨距的位置，以减小叶片载荷。

（3）对于采用二元试验段插件运行的风洞，变距风扇有利于实现最佳运行

（在更换试验段插件时,采用变距风扇可以使风洞电机不停车）。

（4）变距风扇运转效率较高,对风洞运行需求的适应更强,可根据风洞负载的改变实时调节至最佳叶片角度。但由于需要配置一套机械变距系统（图1-34）,因此系统复杂,转子重量及转动惯量增加,制动和加速能力减弱。工程上,除了满足特殊性能要求外,较少采用变桨距风扇。

图1-34 变桨距机构

### 7. 阵列式风扇

某些大尺寸风洞中,风洞运行功率高,而低速试验段截面属于小高宽比的矩形截面。从气体动力学角度分析,为了获得顺流、无分离流气动外形设计,采用直径非常大的风扇段圆形截面与低速试验段之间的各部段气动设计（稳定段、收缩段等）,远不如采用多台小尺寸阵列式风扇段技术方案容易得到保证。而且,采用单台大功率电机驱动单台大尺寸风扇技术方案势必会增加风洞轴向长度的需求量,将导致风洞总体长度尺寸增长。因此,综合风洞回路部段气动尺寸合理设计需求及结构尺寸特点,降低风洞设备造价、方便电机维修等因素,此类风洞可以采用阵列式风扇布局形式。如气动中心8m×6m低速风洞和美国艾姆斯研究中心的国家全尺寸设备,分别采用3台和6台大型轴流风扇阵列分布。

## 1.2.7 风洞轴流式风扇的几何特性

表征或确定风洞轴流式风扇尺寸和形状的参数称为风扇的几何特性,一般包括以下几个参数：

### 1. 风扇直径

轴流式风扇的直径,即风洞风扇段管道的直径,表示为 $D_R$。作为风洞管道的一部分,风扇段直径通常由风洞总体参数预先确定。也可根据风扇性能设计实际需要进行适当调整,通过桨毂比和前后过渡段使之与风洞回路尺寸相适应。在满足气动设计指标要求的前提下应尽量减小风扇段直径。

**2. 桨毂比**

风扇桨毂(转盘)直径 $D_h$ 与风扇直径 $D_R$ 之比定义为桨毂比,记为 $x_b$。桨毂比是风扇设计重要的总体参数之一。桨毂比对风扇的转速、效率、做功能力等都有重要影响。除考虑结构设计要求的尺寸(如整流罩内部要求能安装驱动电机)之外,应使桨毂直径的大小有利于提高风扇效率,需与风扇段直径、风扇转速等匹配设计,迭代优化。

**3. 叶剖面**

叶片沿展向垂直于半径方向切面称为叶剖面或叶素,如图 1-35 所示。叶剖面形状取决于所选用的叶型,通常使用航空叶型 Gö797 叶型、Clark Y 叶型、RAF-D 叶型、RAF-E 叶型及 C4 叶型等。叶剖面所采用的叶型的升阻比直接决定了风扇的运行效率。

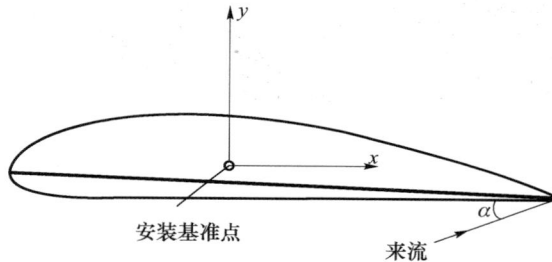

图 1-35  风扇桨叶剖面示意图

叶型前缘与后缘之间的连线称为翼弦,其长度称为弦长,用 $c$ 表示。在翼弦各点处,垂直于翼弦的直线被叶型上下翼面周线所截取的长度,称为该点处叶型的厚度。叶型厚度的最大值称为叶型的最大厚度。最大厚度与弦长之比称为最大相对厚度。叶型的相当厚度一般指最大相对厚度。

**4. 实度**

将风扇在某个半径处沿圆周展开(图 1-36),在一个圆周中,气流相当于通过一个二维叶栅。实度是指桨叶弦长 $c$ 与叶栅栅距 $s$ 之比,以 $\sigma$ 表示,即

$$\sigma = \frac{c}{s} = \frac{cB}{2\pi r} \tag{1-16}$$

式中　$B$——桨叶数目;

　　　$r$——径向半径(m)。

若沿桨叶展向弦长不变,则 $\sigma$ 与 $r$ 成反比。一般桨叶根部的弦长更大一些,$c$ 也是与 $r$ 成反比,$\sigma$ 与 $r^2$ 成反比,因而桨叶根部的实度最大。若风扇叶片的实度较小,叶片之间的干扰并不显著,单个孤立翼剖面的升阻力测试数据可以有把握地应用于桨叶气动设计中。根据经验,若实度与剖面升力系数的乘积 $\sigma \cdot C_L > 1$,就有必要考虑叶片之间的干扰。若气流经过风扇系统的压力增量不

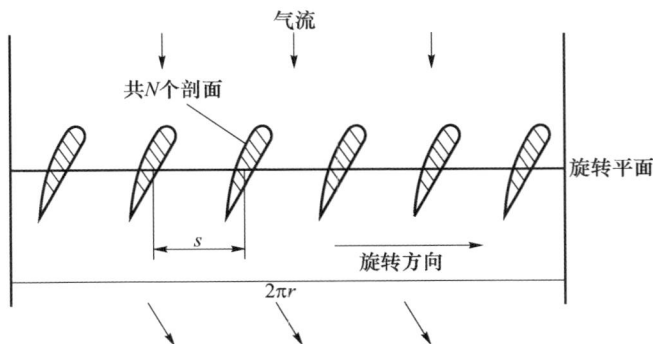

图 1 - 36　半径 $r$ 处的风扇剖面展开图

大,则剖面的实度和升力系数都不需要大于 1.0,一般不考虑叶片间的相互干扰。

**5. 叶片数**

叶片数即风扇桨叶数目。风扇的叶片数通常没有严格的规定。对于桨毂比一定的轴流式风扇,叶片数的配置应该适宜。当叶片实度一定时,叶片数增多,则叶片变窄。窄叶片对结构强度有利,但是雷诺数会减小,风扇效率降低。相反,叶片数减少,则叶片变宽,但会使每个叶片的重量增加,离心力增大,叶片根部受力加剧。另外,叶片数目还与风扇的气动噪声及频率相关。因此,叶片数应从气动性能、噪声特性、结构受力、制造成本以及安装维护等方面综合考虑。

**6. 特征角度**

桨叶的弦线与旋转轴线之间的夹角称为安装角,记为 $\xi$。气流相对于桨叶的平均速度记为 $W_m$。气流相对速度与桨叶弦线夹角称为气流攻角,记为 $\alpha$。气流相对速度与旋转平面之间的夹角称为前进角,记为 $\phi$。气流合速度方向与旋转轴线之间的平均气流角,记为 $\beta_m$,各角度间的相互关系如图 1 - 37 所示。

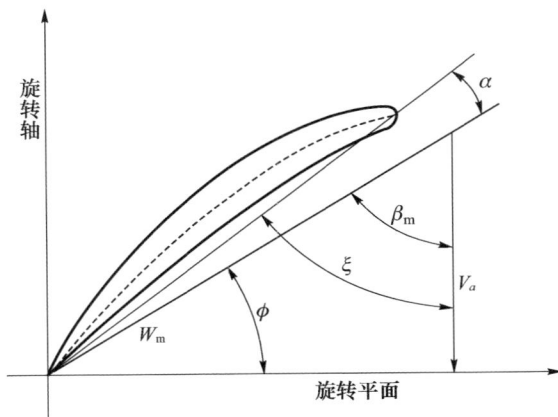

图 1 - 37　气流流过桨叶特征角示意图

## 1.2.8 风洞轴流式风扇的主要性能参数

### 1. 流量

单位时间流经轴流式风扇的气体容积或者质量数称为流量(前者为容积流量,后者为质量流量)。在低速风洞设计中,由于气体不可压缩,风扇通常采用质量流量,而压缩机由于需要考虑压缩性通常采用容积流量。

根据连续方程可知,连续式风洞中流过风扇的流量通常等于试验段流量。对于空气介质的理想气体,风洞试验段的流量为

$$G = 0.040418 \frac{P_0 q(\lambda) A_{\mathrm{T}}}{\sqrt{T_0}} \tag{1-17}$$

式中　$q(\lambda)$——气流函数;

　　　$P_0$——总压(Pa);

　　　$A_{\mathrm{T}}$——试验段横截面积($\mathrm{m}^2$);

　　　$T_0$——试验段气流总温(K)。

### 2. 压升

压升是指气流经过风洞轴流式风扇后压力的升高值,即轴流式风扇进出口处气流的总压之差,单位为 Pa。它可以为风扇前后的总压升 $\Delta P_0$ 或静压升 $\Delta P$,是轴流式风扇设计重要的参数之一。

### 3. 转速

风洞轴流式风扇转子旋转速度(单位为 r/min)的快慢将直接影响其流量、压力和效率。同时还受到叶片结构强度和噪声的限制。风扇转速应与其他设计参数相匹配。

驱动风洞轴流式风扇所需的功率称为轴功率(单位为 kW),或者说是单位时间传给轴流式风扇的能量。其大小由风扇的压升、流量及效率确定。风洞轴流式风扇的压升和轴功率由风洞回路的总能量损失决定。在低速风洞能量损失(功率)的计算中,需要首先获取风洞回路无量纲的总损失系数。

## 1.2.9 轴流式风扇的性能调节方式

低速风洞试验要求对试验段的风速有严格的控制,要求风速调节范围宽、精度指标高、调节速度快。由于风洞运行的速度、压力及温度范围宽,配套设计的轴流式风扇需与之适应才能满风洞运行需求,因此,不同于常规定速运行的工业风扇,其需要依据风洞运行状态进行性能的调节。主要的性能调节方式有以下三种:

(1)变转速调节:通过变频器控制驱动电机转速实现,风扇转速与试验段风

速基本呈现线性关系,这是最常用的调节方式。

(2)进口导叶调节:通过机构控制风扇进口导叶的角度,改变动叶的入流条件来实现特定工况下的风扇性能改善。

(3)动叶调节:通过机构控制风扇动叶片的安装角度,改善特定工况下的叶片流动状态以提升风扇性能,即变桨距调节。

## 1.3 轴流式风扇工程设计方法简介

目前,风洞轴流式风扇工程设计主要有自由涡和任意涡两种方法。

### 1. 自由涡设计方法

自由涡设计方法是基于二维叶素理论的风扇设计方法。在此基础上,自由涡设计方法假设风扇来流的轴向速度处处相等,以及气流经过风扇后在不同径向高度上的压升也相等。自由涡设计方法的特点是原理简洁,计算简便,而且经过众多试验测试和工程实践证实具有较可靠的设计精度,广泛应用于风洞轴流式风扇的设计。自由涡方法分为 Paterson 方法、Wallis 方法、Collar 方法。

Paterson 方法是把风扇及整流系统作为一个整体来考虑,而不是单纯地涉及风扇本身。将内置电机的整流罩、固定整流罩的支撑片和风扇转子作为整个风扇段的构成部分。为了优化风扇段后的气流品质,减少气流能量耗散,在风扇段下游必须保证其只有较小的旋转速度。如果考虑在风扇上游布置预旋片,下游布置止旋片以提升风扇做功能力,那么要用这样一套固定的整流系统来尽量消除所有不同工作条件下的气流旋转速度,对叶片参数的选择就变得很重要。在叶片的参数选取上,必须将消除气流旋转的定子叶片所产生的轴向推力也纳入风扇叶片的增压范畴中,并且在风扇设计时有对应的考虑。这种风扇的每一个剖面都是在等效率下工作,虽然对提高风扇性能本身价值不大;但是在设计时不需要对推力和扭矩载荷曲线进行通常的图解积分,因而简化了风扇的设计。

Wallis 方法与此相近,只是在具体的叶片参数计算上,将各半径处的二维气动性能与其当地实度联系在一起,做了相应修正,设计结果更符合实际。

Collar 方法的主要特点是,当风扇几何外形(风扇直径、长度等)、风扇叶片轴向风速、电机转速一定时,其动叶片数 $B$、各半径弦长 $C$ 和升力系数 $C_L$ 三者之乘积为常数,在风扇做功、能量消耗的一定范围内,通过试算、调整设计参数以及迭代,这三个参数均可取得较合理的值。

三种自由涡风扇设计方法中,Collar 方法更注重于风扇的实际运用。在风扇设计时,适当地对径向各剖面叶型的升力系数留有一定余量,这样,在管路流量和压升发生变化时,可以通过调整转子叶片的安装角实现风扇的变距,适应不同的来流及管网条件。若是在设计初期对风扇的气动性能进行详尽的试算,通过改变安装角来适应不同流动的风扇在效率上与设计点不会存在较大的差距，设计结果就可以达到较高的准确性和可靠性。CARDC 的 8m×6m 风洞、南京航空航天大学的 HK-2 风洞和西北工业大学的 NF-3 风洞的风扇设计均采用 Collar 方法设计。

**2. 任意涡设计方法**

任意涡设计方法也是基于叶素理论假设的，但是该方法不再假设来流轴向速度和桨叶径向压升相等。其主要特点：假设来流轴向速度分布不是均匀的；而且风扇设计过程中风扇气流的旋转速度的径向分布（也按照线性分布拟合）也不再与半径成反比，对应的桨叶上下游的气流压升沿径向也不再均匀。设计过程中，来流的轴向速度分布可由缩尺模型测试确定，或者根据已有相似设备的测试结果给出。而气流旋转速度的分布则是由设计者根据经验进行试算和优化。在已知来流轴向速度分布的情况下，不同旋转速度分布对应不同的风扇出口气流轴向速度分布。

在已有的风洞应用中，德国-荷兰 DNW-LLF 和 CARDC 的 4m×3m 声学风洞风扇采用任意涡方法进行设计，不仅得到相对较高的气动效率（叶片效率约92%），还通过保证风扇叶片的气动载荷具有较大失速裕度，实现了较低的风扇气动噪声。总的来讲，工程应用中采用任意涡设计方法更为复杂，需要设计者具有更多的设计经验和测试结果作为参考。

**3. 两种设计方法的比较**

自由涡设计方法假设风扇来流的截面轴向速度、不同径向高度上的压升处处相等，设计原理简洁，计算简便，而且经过众多风扇性能的试验测试和工程实践证实，具有可靠的设计精度。而任意涡设计方法则不再假设来流轴向速度和桨叶径向压升相等。那么，风扇设计中，如果需要将得到较为均匀的风扇出口气流轴向速度分布为设计目标之一时，总可以选取一个相应的旋转速度分布满足需求，并由此确定其他相关的风扇系统气动参数。也就是说，任意涡方法设计中，可以根据实际需要改变气流旋转速度分布。

在风洞应用中往往是希望风扇出口轴向速度分布更加均匀，其主要目的是改善风扇下游扩散段可能存在的气流分离。风洞回路中，通常风扇段来流轴向速度分布的特点是靠近洞壁的外侧速度较低，而靠近中心体速度较高。如果按照常规风扇设计方法，不采取措施改善出口轴向速度分布的均匀程度，则可能在风扇段出口形成中心部分速度较高，而外侧部分速度较低的情形。这种情形不利于风扇段下游扩散段的气动性能，有可能引起气流分离。反之，采用任意涡方法，在同样达到风扇流量和压升指标的情况下，可以在风扇出口形成更均匀的轴向速度分布，将有利于抑制下游扩散段可能存在的气流分离。如前所述，在 DNW-LLF 中就比较明显得改善了风扇出口气流轴向速度分布的均匀性。更加均匀的风扇出口气流,有利于风扇下游扩散段性能的提升。

除了改善气流轴向速度分布和气流均匀性以外,根据气流旋转速度调整时,对应的叶片载荷也相应变化的原理,可以在一些场合有针对性地选择气流旋转速度以达到优化叶片载荷分布的目的。比如,在声学风洞中,一般要求风扇气动效率较高,同时尽量降低气动噪声。这样,避免叶片失速分离成为重要的一个设计原则;而这往往与提高气动效率有一定的冲突。应用任意涡方法就可以方便地根据试算结果和叶片叶型气动性能进行叶片载荷的调整,达到既保证叶片不失速又具有较好的气动效率的目的。特别是在风洞具有多种运行工况的情况下,风扇压升、转速和来流流量变化范围比较大,应用任意涡方法可以更加准确地预测风扇桨叶不同径向位置的局部叶片载荷(升力系数)分布,从而进行优化和调整。另外,任意涡方法中来流轴向速度分布不均匀的假设更加接近真实情况,也可以更加准确地计算叶片局部载荷分布,保证适当的失速裕度,更有利于保证风扇的性能。

与自由涡方法相比,任意涡方法的一个缺陷是计算过程更加复杂。设计过程中,需要针对来流轴向速度分布,计算风扇桨叶和止旋片下游的轴向速度分布,并据此确定叶片气动参数,这些过程大大增加了计算量。因此,在很多风洞实践中,如果不需要特别关注风扇出口速度均匀性,或者风扇叶片的局部失速,往往采用自由涡设计方法。只是在一些需要特别关注这些内容的情况下,需要应用任意涡设计方法。以往的风扇设计中,实际上需要特别考虑风扇出口速度的均匀性和局部叶片载荷分布的场合并不多,所以一般采用自由涡设计方法。但是,随着节能、环保要求的不断加强,需要综合考虑风扇气动性能和其他性能的情况越来越多。特别是随着声学风洞建设中对高性能低噪声风扇的要求不断提高,使得任意涡方法应用越来越重要。而且,随着目前计算机以及相关软件工具越来越成熟,容易减小任意涡方法的工程计算量。

# 第 2 章　轴流式风扇设计基本理论

## 2.1　流体力学基本理论

常规风洞一般以气体为试验介质,其气动设计属于经典流体力学的范畴,了解气体的属性和流动特性是开展轴流式风扇设计的基础。本节简要介绍与风扇气动设计相关的流体力学的一些基本概念,关于流体力学更多的内容,请参阅相关书籍。

### 2.1.1　气体的物理属性

#### 1. 气体的密度及比容

密度是流体的重要物理属性之一,可表征某一流体的惯性大小。对于均质流体,单位体积的质量称为密度,以 $\rho$ 表示:

$$\rho = m/v \tag{2-1}$$

式中　$m$——流体的质量(kg);

　　　$v$——流体的体积($m^3$)。

各点密度不完全相同的流体称为非均质流体。非均质流体中某点的密度为

$$\rho = \frac{\Delta m}{\Delta v} \tag{2-2}$$

式中　$\Delta m$——微小体积流体 $\Delta v$ 的流体质量(kg);

　　　$\Delta v$——包含该点在内的流体体积($m^3$)。

气体的密度是其本身所固有的物理量,它随温度和压力的变化而变化,满足克拉伯龙方程。

气体的比容是指单位质量流体所占有的体积,它是流体密度的倒数,用符号 $v$ 表示,单位为 $m^3/kg$,即

$$v = \frac{1}{\rho} \tag{2-3}$$

#### 2. 理想气体

理想气体是一个假设的物理模型,在微观上认为气体分子有质量,分子体积与分子之间的平均自由程相比可忽略不计,是质点;每个分子在气体中的运动是

独立的,分子相互间的作用力可忽略不计,分子相互之间及与壁面间碰撞为完全弹性,无动能损失。宏观上,理想气体严格遵守克拉伯龙方程,其来源于玻意耳 – 马略特定律、查理定律及盖吕萨克定律。理想气体是热力和热值都完全的气体,常规风洞的运行气体介质可假设为理想气体。理想气体状态方程为

$$p = \rho R T \qquad (2-4)$$

式中　$p$——压力(Pa);

　　　$T$——热力学温度(K);

　　　$R$——空气的气体常数(286.8J/(kg·K))。

**3. 压缩性和马赫数**

1)压缩性

流体的压缩性是指在外界温度或压强发生变化时,其密度和体积也随之变化的性质。可压缩性是流体一种重要的力学性质,通常用压缩率来度量。压缩率定义为外界条件变化(压强或温度)所引起的流体体积的相对变化。

流体的等熵压缩率为

$$\beta_s = -\frac{1}{v}\left(\frac{\partial v}{\partial p}\right)_s \qquad (2-5)$$

流体的等温压缩率为

$$\beta_T = -\frac{1}{v}\left(\frac{\partial v}{\partial p}\right)_T \qquad (2-6)$$

式(2-5)和式(2-6)中:$v$ 为比容;$p$ 为压力。

建立流体等熵压缩率和等温压缩率间的关系,关键是把比容由 $v(p,s)$ 变换成 $v(p,T)$。

根据雅可比行列式 $\dfrac{\partial(u,v)}{\partial(x,y)} = u_x v_y - u_y v_x$ 的以下性质:

$$\frac{\partial(u,v)}{\partial(x,y)} = -\frac{\partial(v,u)}{\partial(x,y)}, \frac{\partial(u,y)}{\partial(x,y)} = -\left(\frac{\partial u}{\partial x}\right)$$

$$\frac{\partial(u,v)}{\partial(x,y)} = \frac{\partial(u,v)}{\partial(s,t)} \cdot \frac{\partial(s,t)}{\partial(x,y)} \qquad (2-7)$$

可得

$$\left(\frac{\partial v}{\partial p}\right)_s = \frac{\partial(v,s)}{\partial(p,s)} = \frac{\partial(v,s)/\partial(v,T)}{\partial(p,s)/\partial(p,T)} \cdot \frac{\partial(v,T)}{\partial(p,T)}$$

$$\left(\frac{\partial v}{\partial p}\right)_s = \frac{c_V}{c_p}\left(\frac{\partial v}{\partial p}\right)_T = \frac{1}{\gamma}\left(\frac{\partial v}{\partial p}\right)_T \qquad (2-8)$$

式中:$c_p$、$c_V$ 分别为流体的比定压热容和比定容热容;$\gamma$ 为比热比。

因此,等熵压缩率和等温压缩率间的关系为

$$\gamma \beta_s = \beta_T \qquad (2-9)$$

考虑热力学中的完全气体,它的状态方程为

$$\rho = pRT \qquad (2-10)$$

则完全气体的等温压缩率为

$$\beta_T = \frac{1}{\rho} \left( \frac{\partial \rho}{\partial p} \right)_T = \frac{1}{p} \qquad (2-11)$$

完全气体的等熵压缩率为

$$\beta_s = \frac{\beta_T}{\gamma} = \frac{1}{\gamma p} \qquad (2-12)$$

由此可见,压力越高,气体的压缩率越小,即气体越不易被压缩。

可压缩性是流体的一种物理性质,与它是否运动无关。在流体力学的研究中,通常更多关心的不是流体本身的可压缩性,而是可压缩性对流体运动的影响有多大。在此基础上,可将流动分为不可压缩流动和可压缩流动两大类。如果研究的流动问题,流体的可压缩性的影响忽略不计,则称为不可压缩流动;反之,称为可压缩流动。

判断流动是否为不可压缩流动的关键参数不是流体的压缩率,而是气流的马赫数 $Ma$。当流动马赫数 $Ma > 0.3$ 气体具有良好的可压缩性,但是当流动马赫数 $Ma \leqslant 0.3$ 时,流体密度的变化对流动的影响非常小,这时流动可以近似为不可压缩流动。

在轴流式风扇设计实践中,基于严格限制转子叶片叶尖相对速度和低噪声的考虑,风扇中流体压力的变化引起密度的改变基本可以忽略,也就是说一般将马赫数控制在不可压的范围内。

2)马赫数

声速是声波在介质中的传播速度,是一种小扰动压缩波,其大小与流体的体积弹性模量有关,其计算公式为 $a = \sqrt{\mathrm{d}p/\mathrm{d}\rho}$,声波在气体中的传播过程可以看作等熵过程,则声速又可表示为 $a = \sqrt{\gamma RT}$,声速的大小仅与气体的温度相关。

马赫数定义为气流速度与当地声速之比,即 $Ma = V/a$,它表明了物体所受气体的惯性力与弹性力之比。由于弹性力反映了空气的压缩性,所以马赫数也体现了压缩性的影响。马赫数对物体气动特性的影响的一般规律:当马赫数比较小时,如 $Ma$ 为 0.3,气流几乎不可压缩,马赫数的影响很小,压缩性可以忽略不计;但是随着马赫数进一步地提高,气体的流动就与不可压缩流体的流动大有区别,各种空气动力系数会随着马赫数增大而发生变化,而且随马赫数增大越来越显著,特别是在 $Ma = 1$ 附近,这种变化往往很难预测的。

风洞要实现不同的试验马赫数,需要采取不同的措施。亚声速时,只需要增加风扇的功率,即增加试验段上、下游的压力比,就可以提高马赫数。在跨声速时,不仅要提高风扇功率或压力比,而且要解决模型堵塞、激波反射等问题,因而需要采用两壁或四壁通气的试验段壁板。在超声速阶段,除了增加功率或压力比以外,还必须改变试验段上游的喷管形状,保证试验段截面与喷管喉部截面的面积比满足相应马赫数的要求。

**4. 比热比**

气体的比热容定义为物系的温度每升高 1℃ 所需要的热量。不同的热力学过程,所需要的热量各不相同。定容过程的比热容和定压过程的比热容是最重要的,分别和内能和焓相联系,对于完全气体,它们之间存在下列关系:

$$c_p - c_V = R \tag{2-13}$$

在热力学中,$c_p$ 和 $c_V$ 的比是一个重要的参数,称为比热比(又称为绝热指数或定熵指数),以 $\gamma$ 表示,

$$\gamma = c_p / c_V \tag{2-14}$$

比热比反映气体随温度变化时的焓量和内能变化之比。对于理想气体,比热比是温度的函数,在进行理论分析和近似计算常假设其为常数。对于真实气体,比热比不再为常数,而是随气体的压力和温度发生较大的变化。

标准大气压和 20℃ 下常用气体性质见表 2-1。

表 2-1 标准大气压和 20℃ 下常用气体性质

| 气体 | 密度 $\rho$ /(kg/m³) | 动力黏度 $\mu$ /($\times 10^5$ Pa·s) | 气体常数 $R$ /(J/(kg·k)) | 比热比 $\gamma$ |
|---|---|---|---|---|
| 空气 | 1.205 | 1.80 | 287 | 1.40 |
| 二氧化碳 | 1.84 | 1.48 | 188 | 1.276 |
| 氮气 | 1.16 | 1.76 | 297 | 1.40 |
| 氧气 | 1.33 | 2.00 | 260 | 1.40 |
| 饱和水蒸气 | 0.747 | 1.01 | 462 | 1.318 |
| 甲烷 | 0.668 | 1.34 | 520 | 1.309 |
| 氦气 | 0.166 | 1.97 | 2077 | 1.667 |

**5. 流体的黏性**

流体实际都是有黏性的,流体具有抵抗其微团之间相对运动(剪切变形)的性质称为黏性。抵抗微团相对运动的这种内摩擦力称为黏滞力。单位面积上的黏滞力称为摩擦应力,记为 $\tau$。

为了度量流体黏性的大小,考虑两块相距 $h$ 的平行平板,一块静止,另一块在它自己的平面内以匀速运动,平板间充满流体。在黏滞力的作用下,平板间流

体会随板的运动而发生流动。试验观测表明,由于物面的无滑移边界条件,流体运动的速度 $u$ 与到静止板面的距离 $y$ 成正比(图 2 – 1):

$$u = \frac{U_0}{h}y \qquad (2-15)$$

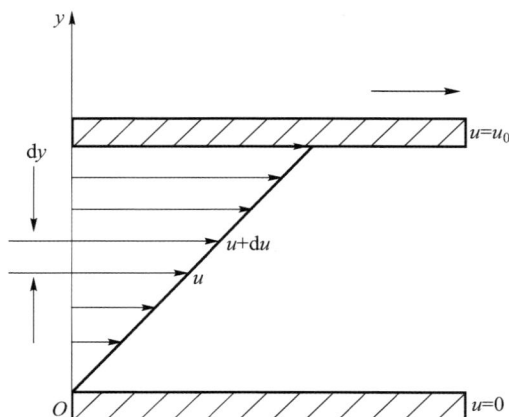

图 2 – 1　速度分布规律

为了维持平板的运动,对它必须施加一个沿运动方向的力,以便和流体作用于平板面上的摩擦力相平衡。该力与平板运动的速度成正比,与平板间的距离 $h$ 成反比,从而流体作用在单位面积板面上的摩擦力为

$$\tau = \mu \frac{U_0}{h} \qquad (2-16)$$

用速度梯度 $du/dy$ 表示流体速度沿垂直于速度方向 $y$ 的变化率,则式(2 – 16)可以转化为

$$\tau = \mu \frac{du}{dy} \qquad (2-17)$$

这一关系称为牛顿内摩擦定律。服从该定律的流体称为牛顿流体;否则,称为非牛顿流体。风扇的运行介质一般均为牛顿流体。式(2 – 17)中 $\mu$ 反映了流体抵抗剪切变形能力的大小,称为流体的动力黏度,简称黏度,其量纲为 $L^{-1}MT^{-1}$,常用单位为 $N/(m^2 \cdot s)$,以符号 $Pa \cdot s$ 表示。

在流体力学中,经常出现 $\mu$ 和 $\rho$ 的比值,用 $\nu$ 表示,即

$$\nu = \mu/\rho \qquad (2-18)$$

式中　$\rho$——流体的密度($kg/m^3$);

　　　$\nu$——运动黏度($m^2/s$)。

如果考虑密度就是单位体积质量,则 $\nu$ 的物理意义也可以这样来理解:$\nu$ 是

单位速度梯度作用下的切应力对单位体积质量作用产生的阻力加速度。这样，由于在 $\nu$ 的量纲中没有力的量纲，只具有运动学要素，故 $\nu$ 称为运动黏度。流体流动性是运动学的概念，所以衡量流体流动性应用 $\nu$ 而不用 $\mu$。

对于气体而言，其黏性系数 $\mu$ 随压力的增大略有增大，而随温度的变化却较为明显。气体黏性系数随温度的变化可用 Sutherland 关系近似：

$$\mu = \mu_0 \left( \frac{T}{T_0} \right)^{1.5} \left( \frac{T_0 + S}{T + S} \right) \qquad (2-19)$$

式中：$S$ 为 Sutherland 常数，与气体的种类有关；$\mu_0$ 为 $T = T_0$ 时的黏性系数。

对空气来说，$T_0 = 273.16\text{K}$，$\mu_0 = 1.716 \times 10^{-5}\text{Pa} \cdot \text{s}$，$S = 110.6\text{K}$。对于标准大气压下的运动黏性系数，$\nu \approx 1.513 \times 10^{-5}\text{Pa} \cdot \text{s}$。由 Sutherland 关系得到的结果，在 $160 \sim 1900\text{K}$ 的温度范围内，误差范围在 $\pm 2\%$ 以内。在工程中还可以使用精度略差，但更简单的幂次关系：

$$\frac{\mu}{\mu_0} = \left( \frac{T}{T_0} \right)^n \qquad (2-20)$$

对空气介质而言，$n = 0.76$。

在有些情况下，流体的黏性非常小，为了使问题的数学过程得到简化，提出了无黏流体假定。无黏流体是指完全没有黏性的流体，即黏性系数 $\mu = 0$。无黏流体在自然界并不存在，它只是适用于某些特定流动的一种近似模型，因此将这种流体称为理想流体。普朗特提出的边界层理论，就是运用无黏流体假定，把流场分为黏性流体和理想流体两部分。当流体与物体作相对运动时，在紧靠物面的薄流层中，黏性力与惯性力有相同的数量级，不可忽略，这一薄流层称边界层。但是边界层外流动速度梯度小，可以忽略黏性，按理想流体处理。

黏性不可忽略流体的流动现象远比理想流体复杂，在黏流中，流体与固壁间，以及流体内部相邻微团之间将出现摩擦力，即黏性力，它们是阻碍流体内部运动和相对运动的阻力。在流动中，流体必须克服阻力而做功，因而一部分流体的动能将不可逆的转化为热量。另外，黏性还将导致流体沿固体边界形成边界层（也称为边界层），出现转捩、分离和二次流等复杂流动现象。管道截面上速度分布也不再均匀，理想流体的运动方程，即欧拉运动方程不再适用，必须代之以黏性流体的运动方程，即纳维－斯托克斯方程。

**6. 特殊状态下的气体特性**

对于风洞采用某些介质和运行在特定温度压力下时，气体表现出非完全气体性质，与常温常压下的差别不能忽略，需要根据实际的运行状态对气体物性进行计算。这里以氮气为例，相关物理性质参数的计算可采用如下的公式计算：

1）压缩性因子

压缩性因子反映非完全气体的热力非完全特性，与气体的温度和压力相关，可表示为

$$Z = \frac{P}{\rho \cdot R \cdot T} = 1 + B \cdot P + C \cdot P^2 \qquad (2-21)$$

式中　$P$——压力（atm）；

　　　$T$——温度（K）；

　　　$\rho$——密度（kg/m³）；

　　　$R$——氮气的气体常数（J/(kg·K)）。

$B$ 和 $C$ 通过下式计算：

$$\begin{cases} \ln(-B) = \sum_{i=0}^{4} b_i T^i \\ \ln(-C) = \sum_{i=0}^{4} C_i T^i \end{cases} \qquad (2-22)$$

$b_i$ 和 $C_i$ 取值如下：

$$b_0 = 1.370 \qquad C_0 = 5.521$$
$$b_1 = -8.773 \times 10^{-2} \quad C_1 = -1.986 \times 10^{-1}$$
$$b_2 = 4.703 \times 10^{-4} \quad C_2 = 7.817 \times 10^{-4}$$
$$b_3 = -1.386 \times 10^{-6} \quad C_3 = -1.258 \times 10^{-6}$$
$$b_4 = 1.462 \times 10^{-9} \quad C_4 = 5.333 \times 10^{-10}$$

在饱和温度至 350K，压力小于 7atm 时，通过上式计算得到的压缩性因子的误差小于 0.05%。

通过上述计算公式得到的气体压缩性因子在不同压力和温度下的值，如图 2-2 所示。

2）比热比

比热比是反映非完全气体热量非完全特性，与气体的温度和压力相关，可表示为

$$\gamma = \frac{c_p}{c_V} = A + BP + CP^2 \qquad (2-23)$$

式中　$c_p$——比定压热容（J/(kg·K)）；

　　　$c_V$——比定容热容（J/(kg·K)）；

　　　$P$——压力（atm）；

　　　$A$——常数，$A = 1.4$。

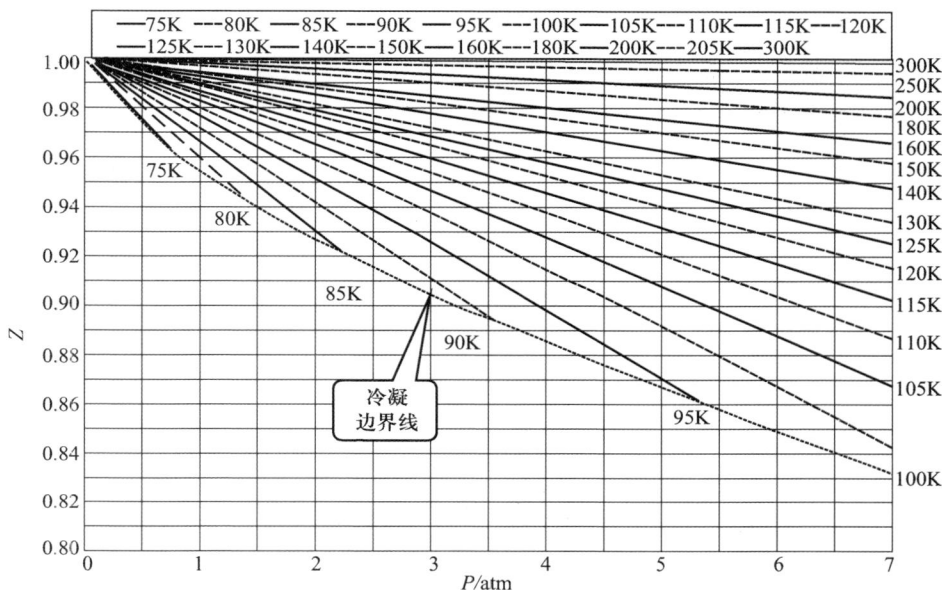

图 2 - 2　氮气压缩性因子

$B$ 和 $C$ 通过下式计算:

$$\ln B = \sum_{i=0}^{4} b_i T^i$$

$$\ln C = \sum_{i=0}^{1} C_i T^i \tag{2-24}$$

$b_i$ 和 $C_i$ 取值如下:

$$b_0 = 1.86799 \qquad\qquad C_0 = -1.25126$$

$$b_1 = -9.52187 \times 10^{-2} \qquad C_1 = -4.969 \times 10^{-2}$$

$$b_2 = 5.14638 \times 10^{-4}$$

$$b_3 = -1.35950 \times 10^{-6}$$

$$b_4 = 1.31676 \times 10^{-9}$$

在饱和温度至 350K,压力小于 7atm 时,通过实测数据表明,上式计算得到的比热比的误差小于 0.3%,可满足工程应用的计算精度需要。

通过上述计算公式得到在不同压力和温度下的比热比分别如图 2 - 3 和图 2 - 4 所示。可以看出,温度对氮气的比热比影响较大,在压力 0.45MPa,温度 110K 和 323K 时的比热比分别约为 1.51 和 1.41,相差约 7%。另外可以看出,温度越低,压力对比热比的影响越大:如在温度到 100K 时,常压和 0.45MPa 对应的比热比值相差约 7.7%;在常温 323K 时,其相差仅约 0.7%。

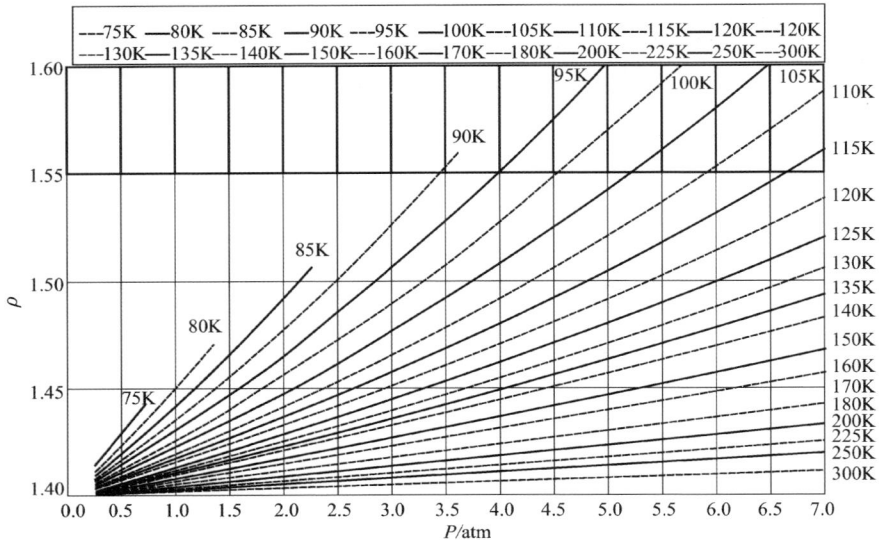

图 2 - 3　氮气比热比随压力变化

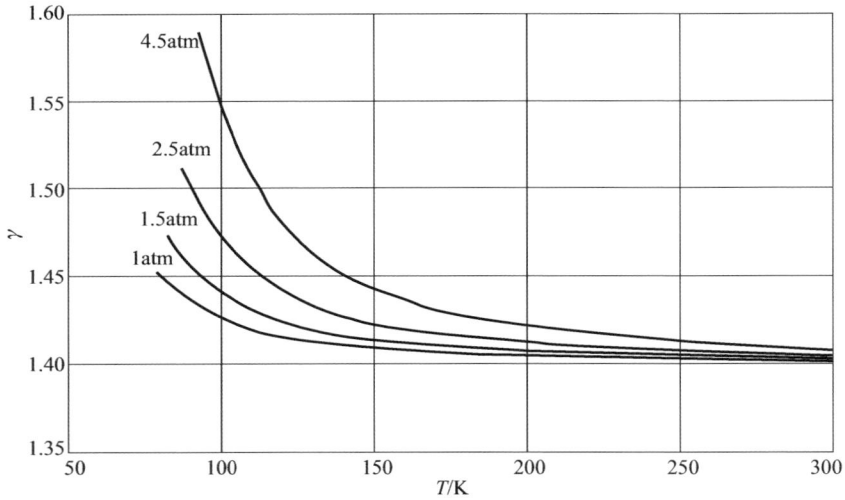

图 2 - 4　氮气比热比随温度变化

3）动力黏性系数

氮气的动力黏性系数为

$$\mu = \sum_{i=0}^{2} \mu_i T^i \qquad\qquad (2-25)$$

即

$$\mu = \sum_{i=0}^{2} \left( \sum_{j=0}^{2} \mu_{ij} p^j \right) T^i, i = 0, 1, 2 \qquad (2-26)$$

式中　$P$ 为压力(atm);$\mu_{ij}$取值为

$$\mu_{00} = -2.86896 \times 10^{-7}, \mu_{10} = 7.55226 \times 10^{-8}, \mu_{20} = -4.89417 \times 10^{-11}$$

$$\mu_{01} = 1.23678 \times 10^{-7}, \mu_{11} = -6.10964 \times 10^{-10}, \mu_{21} = 9.51640 \times 10^{-13}$$

$$\mu_{02} = 1.29862 \times 10^{-9}, \mu_{12} = -1.22089 \times 10^{-11}, \mu_{22} = 2.52130 \times 10^{-14}$$

当氮气温度在 77~350K 范围内,压力小于 20atm 时,通过上式计算得到的动力黏性系数的误差小于 0.2%。

通过上述计算公式得到在不同压力和温度下的黏性系数如图 2-5 所示。可以看出随着温度的降低,黏性系数值近似线性降低,而压力的影响并不十分明显。

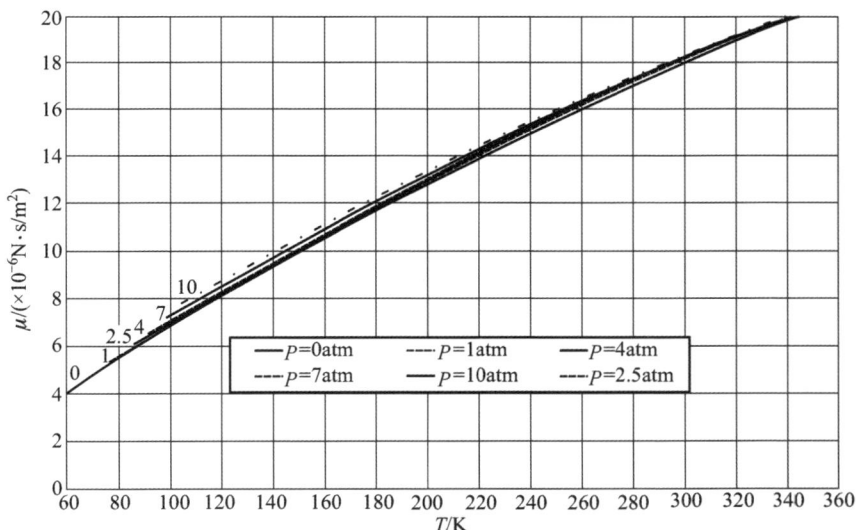

图 2-5　动力黏性系数

4) 饱和蒸气压和温度

氮气的饱和蒸气压与饱和温度之间的关系,(覆盖三相点到临界点之间)为

$$\ln P = N_1 / T + N_2 + N_3 \cdot T + N_4 \cdot (T_c - T)^{1.95} + N_5 \cdot T^3 + N_6 \cdot T^4$$

$$+ N_7 \cdot T^5 + N_8 \cdot T^6 + N_9 \cdot \ln T \qquad (2-27)$$

式中　$T_c$——临界点温度,$T_c = 126.20\mathrm{K}$;

　　　$T$——饱和温度(K);

$P$——饱和压力(atm)。

$N_i$ 取值如下:

$$N_1 = 0.8394409444 \times 10^4, N_2 = -0.1890045259 \times 10^4$$

$$N_3 = -0.7282229165 \times 10^1, N_4 = 0.1022850966 \times 10^{-1}$$

$$N_5 = 0.5556063825 \times 10^{-3}, N_6 = -0.5944544662 \times 10^{-5}$$

$$N_7 = 0.2715433932 \times 10^{-7}, N_8 = -0.4879535904 \times 10^{-10}$$

$$N_9 = 0.5095360824 \times 10^3$$

通过上述计算公式得到液氮在三相点至临界点范围下的饱和温度与蒸气压关系曲线如图 2-6 所示,常压下的饱和温度为 77.347K。饱和温度与蒸气压的关系将用于确定风洞模型试验时各种运行工况下的最低运行温度。

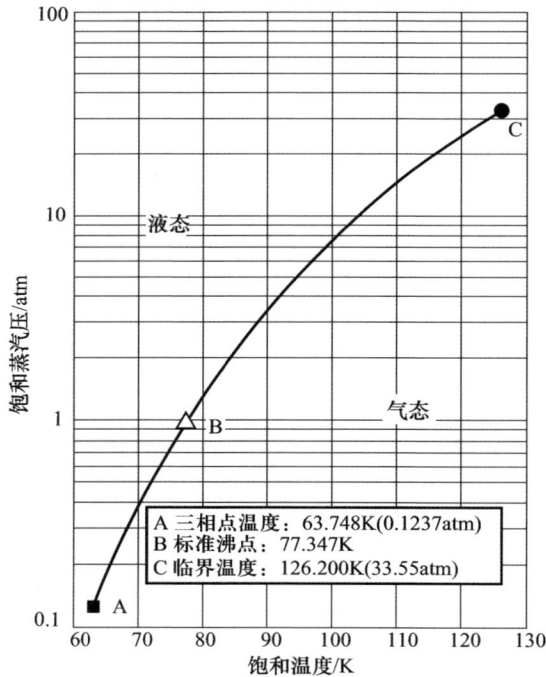

图 2-6 液氮饱和蒸汽压

## 2.1.2 层流和湍流

黏性流体的运动有两种性质完全不同的流态,即层流和湍流。1883 年的雷诺试验显示了这两种流态的基本特征。流体一层一层地彼此保持平行运动,没有流体微团的横向运动或横向的质量、动量交换的流动,称为层流。相邻流动剪切层间的剪切应力或摩擦应力大小满足牛顿黏性定律,层流流动具有较好的流动稳定性。一旦受到扰动,很容易变成湍流。

湍流又称为紊流,流体微团的运动轨迹极不规则,不仅有轴向运动,而且有垂直轴线方向的横向运动,在各个方向上都有充分的相互掺混,引起强烈的动量和热量的交换与传递,这将导致机械能量的耗散增大。在湍流中,任一点处的速度、压力等流动参数都处在无规则的脉动之中,但有统计规律。因此,为了反映湍流结构的某些特征,以瞬时速度 $u$ 为例,可以将其分解为时均速度 $\bar{u}$ 和脉动速度 $u'$ 两部分之和,即

$$u = \bar{u} + u' \tag{2-28}$$

时均速度定义为足够长时间 $T$ 内瞬时速度的平均值,即

$$\bar{u} = \frac{1}{T}\int_0^T u\,\mathrm{d}t \tag{2-29}$$

在定常流动中,任一点的时均速度将保持不变,而脉动速度的时均值必须为零,即

$$\bar{u}' = \frac{1}{T}\int_0^T u'\,\mathrm{d}t = 0 \tag{2-30}$$

通常采用脉动速度的均方根平均值 $(\overline{u'^2})^{\frac{1}{2}}$ 表示 $x$ 方向的平均湍流强度。湍流度气流在三个方向的脉动强度,定义为

$$\varepsilon_{\mathrm{T}} = \frac{\sqrt{\frac{1}{3}(\overline{u'^2} + \overline{v'^2} + \overline{w'^2})}}{U} \tag{2-31}$$

层流完全转变为湍流称为转捩。层流向湍流的转捩不仅与来流的平均速度有关,而且与流体的性质如密度、黏性系数以及特征尺度有关。雷诺提出了一个无量纲的组合参数,称为雷诺数,作为是否转捩的判断依据。

雷诺数的物理意义是物体在静止空气中运动时所受到的惯性力与黏性力之比。定义为

$$Re = \rho VL/\mu$$

式中:$\rho$、$V$、$\mu$、$L$ 分别为流体的密度、速度、黏性系数及特征尺寸。

与黏性有关的现象,如边界层流态、气动阻力、分离流动与失速特性、激波与边界层相互干扰等,都明显地受当地雷诺数的影响。判断层流或者湍流用临界雷诺数 $Re^*$ 表征,即实际雷诺数 $Re < Re^*$ 时即为层流,当 $Re > Re^*$ 时即为湍流。对应层流转捩为湍流或湍流恢复为层流的雷诺数是不相同的,前者称为上临界雷诺数,后者称为下临界雷诺数。工程上,将圆管流动中上临界雷诺数取值为4000,许多试验指出,圆管流动中的下临界雷诺数大约为2100。

## 2.1.3　边界层

附面层又称为边界层,该理论在 1904 年由近代力学奠基人之一,德国空气动力学大师路德维希·普兰特首先提出。他认为,水和空气等微小黏性流体绕物体流动时,黏性的影响仅限于贴近物面的薄层中,有了边界层的概念,则可以把黏性的影响流动局限在边界层内,边界层外的流动可以按照理想无黏流动求解,极大地促进了解决实际工程问题的能力和空气动力学学科的发展。

在需要考虑黏性的流动中,物体表面边界层开始于自由流与壁面初始接触的位置,为了维持表面边界层的流动,外界主流动量不断被耗散,沿着流动方向,边界层厚度则不断增加。叶片表面所产生的边界层包括两种类型,分别为层流边界层和紊流边界层。一般边界层初始状态为层流,在叶片表面流动方向下游某处逐步转捩为紊流边界层。层流边界层中的动量交换仅通过相邻流体层之间作用的剪切应力,而紊流边界层内的各流体层之间存在湍动能的交换,边界层内往往有足够的外界能量注入,使它较层流边界层具有更强的抵抗逆压梯度的能力,因此气流不易分离。边界层内的速度分布如图 2 – 7 所示。

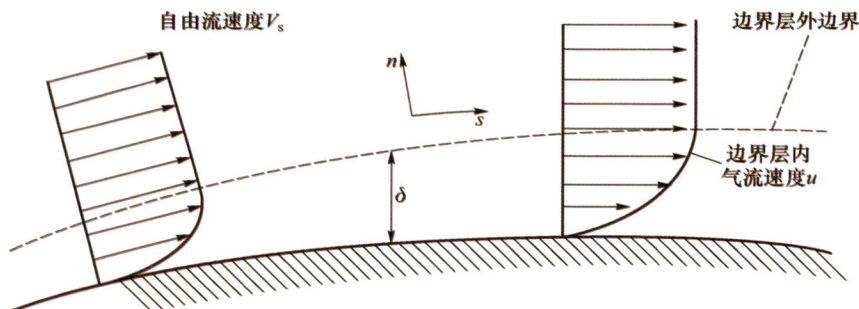

图 2 – 7　边界层内速度分布

边界层的厚度 $\delta$ 是指垂直于固体表面的一段距离,在该距离上,沿着壁面切向的流动速度达到自由流速度某一规定百分比(如 99.5%)位置的垂直于壁面的高度。另外,定义有边界层位移厚度 $\delta^*$ 和动量厚度 $\theta^*$ 则是从另外两个角度对边界层进行描述。

边界层存在的主要影响之一是将理想无黏流的流线向离开物体壁面的方向推移,这是因为靠近壁面的边界层中流体因为黏性作用而流慢了,为了满足连续性方程,流道就得扩张才能让一定流量的流体通过,因此无黏流流线向外偏斜。边界层位移厚度又称为排挤厚度,即理想无黏流流线被外推的距离。不可压的位移厚度为

$$\delta^* = \int_0^{h>\delta}\left(1-\frac{u}{V_{0,s}}\right)\mathrm{d}n \qquad (2-32)$$

式中　$n$——垂直于表面方向;

　　　$u$——边界层 $s$ 方向的当地速度(m/s);

　　　$V_{0,s}$——边界层外界处 $s$ 方向上的当地速度(m/s)。

为了反映由于边界层的存在而引起的动量流率的变化,定义了动量厚度,又称为动量亏损厚度。动量流率为质量流率与单位质量的动量乘积,因此动量亏损为实际的质量流率与单位质量动量亏损的乘积。动量厚度则定义为具有此亏损的动量大小的理想无黏流的厚度,表征由于边界层的存在而损失了厚度为 $\theta^*$ 的理想无黏流的动量流率,不可压的动量厚度为

$$\theta^* = \int_0^{h>\delta} \frac{u}{V_{0,s}}\left(1 - \frac{u}{V_{0,s}}\right)\mathrm{d}n \tag{2-33}$$

边界层厚度的各种定义式,既适用于层流附面层,也适用于湍流附面层。边界层的厚度都随着流过物体表面的长度增长而增加。引入附面层形状系数 $H = \delta^*/\theta^*$,它大致地指出了关于附面层可能分离的状态。

## 2.1.4　流动损失

在实际管道流动中,流体都存在黏性,依据固体表面无滑移边界条件,流体在静止固体表面的相对速度为零,而在远离固壁的区域流体以一定的速度向前流动。流体的流动速度必然存在从管壁的零速度到远离管壁速度逐渐增大的变化过程。由牛顿内摩擦定律可知,对于这种在流动方向垂直截面上存在速度梯度的相对运动着的流体各层之间必定存在切向应力,形成阻力,从而消耗能量。这称为摩擦损失,它与流动的距离成正比,故也称为沿程损失。摩擦损失系数通常与管道的直径、雷诺数、壁面粗糙度相关,可通过相关的试验数据图表查得摩擦阻力系数。

另外,管道内的流动还存在局部损失,是由于流动遭受局部破坏时引起的损失。发生在流体进入管道、扩散、收缩、拐弯及经过各种障碍物(支架、导流片、孔板、阻尼网)时,这些对流动局部的破坏会导致流体各部分间的动量交换加剧,从而增加了能量的耗散。流体从管道内排出损失的动能也属于局部损失的一种。

低速流动的压力损失主要包括上述两个部分,其压力损失计算均可由无量纲的损失系数 $\xi$ 与来流的速压乘积求得。损失系数则可依据具体的管道形状通过试验或经验公式求得。

## 2.1.5　一维流动

一维流是指流动的各项物理参数,如流速、压强等都只是一个空间坐标 $s$ 的函数。如果某点的流动参数又随时间发生变化,则为非定常一维流;否则,称为

定常一维流动。假设一股气流(图2-8),沿气流的中心线设坐标 $s$,中心线 $s$ 可以略有弯曲,气流的横截面积可以缓慢变化。假设在任何瞬间、任何截面上的流动参数都只有一个值,即流动参数在截面上无变化,流速的指向均沿着 $s$ 向,忽略横向分量。在工程实际流动中,只要流管的截面无急剧变化,横向分速总是相对小量,可以忽略不计。另外,只要轴线 $s$ 没有大的曲率,截面内外侧的压强差便可以忽略,截面上压强无变化的假设就成立。风洞中的管道流动很多场合认为符合该假设,在一维流前提下去处理流动问题,就要简单和容易得多。

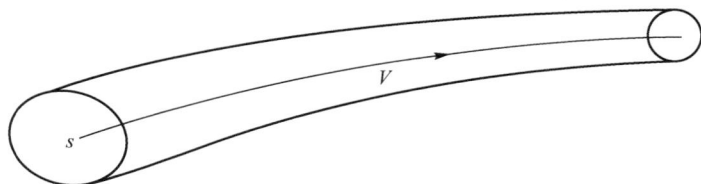

图2-8  一维流动分析

画一个控制体,计算某个方向出入控制体的动量差以及控制体内的动量变量,这些变量必等于作用在控制面上同一方向上的作用力及彻体力的冲量。该定律使用不需要知道控制体内部的详情,只需要知道控制面上的情况即可,常应用于计算风扇整流罩的受力。

假定整个流动发生在一个 $oxy$ 的笛卡儿坐标平面上,如图2-9所示。控制体如图2-9所示,其控制曲面由截面1和截面2及侧表面组成,控制体和坐标轴固定在一起。设截面1上的流动参数为 $u_1$、$p_1$,截面2上的流动参数是 $u_2$、$p_2$。

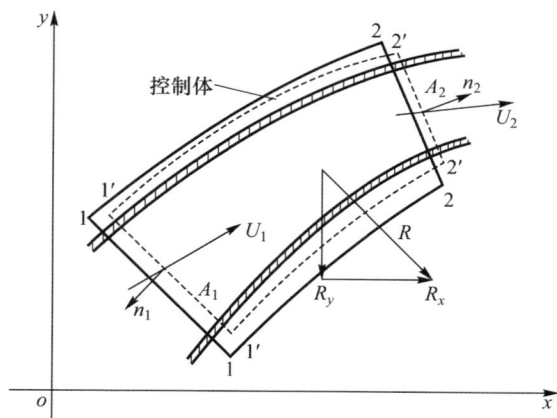

图2-9  流动控制体

原来在截面1到截面2之间的流体经过 $\Delta t$ 时间后流到截面1′至截面2′的位置。在 $\Delta t$ 时间中流体的动量变化如下:2-2′段代替了1-1′段,同时1′-2段中的流体其动量也可以有变化。下面分别讨论 $x$ 方向和 $y$ 方向的动量率。$\Delta t$ 时间内流入控制面的质量是 $\rho u_1 A_1 (\Delta t)$，它在 $x$ 向的动量是 $\rho u_1 A_1 (\Delta t) u_1 \cos \theta_1$（式中 $\theta_1$ 是流速 $u_1$ 与 $x$ 轴向之间的夹角），这就是 $1 - 1'$ 段中的流体动量。同理，流出 $x$ 方向的动量是 $\rho u_2 A_2 (\Delta t) u_2 \cos \theta_2$，这就是 $2 - 2'$ 段中的流体动量。而 $1' - 2$ 段中一微段流体动量为 $\rho u^2 A \cos \theta \mathrm{d}s$，其随时间的变化率为 $\frac{\partial}{\partial t}(\rho u^2) A \cos \theta \mathrm{d}s$，则在 $\Delta t$ 时间内控制体内流体的总动量增量为

$$\left[ \rho u_2^2 A_2 \cos \theta_2 - \rho u_1^2 A_1 \cos \theta_1 + \int_1^2 \frac{\partial}{\partial t}(\rho u^2) A \cos \theta \mathrm{d}s \right] \Delta t$$

动量在正 $x$ 方向的增量必然等于控制面上所有作用力在 $x$ 方向的分量的冲量，再加上彻体力 $f_x$ 作用的冲量。控制面上的作用力有截面 1、截面 2 及侧壁上的力。前者为 $p_1 A_1 \cos \theta_1 - p_2 A_2 \cos \theta_2$，后者的合力记为 $R_x$。彻体力记为 $\int_1^2 \rho_1 f_x A \mathrm{d}s$，总作用力冲量为

$$\left[ p_1 A_1 \cos \theta_1 - p_2 A_2 \cos \theta_2 + \int_1^2 \rho_1 f_x A \mathrm{d}s + R_x \right] \Delta t$$

依据动量定律有

$$p_1 A_1 \cos \theta_1 - p_2 A_2 \cos \theta_2 + \int_1^2 \rho_1 f_x A \mathrm{d}s + R_x$$

$$= \rho u_2^2 A_2 \cos \theta_2 - \rho u_1^2 A_1 \cos \theta_1 + \int_1^2 \frac{\partial}{\partial t}(\rho u^2) A \cos \theta \mathrm{d}s \quad (2-34)$$

对于定常流动的气体，彻体力可以忽略，式（2-34）简化为

$$R_x = (p_2 A_2 + \rho u_2^2 A_2) \cos \theta_2 - (p_1 A_1 + \rho u_1^2 A_1) \cos \theta_1 \quad (2-35)$$

同理，有

$$R_y = (p_2 A_2 + \rho u_2^2 A_2) \sin \theta_2 - (p_1 A_1 + \rho u_1^2 A_1) \sin \theta_1 \quad (2-36)$$

两个方向的流体受到的合力 $R_x$、$R_y$ 的正向都与坐标系的正向相同，而管壁受到的反作用力方向与之相反，该式常用于计算风扇段整流体的头罩和尾罩受力。

## 2.1.6 连续方程

连续性方程在物理上反映了流体在流动过程中满足的质量守恒定律，广泛应用于风洞管道内沿程流动参数计算。

**1. 微分形式的连续性方程**

在不同的坐标系下，微分形式的连续性方程有不同的数学表达形式，本节仅

给出笛卡儿坐标系的连续性方程。

取一个固定在坐标系上的微元正六面体为控制体,如图 2 - 10 所示。边长分别为 dx、dy、dz,流速三个分量为 $u_x$、$u_y$、$u_z$,分析单位时间内经各控制面流进、流出的质量与控制体内质量变化之间的关系。

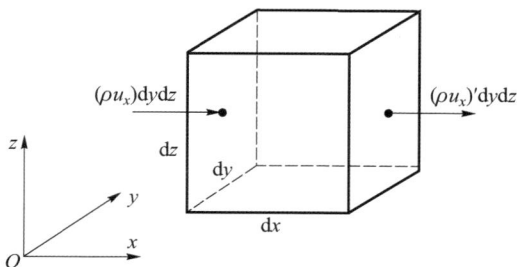

图 2 - 10　笛卡儿坐标下流体单元控制体

对于 $x$ 方向的控制面:

(1)单位面积上流进质量流量为 $(\rho u_x)\mathrm{d}y\mathrm{d}z$。

(2)单位面积上流出质量流量为

$$(\rho u_x)'\mathrm{d}y\mathrm{d}z = \rho u_x + \frac{\partial(\rho u_x)}{\partial x}\mathrm{d}x$$

则经 $\mathrm{d}t$ 时段 $x$ 方向上流出与流进该控制面的质量净流出率为

$$\mathrm{d}Q_x = \left[(\rho u_x)' - (\rho u_x)\right]\mathrm{d}y\mathrm{d}z\mathrm{d}t = \frac{\partial(\rho u_x)}{\partial x}\mathrm{d}x\mathrm{d}y\mathrm{d}z\mathrm{d}t \qquad (2-37)$$

同理,有

$$\mathrm{d}Q_y = \left[(\rho u_y)' - (\rho u_y)\right]\mathrm{d}x\mathrm{d}z\mathrm{d}t = \frac{\partial(\rho u_y)}{\partial y}\mathrm{d}x\mathrm{d}y\mathrm{d}z\mathrm{d}t \qquad (2-38)$$

$$\mathrm{d}Q_z = \left[(\rho u_z)' - (\rho u_z)\right]\mathrm{d}x\mathrm{d}y\mathrm{d}t = \frac{\partial(\rho u_z)}{\partial z}\mathrm{d}x\mathrm{d}y\mathrm{d}z\mathrm{d}t \qquad (2-39)$$

$\mathrm{d}t$ 时段流出与流进该控制体总的质量净流出率为

$$\mathrm{d}Q_m = \mathrm{d}Q_x + \mathrm{d}Q_y + \mathrm{d}Q_z \qquad (2-40)$$

$$\mathrm{d}Q_m = = \left[\frac{\partial(\rho u_x)}{\partial x} + \frac{\partial(\rho u_y)}{\partial y} + \frac{\partial(\rho u_z)}{\partial z}\right]\mathrm{d}x\mathrm{d}y\mathrm{d}z\mathrm{d}t \qquad (2-41)$$

六面体内经 $\mathrm{d}t$ 时段质量的变化量为

$$\mathrm{d}M = -\frac{\mathrm{D}\rho}{\mathrm{D}t}\mathrm{d}x\mathrm{d}y\mathrm{d}z\mathrm{d}t \qquad (2-42)$$

因此,根据质量守恒定律有

$$\mathrm{d}Q_m = \mathrm{d}M$$

$$\frac{\mathrm{D}\rho}{\mathrm{D}t} + \frac{\partial(\rho u_x)}{\partial x} + \frac{\partial(\rho u_y)}{\partial y} + \frac{\partial(\rho u_z)}{\partial z} = 0 \qquad (2-43)$$

式(2 – 43)为微分形式的连续性方程。

对于定常流动 $\dfrac{\mathrm{D}\rho}{\mathrm{D}t} = 0$,则

$$\frac{\partial(\rho u_x)}{\partial x} + \frac{\partial(\rho u_y)}{\partial y} + \frac{\partial(\rho u_z)}{\partial z} = 0 \qquad (2-44)$$

对于不可压缩流体,$\rho$ = 常数,则

$$\frac{\partial u_x}{\partial x} + \frac{\partial u_y}{\partial y} + \frac{\partial u_z}{\partial z} = 0 \qquad (2-45)$$

**2. 积分形式的连续性方程**

若流动有不连续的地方,如存在激波,微分形式的质量方程无法使用,需采用积分形式的连续性方程。简要的推导过程如下:

在流场内任取一控制体,其体积为 $V$,表面积为 $A$,如图 2 – 11 所示。微元体体积 $\mathrm{d}V$ 内各点的速度 $U$ 和密度 $\rho$ 分别相同,则:

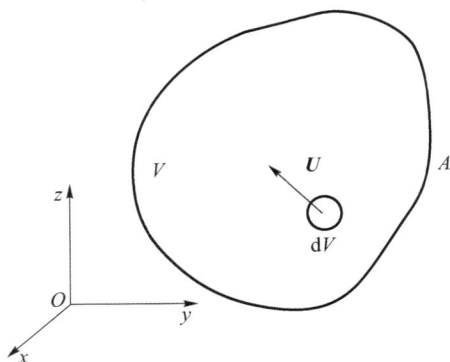

图 2 – 11  积分形式流体控制体示意图

微元体内质量为

$$\mathrm{d}m = \rho\,\mathrm{d}V \qquad (2-46)$$

系统总质量为

$$m = \int \mathrm{d}m = \iiint\limits_V \rho\,\mathrm{d}V \qquad (2-47)$$

根据质量守恒定律,有

$$\frac{\mathrm{D}m}{\mathrm{D}t} = \frac{\mathrm{d}}{\mathrm{d}t}\iiint_V \rho \mathrm{d}V = 0 \qquad (2-48)$$

由体积分随体导数公式可得到积分形式连续性方程,即

$$\frac{\partial}{\partial t}\iiint_V \rho \mathrm{d}V + \oiint_A \rho(\boldsymbol{U} \cdot \boldsymbol{n})\mathrm{d}A = 0 \qquad (2-49)$$

或

$$\frac{\partial}{\partial t}\iiint_V \rho \mathrm{d}V = -\oiint_A \rho(\boldsymbol{U} \cdot \boldsymbol{n})\mathrm{d}A \qquad (2-50)$$

因此,积分形式连续性方程的物理意义为单位时间内控制体内流体质量的增加与流体穿越控制体表面流出与流入质量相等。

对于定常流动,流场内任何空间处的密度均不随时间变化,因而整个控制体中的质量也不随时间变化,因此连续方程简化为

$$\oiint_A \rho(\boldsymbol{U} \cdot \boldsymbol{n})\mathrm{d}A = 0 \qquad (2-51)$$

对于一元定常流动,控制体如图 2 - 12 所示,根据式(2 - 51)可得

$$\oiint_{A2} \rho_2(\boldsymbol{U}_2 \cdot \boldsymbol{n}_2)\mathrm{d}A - \oiint_{A_1} \rho_1(\boldsymbol{U}_1 \cdot \boldsymbol{n}_1)\mathrm{d}A = 0 \qquad (2-52)$$

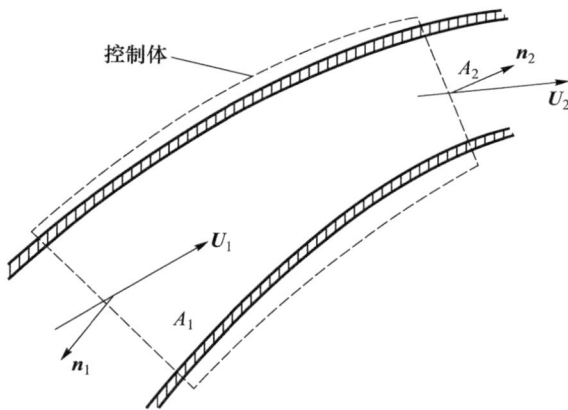

图 2 - 12 一元流动控制体

设截面 $A_1$、$A_2$ 的平均速度为 $U_1$、$U_2$,平均密度为 $\rho_1$、$\rho_2$,则

$$\oiint_{A_2} \rho_2(\boldsymbol{U}_2 \cdot \boldsymbol{n}_2)\mathrm{d}A = \rho_2 U_2 A_2 \qquad (2-53)$$

$$\oiint_{A_1} \rho_1(\boldsymbol{U}_1 \cdot \boldsymbol{n}_1)\mathrm{d}A = \rho_1 U_1 A_1 \qquad (2-54)$$

故可得到熟悉的一维定常流动的连续性方程为

$$\rho_1 U_1 A = \rho_2 U_2 A_2 = \text{const} \qquad (2-55)$$

## 2.1.7 动量方程

动量方程也有微分和积分两种形式。本节介绍的微分形式动量方程仅适用于无黏的理想流体。这种方程称为欧拉运动方程,简称欧拉方程。

**1. 欧拉方程**

取微元正六面体,根据牛顿第二定律分析它所受的力和加速度。

根据动量守恒定律,$x$ 方向的欧拉方程为

$$\rho \frac{\mathrm{D}u_x}{\mathrm{D}t} = -\frac{\partial p}{\partial x} + \rho f_x \qquad (2-56)$$

式中等号左边是控制体的质量与加速度乘积,右边是 $x$ 方向的静压力和彻体力之和。将式(2-56)展开,可得

$$\frac{\partial u_x}{\partial t} + u_x \frac{\partial u_x}{\partial x} + u_y \frac{\partial u_x}{\partial y} + u_z \frac{\partial u_x}{\partial z} = -\frac{1}{\rho} \frac{\partial p}{\partial x} + f_x \qquad (2-57)$$

同理,另外两个方向有

$$\frac{\partial u_y}{\partial t} + u_x \frac{\partial u_y}{\partial x} + u_y \frac{\partial u_y}{\partial y} + u_z \frac{\partial u_y}{\partial z} = -\frac{1}{\rho} \frac{\partial p}{\partial y} + f_y \qquad (2-58)$$

$$\frac{\partial u_z}{\partial t} + u_x \frac{\partial u_z}{\partial x} + u_y \frac{\partial u_z}{\partial y} + u_z \frac{\partial u_z}{\partial z} = -\frac{1}{\rho} \frac{\partial p}{\partial z} + f_z \qquad (2-59)$$

这就是理想流体运动微分方程式,又称为欧拉方程,这三个微分式规定了流体的压强在三个坐标方向的空间变化率(压强梯度)和加速度及彻体力的关系。

**2. 伯努利方程**

为了进一步简化欧拉方程,假设为定常不可压缩流动,$\rho =$ 常数,流线与迹线重合,此时的 $\mathrm{d}x$、$\mathrm{d}y$、$\mathrm{d}z$ 与时间 $\mathrm{d}t$ 的比为速度分量,即

$$u_x = \frac{\mathrm{d}x}{\mathrm{d}t}, \ u_y = \frac{\mathrm{d}y}{\mathrm{d}t}, \ u_z = \frac{\mathrm{d}z}{\mathrm{d}t} \qquad (2-60)$$

$$\frac{\partial p}{\partial t} = 0, \ \frac{\partial u}{\partial t} = 0 \ \Rightarrow \ \frac{\partial u_x}{\partial t} = \frac{\partial u_y}{\partial t} = \frac{\partial u_z}{\partial t} = 0$$

因此,欧拉方程三式分别乘以 $\mathrm{d}x$、$\mathrm{d}y$、$\mathrm{d}z$,则相加后可得

$$u_x \mathrm{d}u_x + u_y \mathrm{d}u_y + u_z \mathrm{d}u_z = \mathrm{d}\left(\frac{u^2}{2}\right) = -\frac{1}{\rho}\mathrm{d}p - \mathrm{d}\Omega \qquad (2-61)$$

式中:$\Omega$ 表示彻体力的位函数,且有

$$\mathrm{d}\Omega = -(f_x \mathrm{d}x + f_y \mathrm{d}y + f_z \mathrm{d}z) \qquad (2-62)$$

对式(2-61)进行积分得

$$\frac{u^2}{2} + \frac{p}{\rho} + \Omega = c \, (沿流线) \qquad (2-63)$$

式(2-63)即为伯努利方程。从能量意义上讲,伯努利方程是指同一条流线上单位质量流体的位置势能、压力势能和动能之和,即总机械能保持不变。在风洞轴流式风扇中,因为气体密度小,且彻体力只有重力,流体的位置势能可以忽略。因此,可得到常见的不可压气体伯努利方程:

$$\frac{1}{2}\rho u^2 + p = p_0 \qquad (2-64)$$

式中:等号左边第一项是由于流动造成的压强,称为动压;第二项称为静压。在定常气流中,动静压之和是一个常数,称为总压。

## 2.1.8 气体等熵过程

在转子机械的内部过程中,热损失较小,常假设内部过程为绝热,如果忽略流动过程损失,则流动可认为是等熵。对于理想气体的等熵过程,有

$$ds = \frac{dq}{T} = 0 \qquad (2-65)$$

由热力学第一定律可得

$$\begin{cases} dq = du + p d\left(\dfrac{1}{\rho}\right) \\ du = c_V dT \end{cases} \qquad (2-66)$$

式中　$q$——热量(J);

　　　　$u$——内能(J)。

式(2-66)代入式(2-65),可得

$$c_V \frac{dT}{T} - \frac{p}{\rho T}\frac{d\rho}{\rho} = 0 \qquad (2-67)$$

代入状态理想气体方程,$p = \rho R T$,可得

$$\frac{dT}{T} = (\gamma - 1)\frac{d\rho}{\rho} \qquad (2-68)$$

积分,可得

$$\begin{cases} \dfrac{T_2}{T_1} = \left(\dfrac{\rho_2}{\rho_1}\right)^{(\gamma-1)} \\[2mm] \dfrac{p_2}{p_1} = \left(\dfrac{T_2}{T_1}\right)^{\left(\frac{\gamma}{\gamma-1}\right)} \\[2mm] \dfrac{p_2}{p_1} = \left(\dfrac{\rho_2}{\rho_1}\right)^{\gamma} = \left(\dfrac{T_2}{T_1}\right)^{\left(\frac{\gamma}{\gamma-1}\right)} \end{cases} \qquad (2-69)$$

式(2-69)是量热完全气体等熵过程的基本热力关系式,具有重要的意义。

### 2.1.9 气体动力学函数

在转子机械气体动力学计算中,气体动力学函数有着广泛的应用,气体动力学函数将气流滞止参数和静态参数的比值用马赫数的函数表示,即

$$\begin{cases} \dfrac{T}{T_0} = \left[ 1 + 0.5(\gamma - 1) \cdot Ma^2 \right]^{-1} \\[2mm] \dfrac{p}{p_0} = \left[ 1 + 0.5(\gamma - 1) \cdot Ma^2 \right]^{-\frac{\gamma}{\gamma - 1}} \\[2mm] \dfrac{\rho}{\rho_0} = \left[ 1 + 0.5(\gamma - 1) \cdot Ma^2 \right]^{-\frac{1}{\gamma - 1}} \end{cases} \qquad (2-70)$$

### 2.1.10 流体的模型化

为了问题分析简单化,常按照对实际流体物理属性的不同情况进行简化,可得出各种流体模型。流体力学中常采用的流体模型如下:

(1)理想流体:它是一种不考虑流体黏性的模型,可认为它的 $\mu$ 趋于 0,讨论这种流体运动时,流体微团仍会变形,但不考虑微团承受的剪切摩擦应力的作用。

(2)不可压流体:它是一种不考虑流体压缩性或弹性的模型。其体积弹性模量 $E$ 趋于 $\infty$,流体密度为常数。对于流动速度较低,更确切地讲对流动马赫数较低的气体,这种假设是完全可以的。求解不可压流体的流动规律,只需服从力学定律,无需考虑热力学规律。最简单的流体模型为不可压理想流体模型。

(3)绝热流体:它是不考虑流体的热传导性的模型,即认为其是热阻无限大的流体。在低速流动中,除了专门研究传热问题外,一般不考虑流体的热传导性质。在高速流动中,除非在温度梯度很大的地方,气体微团间的传热量也很小,均可按照绝热流体考虑。

## 2.2 基元级

### 2.2.1 基元级及速度三角形

轴流式风扇内沿流向由多组叶片有规律的排列组成,既有静止不动的静片排,也有绕中心轴旋转的动叶排。为了简化分析,引入基元级的概念,图 2-13 为风扇单"级"的示意图,规定动叶前的截面为 1-1 截面、动叶后的截面为 2-2 截面、静叶后的截面为 3-3 截面,上述三个截面的气流参数分别以下标 1、2、3

表示。对于级间增压不高的轴流风扇,其沿流向内外径沿轴向变化不大,每个级的中流线基本都在同一圆柱面上。沿叶高方向不同半径处的流动特性基本相似,只需研究某个半径处的流动即可了解整个级间流动。

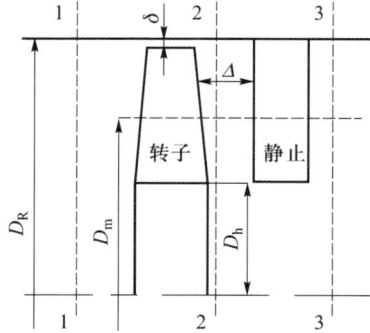

图 2 – 13　单"级"示意图

取叶高的某个半径处的圆柱面,该圆柱面切割一个级中的动叶排和静叶排,形成两个环形叶栅,这一对环形叶栅组称为基元级,如图 2 – 14 所示。每个基元级沿叶高方向的厚度很薄,所以每个级可以看成由很多基元级沿径向叠加而成,每个基元级的工作原理相同。为便于分析,可以把上述圆柱面展开为一个平面,如图 2 – 15 所示。可以看出,展开后的基元级中包含两排平面叶栅,顺气流分别为动叶叶栅和静叶叶栅。二维平面叶栅是分析风扇内部流动及开展参数设计的基本单元。速度的下标 1、2、3 分别表示动叶排前后截面及静叶排后截面。

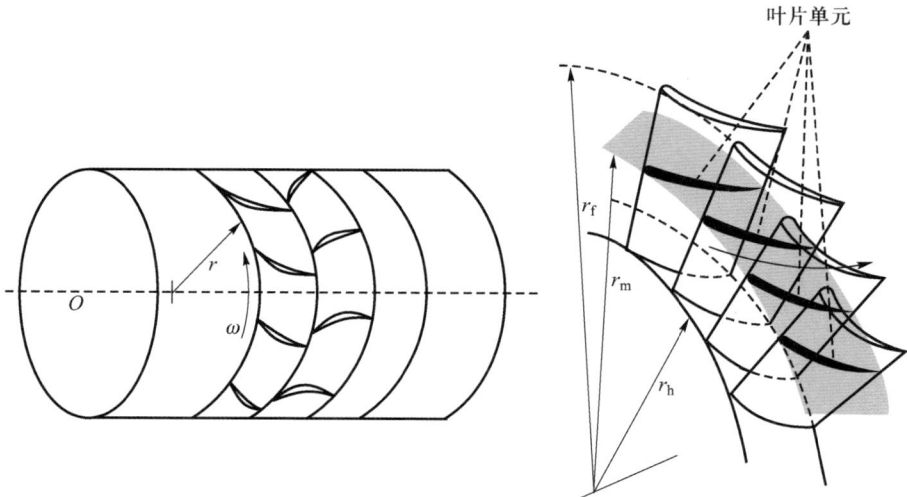

图 2 – 14　风扇基元级示意图

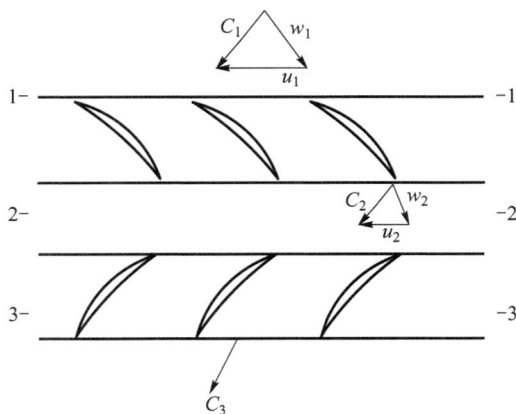

图 2-15　基元级平面叶栅流动

## 2.2.2　基元级内的气体流动

在基元级所包含的两排叶栅中,假设动叶叶栅以圆周速度 $u$ 运动,静叶叶栅则是静止不动。对于动叶的分析采用相对坐标系,$c$ 表示在静止坐标系中观察到的气流的绝对速度,$w$ 表示站在动叶上观察到的相对速度,$u$ 表示动叶叶栅转动的圆周线速度($u = \omega r$)。则有绝对速度等于牵连速度与相对速度的合速度,即

$$c = w + u \tag{2-71}$$

风扇动叶转动时,入口的气流被不断吸入,假设此时气流流入动叶的绝对速度为 $c_1$,由于动叶本身也以 $u$ 圆周运动,则在相对坐标系中,气流是以相对速度 $w_1$ 的大小和方向流入动叶。因此,动叶叶栅的安装角度需要与 $w_1$ 相匹配,而不是 $c_1$。动叶出口气流相对速度 $w_2$,它影响静叶叶栅的进口气流速度,然而气流并不是以 $w_2$,而是以 $c_2$ 流入静叶叶栅。为此,静叶叶栅的安装角度需与绝对速度 $c_2$ 相匹配。上述简单的分析表明,研究动叶中的流动必须使用相对速度 $w$,对于静叶中的流动分析则必须使用绝对速度 $c$。为了便于分析计算基元级速度三角形中各个参数,通常把动叶和静叶的进口和出口速度三角形画在一起,如图 2-16 所示,称为基元级速度三角形。

对于级间增压比不高的轴流式风扇而言,当气流流过一个基元级时,相对速度 $w$ 和绝对速度 $c$ 的周向分速度有很大变化,而其轴向速度分量的变化相对较小。因此,可以近似认为 $c_{1a} = c_{2a} = c_{3a} = c_a$,此时的基元级速度三角形可简化为图 2-17。

针对该速度三角形,只需要确定其中四个参数,基元级速度三角形就可以完全确定:

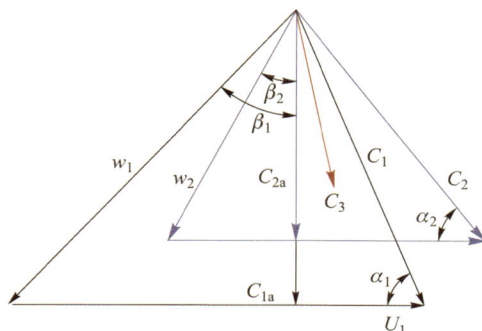

图 2 - 16　基元级速度三角形
注:下标 $a$ 表示轴向方向速度分量。

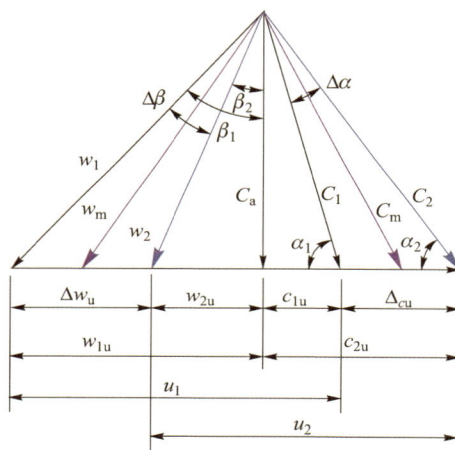

图 2 - 17　简化的基元级速度三角形
注:下标 $u$ 表示周向方向风速分量。

　　(1)动叶进口处绝对速度的轴向分速度为 $C_{1a}$:第一级 $C_{1a}$ 的选取关系到风扇的入口直径、桨毂比等总体参数,需要综合考虑确定。轴向速度 $C_{1a}$ 反映了级的通流能力大小,同时,对做功能力也有一定影响。其影响用一个流量系数来表示: $\varphi = C_a/u$。流量系数沿叶高各个不同半径的基元级的是不同的,一般常以平均半径处的参数代表。

　　(2)动叶进口绝对速度的周向分速度 $C_{1u}$:当气流进入动叶之前在圆周方向有绝对分速度时,就说明气流有了预先旋转(对于第一级转子而言,气流的旋转是由进口导叶提供)。气流的预先旋转通过周向分速度 $C_{1u}$ 表示,若 $C_{1u}$ 与 $u$ 的方向相反,则称为反预旋;否则,称为正预旋。轴流风扇的设计中可以依据需要采用无预旋设计( $C_{1u} = 0$ )、正预旋设计或反预旋设计。

（3）圆周速度 $u$：又称为切线速度，其直接影响叶片对气流的做功能力。在其他条件相同情况下，圆周速度 $u$ 越大，做功能力越强。当然，其受限于气流合速度的大小、叶片结构强度和旋转噪声等。

（4）动叶前后气流相对速度或绝对速度在周向的变化量 $\Delta w_L$（或 $\Delta c_u$）：标志着气流在周向的扭转量，又称为扭速，扭速越大，所做功越大。

$$\Delta w_u = w_{1u} - w_{2u} \qquad (2-72)$$

假设 $u_1 = u_2$，则

$$\Delta w_u = \Delta c_u = c_{1u} - c_{2u} \qquad (2-73)$$

因此，已知 $c_1$ 和 $u$ 就可以确定 $w_1$，已知 $w_1$ 和 $\Delta w_u$ 就可以确定 $w_2$，由 $w_2$ 和 $u$ 可以确定 $c_2$，从而就得到动叶出口速度三角形。

## 2.2.3　基元级增压原理及叶栅环量关系

气流经过风扇动叶叶片时，叶片由驱动电机带动旋转，假设叶片表面对气流产生作用力 $F'$，动叶的旋转方向与作用力 $F$ 的周向分力 $F_T'$ 方向一致，因此旋转的动叶对气流做功，实现了风扇与气流间的能量传递，叶片的旋转速度为 $u$，动叶对气流做功如图 2-18 所示。

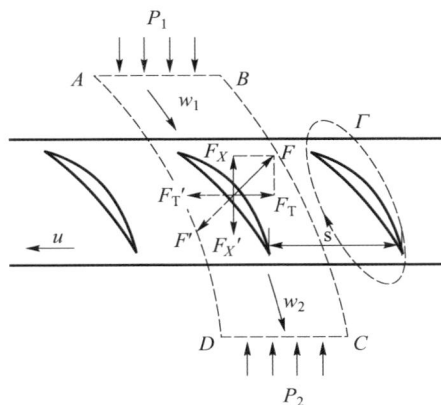

图 2-18　动叶对气流做功

由于动叶只有周向旋转运动，无周向运动，因此可以利用动叶对气体的作用力推导出动叶对气体做功计算公式。假设气流轴向速度不变，依据动量定理，动叶作用于气体的周向分力和轴向分力分别为

$$F_T' = m(w_{1u} - w_{2u}) = \rho w_a s(w_{1u} - w_{2u}) \qquad (2-74)$$

$$F_X' = (P_2 - P_1)s \qquad (2-75)$$

单位时间内动叶沿周向的移动距离为 $u$，因此在单位时间内动叶对质量 $m$ 的气体所做功为

$$P = m(w_{1u} - w_{2u})u \tag{2 - 76}$$

动叶对单位质量气体做功(又称轮缘功)为

$$P' = \frac{P}{m} = (w_{1u} - w_{2u})u = u \cdot \Delta w_u \tag{2 - 77}$$

风扇的理论总压升(不考虑损失)为

$$\Delta P_0 = \rho(w_{1u} - w_{2u})u = \rho u \cdot \Delta w_u = \rho u \cdot \Delta c_u \tag{2 - 78}$$

风扇的实际总压升(考虑损失)为

$$\Delta P_0 = \rho u \Delta c_u \eta \tag{2 - 79}$$

式中:$\eta$ 为风扇的效率。

式(2 - 79)表明,动叶以圆周速度 $u$ 旋转,而动叶进、出口的气流相对速度的扭速 $\Delta w_u$ 大于零,则动叶与气流之间就能实现能量转换。显而易见,增加气体做功的途径有两种:一是增加旋转速度;二是提高扭速。

依据基元级速度三角形,式(2 - 78)还可以写成

$$\Delta P_0 = \rho u \cdot \Delta c_u = \rho u(c_{2u} - c_{1u}) = \rho u(c_2 \cos\alpha_2 - c_1 \cos\alpha_1) \tag{2 - 80}$$

因为 $c_{1a} = c_{2a} = c_a$,则有

$$c_2 \cos\alpha_2 = u - c_a \tan\beta_2 c_1 \cos\alpha_1 = u - c_a \tan\beta_1 \tag{2 - 81}$$

代入式(2 - 80),则有

$$\Delta P_0 = \rho u c_a(\tan\beta_1 - \tan\beta_2) \tag{2 - 82}$$

由式(2 - 82)可知,增加风扇总压升 $P_t$ 有以下三种途径:

(1)增加转子的旋转速度,但其受到叶片强度和噪声等其他限制条件,不能无限提高,叶尖速度一般小于马赫数 0.5。

(2)增加气流的轴向速度 $c_a$,通常轴流式风扇环形通道内的轴向速度一般小于 40m/s,最大一般不大于 65m/s。

(3)总压升 $\Delta P_0 > 0$,必须 $\beta_1 > \beta_2$,$\Delta\beta = \beta_1 - \beta_2$ 称为气流的转折角。增加气流转折角 $\Delta\beta$ 可以增大 $P_t$;但转折角太大会导致效率急剧下降,$\Delta\beta_{max}$ 一般限制在 45°以下。

基于上述分析,常温常压下运行的轴流式风扇单级的压升不会太大。

为了更直观地说明动叶对气流做功如何转化为压力能,如图 2 - 19 所示,气流以相对速度 $w_1$ 流入动叶叶栅中,以相对速度 $w_2$ 流出,可以看出:由于基元级处于同一径向半径处,相邻叶片表面形成曲线形的气流通道,在入口和出口截面处两叶片之间的周向距离相等。由于气流在入口处的速度 $w_1$ 较出口处的速度 $w_2$ 角度更偏向于圆周方向,则气流进入叶栅的截面积 $A_{1R}$(垂直于进口气流方向)小于流出叶栅的截面积 $A_{2R}$(垂直于出口气流方向)。依据空气动力学基本

方程可知,对于亚声速流动,气流在扩散通道中流动会减速增压。动叶出口截面处的静压 $p_2$ 会高于进口截面处的静压 $p_1$,这就是亚声速气流流过动叶叶栅的减速扩压原理。顺气流静叶叶栅的通道面积也是逐渐扩大的,静叶出口面积 $A_{3s}$ 大于进口面积 $A_{2s}$,出口绝对速度 $C_3$ 小于入口绝对速度 $C_2$,出口静压 $p_3$ 大于入口静压 $p_2$。为了使气流以合适的角度进入下一级。通常有 $C_3 = C_1 < C_2$,所以有 $\alpha_3 > \alpha_2$。

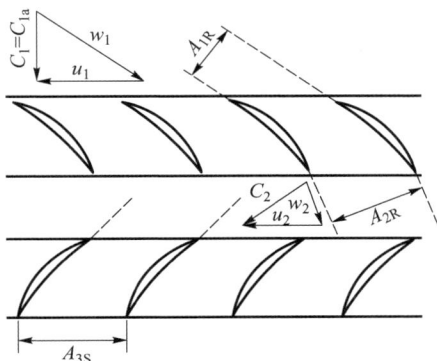

图 2 – 19　基元级的增压原理

由图 2 – 18 可知,沿封闭的曲线 $ABCD$ 的环量为

$$\Gamma = \Gamma_{BA} + \Gamma_{AD} + \Gamma_{DC} + \Gamma_{CB} \qquad (2-83)$$

依据叶栅的对称性可知,流线 $AD$ 和 $BC$ 对称,故 $\Gamma_{AD} = -\Gamma_{CB}$。由此可得

$$\Gamma = \Gamma_{BA} + \Gamma_{DC} \qquad (2-84)$$

并依据环量的定义式

$$\Gamma = \oint u\,\mathrm{d}s$$

可得

$$\Gamma = \Gamma_{BA} + \Gamma_{DC} = (w_{1u} - w_{2u})s \qquad (2-85)$$

因此,代入式(2-74)可得气流对叶栅叶型的周向力为

$$F_T = -F_T' = -\rho w_a s(w_{1u} - w_{2u}) = -\rho w_a \Gamma \qquad (2-86)$$

依据理想流体的伯努利方程有

$$P_1 + \frac{1}{2}\rho w_1^2 = P_2 + \frac{1}{2}\rho w_2^2 \qquad (2-87)$$

由基元级速度三角形(图 2-17)可知

$$P_1 - P_2 = -\frac{1}{2}\rho(w_1^2 - w_2^2) = -\frac{1}{2}\rho(w_{1u}^2 - w_{2u}^2) \qquad (2-88)$$

将式(2-75)和式(2-85)代入式(2.88)：

$$F_X = -F_X' = -\frac{1}{2}\rho(w_{1u}^2 - w_{2u}^2)s = -\frac{1}{2}\rho\Gamma(w_{1u}+w_{2u}) = -\rho\Gamma w_{mu} \quad (2-89)$$

可以推导出叶栅受到气流的气动力的表达式为

$$F = \sqrt{F_T^2 + F_X^2} = \rho\Gamma w_m \quad (2-90)$$

式中　$\rho$——气流密度（kg/m³）；

　　　$\Gamma$——绕叶栅叶型的环量；

　　　$w_m$——叶栅中气流的平均相对速度（m/s）。

可以得出：气流经过叶栅叶型时的升力定理与气流经过孤立叶型时的表达式是相似的。

## 2.2.4　基元级的反动度

由上述分析可知，气流经过动叶和静叶时的静压都将得到提高。假设给定基元级的静压增加比值 $p_3/p_1$ 为某定值，则为了实现总增压比，动叶和静叶的静压升高可以采用不同的分配比例，该分配比例通常采用基元级的反动度（或反力度）来表示。

假设 $u_1 = u_2$，基元级中动叶对气流做功为

$$P' = \frac{1}{2}(w_1^2 - w_2^2) + \frac{1}{2}(c_2^2 - c_1^2) \quad (2-91)$$

式中：$\frac{1}{2}(w_1^2 - w_2^2)$ 代表了动叶中有多少动能转化为压力能及克服动叶中流阻的损失。若再假设 $c_3 = c_1$，则 $\frac{1}{2}(c_2^2 - c_1^2) = \frac{1}{2}(c_2^2 - c_3^2)$，代表了静叶中动能的减少量，用于静叶中静压的升高和克服流阻的损失。能量反动度为

$$\Omega = \frac{1}{2N'}(w_1^2 - w_2^2) \quad (2-92)$$

能量反动度代表动叶中用于压力势能转换的能量与整个级（动叶和静叶）中用于压力势能转换能量的比值。反动度数值过大，说明气流在动叶中减速扩压的任务过于艰巨；反动度数值过小，说明气流在静叶叶栅中的减速扩压任务就会过重。因此，反动度的选取在风扇设计中是一个重要的参数，需要综合权衡，否则会导致叶栅效率下降。

为了直观表述基元级速度三角形与反动度的关系，做如下推导：

假设 $u_1 = u_2$ 和 $w_{1a} = w_{2a}$，则

$$w_1^2 - w_2^2 = w_{1u}^2 - w_{2u}^2 = (w_{1u}+w_{2u})(w_{1u}-w_{2u}) \quad (2-93)$$

$$P' = u \cdot \Delta w_u = u(w_{1u} - w_{2u}) \tag{2-94}$$

代入式(2-92),可得

$$\Omega = \frac{1}{2P'}(w_1^2 - w_2^2) = \frac{w_{1u} + w_{2u}}{2u} \tag{2-95}$$

由速度三角形可知

$$\begin{cases} w_{1u} = u_1 - c_{1u} = u - c_{1u} \\ w_{2u} = u_2 - c_{2u} = u - c_{2u} \\ \Delta w_u = \Delta c_u = c_{1u} - c_{2u} \end{cases} \tag{2-96}$$

式(2-96)代入式(2-95),可得

$$\Omega = \frac{u - c_{1u} + u - c_{2u}}{2u} = 1 - \frac{c_{1u}}{u} - \frac{\Delta c_u}{2u} = 1 - \frac{c_{1u}}{u} - \frac{\Delta w_u}{2u} \tag{2-97}$$

可以看出:当圆周速度 $u$ 和扭速 $\Delta w_u$ 一定时(加功量一定),若增加 $c_{1u}$,则 $\Omega$ 降低;减小 $c_{1u}$,则 $\Omega$ 增大。因此,可以通过在根部选择反预旋设计($c_{1u} < 0$)解决动叶根部反动度过小的问题。有时,将式(2-97)的反动度定义为运动反动度 $\Omega_k$。

下面分析几种不同反动度的基元级速度三角形情况,各自的速度三角形分别如图 2-20 ~ 图 2-22 所示。假设 $u$、$C_a$、$\Delta C_u$ 均相同,唯一变量为 $C_{1u}$,其变化就导致了反动度的改变。

(1)$\Omega = 0$,静压增加全部在静叶栅中实现,静叶栅中扩压太大,容易产生较大损失。

(2)$\Omega = 0.5$,整个级的压升一半在动叶栅中完成,另一半在静叶栅中完成,速度三角形对称,扩压度动静叶栅中平均分配。

(3)$\Omega = 1.0$,整个级的静压升全部在动叶栅中完成,气体得到的机械功全部在动叶栅中转化为静压能,静压栅中无静压增加,静叶栅只起导流作用,在同样的 $u$ 和 $C_a$ 情况下,$w_1$ 较大,损失较大,效率较低。

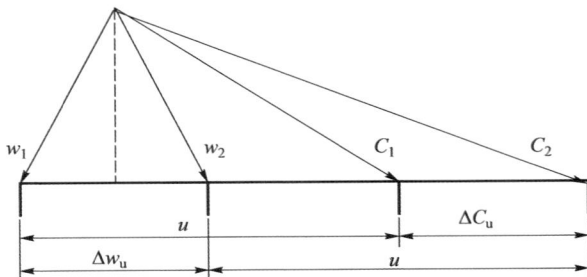

图 2-20 $\Omega = 0$ 时速度三角形

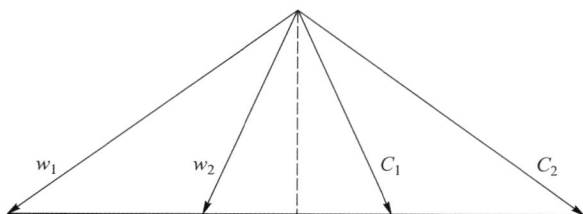

图 2-21　$\Omega=0.5$ 时速度三角形

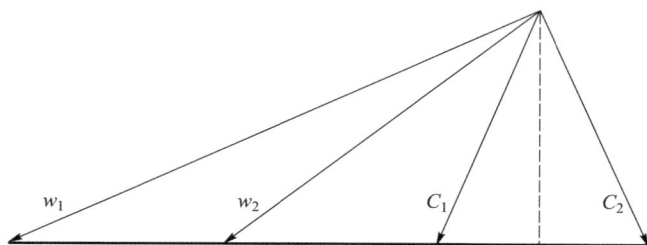

图 2-22　$\Omega=1.0$ 时速度三角形

在 $u$、$C_a$ 及 $\Delta C_u$ 相同时,$\Omega=0.5$ 的级 $w_1$ 较小,且扩压在动静叶栅中均摊,扩压度和流动损失小,效率较高。故 $\Omega=0.5$ 的级,可以采用较大的 $u$ 来提高做功能力。所以,$\Omega=0.5$ 的级常用在压缩机前面的级上。另外,$\Omega=0.5$ 的级,压升在动静叶栅中平均分配,动叶转子上的轴向推力小,叶片上的弯曲应力也较小,且动静叶栅均需要倾斜安装,可减小整机轴向尺寸。在 $u$、$C_a$ 及 $\Delta C_u$ 相同时,$\Omega=1.0$ 的级 $\Delta\beta$ 较小,叶片弯度较小,气流在动叶栅中转弯小,这对减少损失有利。由于静叶栅中无压升,可省去静叶与转子之间的密封。所以,当 $w_1$ 大的矛盾不突出时,$\Omega=1.0$ 级也可采用。

## 2.3　叶栅及其流动特性

风扇基元级由动叶和静叶叶栅组成,基元级的气动设计是按照给定的设计条件要求配置合理的叶栅,以得到所需要的流动,因此叶栅气动外形的设计是实现预期速度三角形的基础。一般而言,叶栅的几何参数与基元级速度三角形的内在联系可以通过理论分析和试验测试两种途径获得。尽管风扇内气流为三维流动,但简化后的平面叶栅的研究结果可以很好地应用于风扇设计,包括动叶和静叶气动设计。多年来,随着航空工业的发展,积累了大量的平面叶栅测试数据,其是轴流式压缩机和高压比轴流式风扇设计的主要基础数据。而叶栅中的叶型一般采用经过试验所推荐的孤立叶型数据。

## 2.3.1 叶栅主要几何和气流参数

将相同叶型等距排列成叶栅,相关参数和流动如图 2-23 和图 2-24 所示。

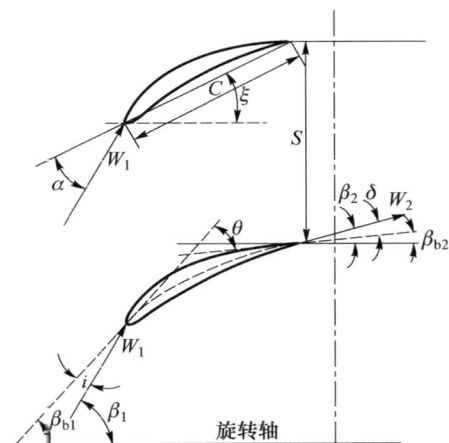

图 2-23 叶栅的几何参数简图

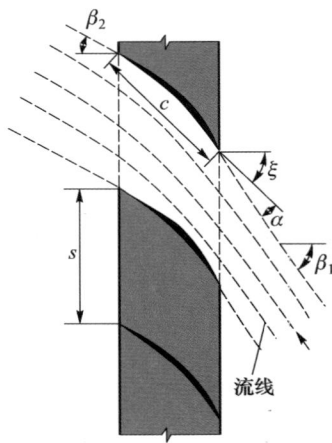

图 2-24 二元叶栅流动简图

叶栅的几何和特征参数如下:

（1）栅距:两相邻叶型在叶栅列线(叶栅中各叶型的相对应点的连线)方向上的距离, $s = 2\pi r/B$ (其中 $r$ 为圆柱切面的半径, $B$ 为叶片数)。

（2）叶栅稠度:表示叶栅相对稠密程度,也称为叶栅实度,定义为弦长 $c$ 与栅距 $s$ 之比,即 $\sigma = c/s$ 。

（3）叶型安装角:表示叶型在叶栅中安装时的倾斜程度,它是叶型的弦线与旋转轴线的夹角,用符号 $\xi$ 表示。

（4）气流角:表示气流速度方向与轴向的夹角,入口截面为 $\beta_1$ ,出口截面为 $\beta_2$ 。

（5）进口冲角:来流 $W_1$ 与叶型中弧线前缘点切线的夹角称为冲角,冲角在翼弦以下(工作面迎着来流)称为正冲角, $i = \beta_1 - \beta_{b1}$ 。

（6）几何进口角和几何出口角:叶型前缘点处中弧线的切线与轴线的夹角称为几何进口角,用 $\beta_{b1}$ 表示;叶型后缘点处中弧线的切线与轴线的夹角称为几何出口角,用 $\beta_{b2}$ 表示。 $\theta = \beta_{b1} - \beta_{b2}$ ,为叶型弯度。

（7）气流转折角: $\Delta\beta = \beta_1 - \beta_2$ ,可以看出 $\Delta\beta = (i + \beta_{b1}) - (\delta + \beta_{b2}) = i - \delta + \theta$ 。

（8）攻角:即叶型弦线与来流速度的夹角,用符号 $\alpha$ 表示。

在理想流体中,一个叶栅的空气动力特性由五个量决定,分别为叶栅的几何形状(由厚度分布和中弧线形式来表示)、叶片相对叶栅轴线的方向(叶弦角)、稠度、叶栅来流方向及气流在某点的相对速度。对于实际的流动,还应考虑表面摩擦因素,因此,流动的雷诺数是一个重要的参数。雷诺数通常按照进气口的气流参数计算,并用弦长作为特征长度来确定。另外,实际流动的影响因素还包括来流的紊流度和叶型表面情况。由于表面摩擦的存在,使得叶栅流动的预测更为复杂。

当气流经过叶栅时,与孤立叶型类似,其受力情况如图 2 - 25 所示,通过试验方法升力和阻力可表示为

$$C'_{L} = \frac{F_{L}}{0.5\rho w_{m}^2 c} \tag{2-98}$$

$$C'_{D} = \frac{F_{D}}{0.5\rho w_{m}^2 c} \tag{2-99}$$

式中　　$C'_{L}$——叶栅叶型升力系数;

$C'_{D}$——叶栅叶型阻力系数;

$F_{L}$——升力($N$);

$F_{D}$——阻力($N$);

$\rho$——气流密度($kg/m^3$);

$w_{m}$——气流平均相对速度($m/s$);

$c$——叶型弦长($m$)。

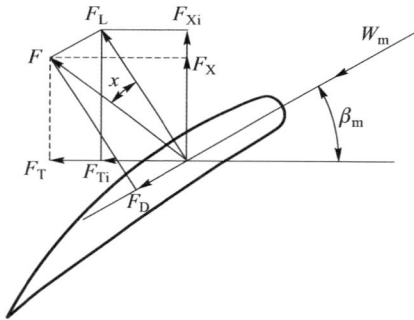

图 2 - 25　气流绕叶栅的作用力

最可靠的叶栅数据主要是通过试验测试获得。因为使气流转折是叶栅的主要作用,获取气流转折角($\Delta\beta = \beta_1 - \beta_2$)的测试数据非常重要。图 2 - 26 为某典型叶型、稠度和进气角下的测试曲线。叶栅中的损失可以采用多种方式来表示,如阻力损失系数、平均总压损失和平均熵的增量。由图 2 - 26 可以看出,损失急速上升的区域伴随着转角曲线的下垂,表示出气流的分离点或叶栅的载荷极限。这些从二维叶栅获得的试验结果,只要叶片排实际流动中可以忽略径向流动,则简化的二维叶栅试验结果可以作为设计点气流转折角数据重要来源。

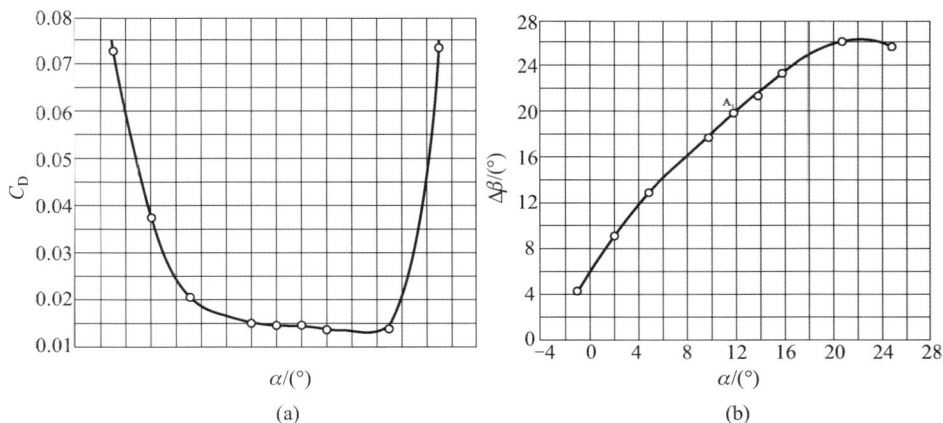

图 2 - 26　典型叶栅的阻力和气流转角曲线（NACA65 - 12，进气角 45°，稠度为 1.0）

## 2.3.2　叶栅气动力基本方程式

如果忽略叶栅叶型上的摩擦阻力，即 $F_x = 0$，此时气流作用在单位长度叶片上的气动力为

$$F = \sqrt{F_D^2 + F_L^2} = F_L = C_L' \frac{1}{2} \rho w_m^2 c \qquad (2-100)$$

依据 2.2.3 节可知

$$\begin{cases} F = \sqrt{(F_T^2 + F_X^2)} = \rho \Gamma w_m \\ \Gamma = (w_{1u} - w_{2u})s \\ \Delta P_0 = \rho(w_{1u} - w_{2u})u \end{cases} \qquad (2-101)$$

联立求解，则总压升为

$$\Delta P_0 = \frac{C_L' \cdot \rho \cdot w_m \cdot c \cdot u}{2s} \qquad (2-102)$$

假设环形叶栅直径为 $D$、转子旋转角速度为 $\omega$、叶片数为 $B$，则有

$$C_L' \cdot c = \frac{4\pi \cdot \Delta P_0}{\rho \cdot w_m \cdot \omega \cdot B} \qquad (2-103)$$

式（2 - 113）给出了理想不可压缩流体绕流叶栅时的理论总压升与叶栅几何参数、性能参数及运行参数等的基本关系式。实际气体绕叶栅流动时，风扇内部存在着各种损失，如摩擦损失、局部损失及二次流损失等，可以引入风扇的全压效率 $\eta$ 来考虑，即有关系式

$$C'_{\mathrm{L}} \cdot c = \frac{4\pi \cdot \Delta P_0}{\rho \cdot w_{\mathrm{m}} \cdot \omega \cdot B \cdot \eta} \tag{2-104}$$

下面推导阻力不能忽略时的表达式。由速度三角形可知

$$w_{\mathrm{m}} = \frac{w_{\mathrm{ma}}}{\sin\beta_{\mathrm{m}}} \tag{2-105}$$

则有

$$F_{\mathrm{L}} = C'_{\mathrm{L}} \frac{1}{2}\rho w_{\mathrm{m}}{}^2 \cdot c = C'_{\mathrm{L}} \frac{c}{2}\rho\left(\frac{w_{\mathrm{ma}}}{\sin\beta_{\mathrm{m}}}\right)^2 \tag{2-106}$$

又有

$$F_{\mathrm{L}} = F \cdot \cos\chi = \frac{F_{\mathrm{T}}\cos\chi}{\sin(\beta_{\mathrm{m}}+\chi)} \tag{2-107}$$

式中:$\chi$ 为 $F_{\mathrm{L}}$ 和 $F$ 之间的夹角,其大小为叶栅叶型的阻力和升力系数比值(一般不超过 3°),即

$$\tan\chi = \frac{F_{\mathrm{L}}}{F_{\mathrm{D}}} = \frac{C_{\mathrm{D}}{}'}{C_{\mathrm{L}}{}'} \tag{2-108}$$

由动量定理可知

$$F_{\mathrm{T}} = m(w_{1\mathrm{u}} - w_{2\mathrm{u}}) = m \cdot \Delta w_{\mathrm{u}} \tag{2-109}$$

对流过单位长度的一个叶栅通道内的质量流量 $m = \rho \cdot w_{\mathrm{ma}} \cdot s$,则上式有

$$F_{\mathrm{T}} = \rho \cdot w_{\mathrm{ma}} \cdot s \cdot \Delta w_{\mathrm{u}} \tag{2-110}$$

将上式代入(2-107),可得

$$F_{\mathrm{L}} = \frac{\rho \cdot w_{\mathrm{ma}} \cdot s \cdot \Delta w_{\mathrm{u}} \cdot \cos\chi}{\sin(\beta_{\mathrm{m}}+\chi)} \tag{2-111}$$

与式(2-106)合并,且由于 $\cos\chi \approx 1$,则有

$$C'_{\mathrm{L}} \cdot c = \frac{2s \cdot \sin\beta_{\mathrm{m}}{}^2 \cdot \Delta w_{\mathrm{u}}}{\sin(\beta_{\mathrm{m}}+\chi) \cdot w_{\mathrm{ma}}} \tag{2-112}$$

式(2-122)建立了叶栅叶型气动力、主要参数与叶栅中扭速之间的关系,这是轴流风扇叶栅的基本方程。

## 2.3.3　叶栅中的流动损失

根据国内外风扇设计的经验,风扇桨叶的损失主要包含有叶型损失、二次阻力损失、环形阻力损失和附加阻力损失。

**1. 叶型损失**

叶型损失需要根据叶型的具体形状来确定。影响叶型损失的因素主要有叶

型形状、叶片实度、叶片表面粗糙度、雷诺数和气流湍流度等。过分粗糙的叶片表面会增大型阻,加速叶片表面的附面层分离,导致风扇失速,因此要选用带有一定粗糙度的叶型气动性能曲线。若是选用光滑叶型的性能曲线,则升力系数和型阻系数的选取要留有裕度,具体设计裕度只能根据风扇设计经验来确定。

虽然叶片表面边界层流动仅占流场的一小部分,但在确定叶栅实际流动特性中起着决定性的作用(图 2 - 27)。叶片边界层的发展对叶栅的损失影响明显,表面边界层也可使叶片表面压力分布和叶片出口角特性受到很大影响。当边界层很薄时,按照位流理论获得的流动特性及参数很接近于实际;但边界层变厚时,位流预测结果则往往与实际不符,需要进行修正。另外,来流基于叶片弦长的雷诺数对边界层的增长、不稳定性和转捩具有很大的影响。对于风洞轴流式风扇,由于气流速度较大,风扇的尺寸也较大,可以认为风扇的气流流动为全湍流状态,这样就可以忽略雷诺数对风扇气动性能的影响。当然,由于雷诺数对二维叶型的气动性能影响较大,雷诺数增大,叶型的升力系数增加而阻力系数减小,因此在叶片设计时,尽量选用与实际雷诺数相近的叶型气动性能曲线。

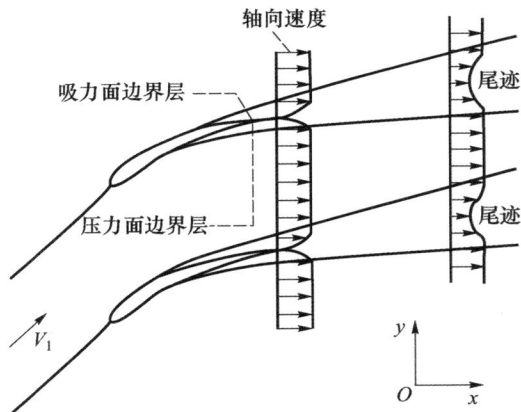

图 2 - 27　二维叶栅中的边界层及叶片尾迹亏损

叶型的损失由摩擦阻力和压差阻力构成,通常采用阻力系数 $C_D$ 表示,其大小与叶片叶型、叶片实度、表面粗糙度、来流参数及品质等相关。对于孤立叶型,在下游足够远的距离处垂直流动方向截面静压相等。相关研究表明,叶型的阻力系数与动量厚度和弦长的比值($\theta^*/c$)相关,对于叶型的阻力系数,有近似的关系式如下:

$$C_{Dp} \approx 2\left(\frac{\theta^*}{c}\right)_{te}\frac{\cos\beta_m}{\cos\beta_{te}}\Big[1+\frac{1}{2}\left(\frac{\theta^*}{c}\right)_{te}\Big]\frac{\sigma H_{te}^2}{\cos\beta_{te}} \qquad (2-113)$$

式中:下标 te 表示叶型后缘处;$H$ 为附面层形状系数。

因此,对于孤立叶型和叶栅叶型,都可以认为阻力系数是表面边界层的动量厚度比的一种度量。常规风扇叶栅叶型阻力损失系数为 $0.014 \sim 0.018$。对于不可压缩气流经过二维叶栅,如果在后缘处横跨叶距的静压均匀,则完全掺混时的总压损失系数为

$$\xi = \frac{\Delta P_0}{\frac{1}{2}\rho V_{\mathrm{ref}}^2} \approx 2\left(\frac{\theta^*}{c}\right)_{\mathrm{te}}\frac{\sigma}{\cos\beta_{\mathrm{te}}}\left[1+\frac{1}{2}\left(\frac{\theta^*}{c}\right)_{\mathrm{te}}\right]\frac{\sigma H_{\mathrm{te}}^2}{\cos\beta_{\mathrm{te}}} \tag{2-114}$$

式中  $\Delta P_0$——通过基元叶片的平均相对总压降(Pa);

$\frac{1}{2}\rho V_{\mathrm{ref}}^2$——某个基准位置处的气流动压(Pa)。

因此,叶片后缘处的边界层动量厚度可作为定性反应叶型总压损失或叶型阻力损失的基本参数。预测的损失特性需要考虑边界层发展的三种形态(层流区、全紊流区及转捩区)的综合影响。

**2. 二次流损失**

二次流,即垂直于主流方向的侧向流动,其主要是叶端间隙、叶片沿展向的压力梯度、离心力及环形通道壁面与动叶相对运动等影响所致。这种运动最后转变为气流的紊流和热量耗散。

当气流在叶栅通道流过叶片表面时,叶片的凹面压力大于凸面会形成压差,实际的大小随运行负载增大而增加。在通道的中间部分,这个压力差由叶片受力所平衡。但在叶尖区域,由于转子叶尖或定子间隙的存在,气流会由高压区向低压区泄漏,形成间隙涡流,如图 2-28 所示。

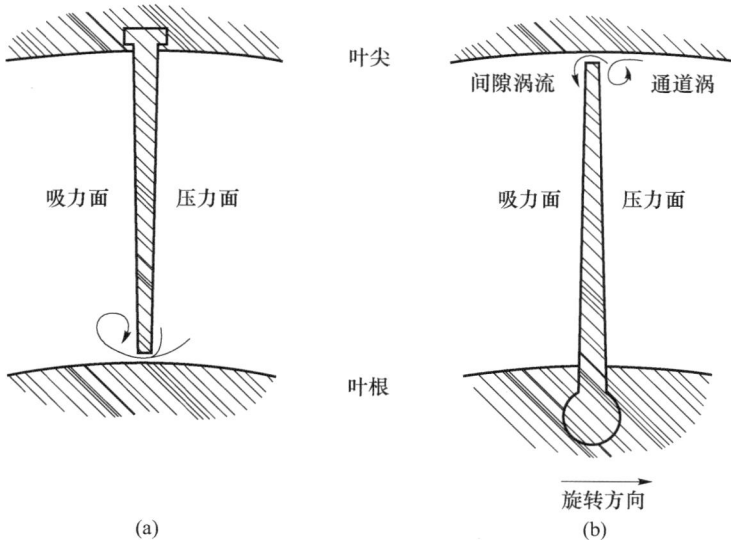

图 2-28  叶栅端面间隙二次流简图
(a)无相对旋转(静叶);(b)壳体与动叶相对旋转(动叶)。

当气流在叶栅通道流过叶片表面时,由于槽道内横向压力的存在,叶片吸力面的边界层会向叶高方向偏转,于是卷成涡形流动,该二次流旋涡称为通道涡,如图2-29所示。其大小随着主流偏转的增大而增大。该吸力面附近低能气流流动积累导致气流能量的损失。

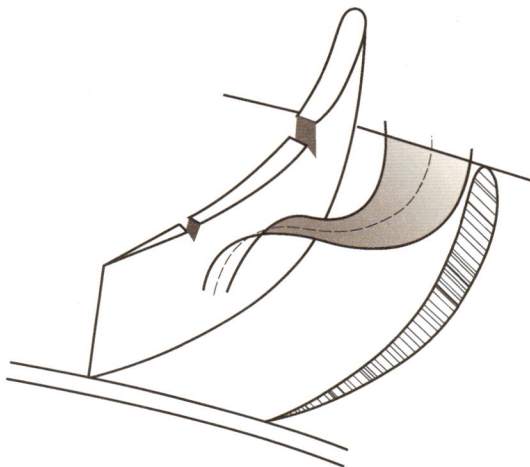

图2-29 叶栅通道涡流简图

叶片旋转时与环形壁面相对运动,叶片尖部压力面对壁面边界层起着刮削作用,促使叶片压力面附近边界层产生一种滚动运动,沿着压力面的气流离开和偏折。而叶片尖部吸力面处的气流起着吸气作用,并向壁面方向偏折。同时其影响区域仅限于靠近叶片尖部较小的区域。相关烟流结果如图2-30和图2-31所示。

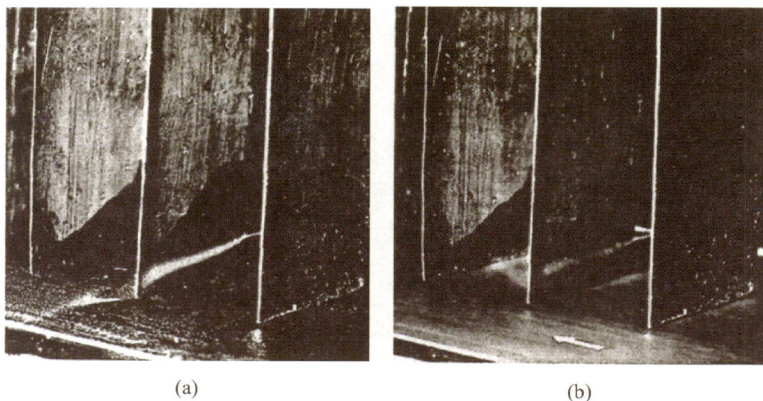

(a)                                    (b)

图2-30 风扇叶片刮削壁面时压力面上流线偏折影响图
(a)静止壁;(b)运动壁。

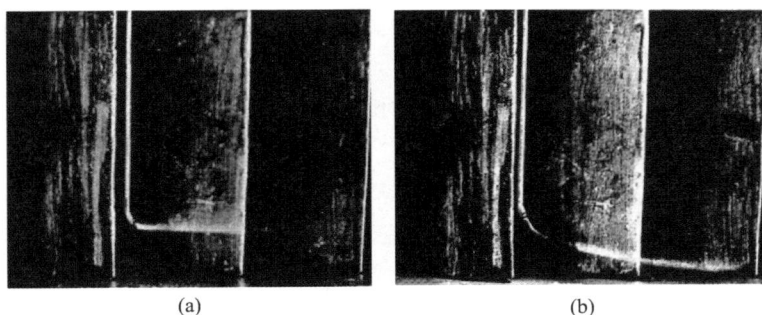

图 2-31 风扇叶片刮削壁面时吸力面上流线偏折影响图

(a)静止壁;(b)运动壁。

上述各种因二次流产生而引起的损失称为二次流损失,用 $C_{Ds}$ 表示。其损失大小尚无成熟的计算方法,通常采用试验获得的经验公式给出。常用的估算方法是类比一般二维叶型的诱导阻力,只是比机翼沿展向升力变化而引起的诱导阻力大,进而将二次阻力表达成与升力的平方成正比的关系,即 $C_{Ds} = aC_L^2$。其中,系数 $a$ 与叶型形状、展弦比和雷诺数等因素有关。$a$ 的取值如下:

(1) 对于常用叶型,当展弦比大于 1.5 时,$a = 0.018$;当叶型在远大于临界雷诺数的状态下工作时,$a = 0.015$ 或者更小。

(2) 对于平板或者弯板的桨叶叶片,由于考虑到叶型随着攻角变化附面层分离敏感程度增大的影响,$a = 0.025 \sim 0.04$。

总之,风扇设计人员应该结合个人的经验,选取合适的 $a$ 值,所选的 $a$ 值应该使得桨叶的效率波动在 $\pm 2\%$ 以内。

**3. 环形损失**

环形损失是指气流通过风扇外壳与整流罩之间形成的环形通道表面时的损失,记为 $C_{DA}$,主要是由于气流摩擦和涡流所引起。在风扇叶片总损失所占比例较小。

叶栅总的流动损失主要有上述三部分,叶型损失依据霍伟尔测试数据,通常叶型损失约占 90%,二次流损失约占 4.5%、环形损失占 2%~3%。

另外,还存在附加阻力损失。附加阻力主要指由叶尖间隙引起的阻力损失。约占总损失的 2.5%。

## 2.3.4 叶片径向流动特性及参数变化

轴流风扇的级是由沿径向分布的无穷多个基元级组成,由于叶片在不同半径处的周向旋转线速度不同,导致各半径处的基元级的流动情况存在较大的差异,但是各基元级内的流动都遵循前述的各种变化规律。由于气流被限制在风扇整流罩和外壳体形成的环形通道内流动,还存在沿径向的压力与离心力的平衡。

假定气流在风扇内是理想绕旋转轴的稳定轴对称流动(图 2 - 32),沿径向在半径 $r$ 处取厚度为 $dr$ 的控制单元体进行分析,其质量为

$$dm = \rho r \cdot d\varphi dr dz \tag{2-115}$$

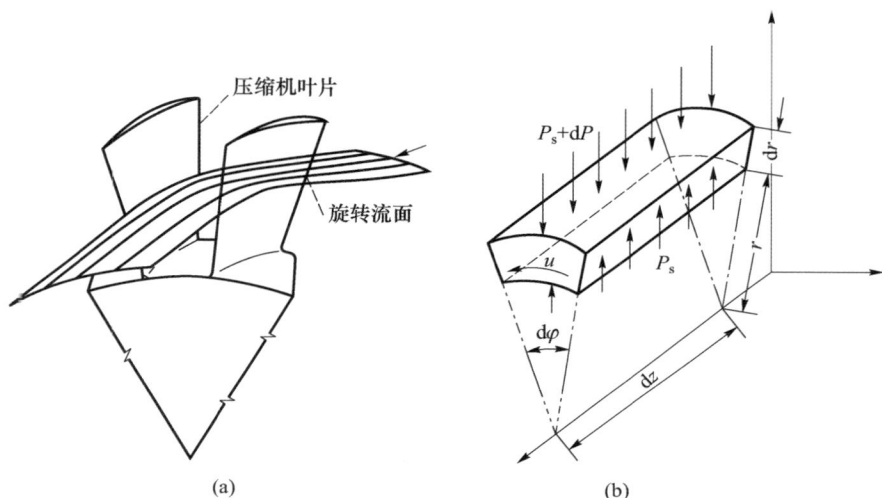

图 2 - 32 叶片内微元体受力分析示意图

设半径 $r$ 处转子的切向线速度为 $u$,则控制单元体的离心力为

$$dF_c = dm \frac{u^2}{r} = \rho u^2 \, d\varphi dr dz \tag{2-116}$$

气体受到的离心力应与作用在表面的压力相平衡,则

$$(P_s + dP)(r + dr) d\varphi dz - P_s r d\varphi dz = \rho u^2 \, d\varphi dr dz \tag{2-117}$$

略去高次项,整理可得

$$\frac{dP_s}{dr} = \rho \frac{u^2}{r} \tag{2-118}$$

式中　$r$——风扇任意半径(m);

　　　$P_s$——半径 $r$ 处的气流静压(Pa)。

风扇的总压是静压与动压之和,即

$$P_0 = P_s + \frac{1}{2}\rho c^2 \tag{2-119}$$

将 $c^2 = c_u^2 + c_a^2$ 代入式(2 - 119),并对 $r$ 微分,可得

$$\frac{1}{\rho}\frac{\mathrm{d}P_0}{\mathrm{d}r} = \frac{1}{2}\left[\frac{1}{r^2}\frac{\mathrm{d}(ru)^2}{\mathrm{d}r} + \frac{\mathrm{d}c_a^{\,2}}{\mathrm{d}r}\right] \qquad (2-120)$$

式(2-120)给出了气流沿径向各基元级的速度与压力的关系。

下面引入等环量假设,若假设轴流风扇中沿径向气流的总压 $P_0$ 为常数,轴向速度 $C_a$ 也为常数,则式(2-120)可简化为

$$r \cdot u = \omega r^2 = 常数 \qquad (2-121)$$

满足上式的轴流式风扇的级称为等环量级,该设计方法称为自由涡设计,在轴流式风扇设计中广泛采用。下面分析等环量条件下风扇通道内沿径向气流参数变化。

对于扭速,有

$$r \cdot \Delta w = r \cdot \Delta c_u = r \cdot (c_{2u} - c_{1u}) = rc_{2u} - rc_{1u} = 常数 \qquad (2-122)$$

气流的扭速沿半径的增大而逐渐减小,说明等环量级气流在叶片根部处的转折角大,而在叶片尖部处的转折角小。

对于气流绝对速度,有

$$c_{1a} = c_{2a} = c_a$$
$$rc_{1u} = 常数, rc_{2u} = 常数$$

因此,随着半径的增大,轴向气流速度保持不变,周向气流速度逐渐减小。

对于气流角,依据速度三角形(图2-17),有

$$\tan\alpha_1 = \frac{c_{1a}}{c_{1u}} = \frac{c_a}{\dfrac{r_m}{r}c_{1um}} \qquad (2-123)$$

$$\tan\alpha_2 = \frac{c_{2a}}{c_{2u}} = \frac{c_a}{\dfrac{r_m}{r}c_{2um}} \qquad (2-124)$$

$$\cot\beta_1 = \frac{c_{1a}}{u - c_{1u}} = \frac{\dfrac{c_{1a}}{c_{1u}}}{\dfrac{u}{c_{1u}} - 1} = \frac{\dfrac{c_{1a}}{c_{1um}} \cdot \dfrac{r}{r_m}}{\dfrac{u_m}{c_{1um}}\left(\dfrac{r}{r_m}\right)^2 - 1} \qquad (2-125)$$

$$\cot\beta_2 = \frac{c_{2a}}{u - c_{2u}} = \frac{\dfrac{c_{2a}}{c_{2u}}}{\dfrac{u}{c_{2u}} - 1} = \frac{\dfrac{c_{2a}}{c_{2um}} \cdot \dfrac{r}{r_m}}{\dfrac{u_m}{c_{2um}}\left(\dfrac{r}{r_m}\right)^2 - 1} \qquad (2-126)$$

式中  $\alpha_1$、$\alpha_2$——气流角,入口和出口气流绝对速度方向与旋转平面的夹角(°);

$\beta_1$、$\beta_2$——气流角,入口和出口气流相对速度方向与旋转轴线的夹

角(°);

$r_m$——平均半径(m)。

可以看出,随着半径的增大,气流角 $\alpha_1$、$\alpha_2$、$\beta_1$、$\beta_2$ 均会增大。

对式(2-104)代入叶片实度,变形得

$$C_L' \cdot \sigma = \frac{2\Delta P_0}{\rho \cdot w_m \cdot u \cdot \eta} \qquad (2-127)$$

由式(2-127)可知,由于总压升 $\Delta P_0$ 沿径向为常数,而半径增加时,气流的旋转线速度 $u$ 及相对速度 $w_m$ 均会增大,因此 $C_L' \cdot \sigma$ 随半径增大而减小。

通常,对于桨毂比较大的轴流式风扇,采用等环量的设计能够取得十分理想的性能。但对于桨毂比较小的轴流风扇,由于叶片长,若按等环量设计,则叶片沿展向会产生过大的扭转,带来性能和制造方面的不利,此时可采用变环量设计方案。

采用变环量设计时,为了充分利用风扇叶尖部分较高的圆周速度,一般假设沿径向(叶高)压升增加,其变化规律可按线性或指数特性,使得 $\Delta c_u r^\alpha =$ 常数,$\alpha$ 可在 $-1 \sim +1$ 之间变化。

## 2.4 叶型选择和性能分析

如果设计高气动效率的风扇,需要对风扇桨叶的叶型剖面形状及其对应的叶型气动力性能有全面透彻的掌握。在风扇运行过程中,气流绕桨叶叶片的流动实质上是一个复杂的空间三维流动,由于风洞轴流风扇桨叶叶片在径向的静压分布相差不大,少许的气流径向流动对风扇的整体气动性能影响不大,因此在研究桨叶叶片处的气流流动规律时,忽略径向流动,把气流绕叶片的流动简化为绕许多叶素的二维流动。当叶素之间无相互干扰,并且每个叶素的径向长度趋于无限小时,每个叶素就能够视为孤立的二维叶型,其气动性能与所选用的叶型二维气动性能一致。当绕桨叶叶片的流场由于距离过近相邻叶素之间相互影响而发生改变时,每个叶素就不能视为孤立叶型,而是当成叶栅或者是平面叶栅,其叶片的气动性能参数需在二维的结果上进行修正。

风洞轴流风扇桨叶叶片选用的为气动性能优良的航空叶型,其二维的气动性能参数主要指升力、阻力、俯仰力矩等。

### 2.4.1 叶型几何和气流参数

典型叶片剖面的叶型,其几何外形主要由最大厚度、弯度、弦长等决定,如图2-33所示。主要参数如下:

(1)中弧线:叶型上、下表面间内切圆圆心的连线。

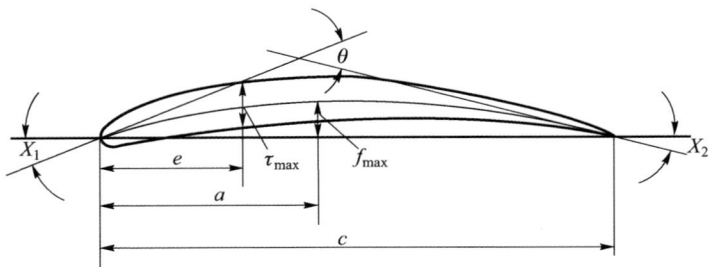

图 2 – 33　叶型的几何参数

（2）弦长：中线有两个端点，迎着来流方向最前端点称为前缘点，另一端点称为后缘点。一般叶型前缘是圆滑的，后缘是尖锐，连接前后缘端点的直线称为弦线，长度 $c$ 称为弦长。中弧线与弦线重合时的叶型为对称叶型。

（3）最大相对厚度：叶型上、下表面的竖向坐标的最大差值，用 $\tau_{max}$ 表示。工程中更有意义的是最大厚度与叶型弦长的比值，称为最大相对厚度，$\bar{\tau} = \dfrac{\tau_{max}}{c}$，对应的弦向相对位置 $\bar{e} = e/c$。

（4）最大挠度：叶型中弧线到弦线的最大距离，用 $f_{max}$ 表示，相对挠度 $\bar{f} = f_{max}/c$，距离前缘的相对距离 $\bar{a} = a/c$。

（5）前缘角和后缘角：叶型前缘点处中弧线的切线与弦线所形成的夹角用 $x_1$ 表示；叶型后缘点处中弧线的切线与弦线所形成的夹角，用 $x_2$ 表示。

（6）叶型弯曲角：表示叶型的弯曲程度，用 $\theta$ 表示，等于前缘角和后缘角之和，即 $\theta = x_1 + x_2$。

（7）叶型型面：通常采用 $x - y$ 坐标来表示，前后导圆角，叶型的上表面为凸面（又称为吸力面），下表面为凹面（又称为压力面）。

## 2.4.2　压心、焦点及俯仰力矩

压心又称为压力中心，是指叶型表面空气动力合力的作用点，是空气动力合力作用线与弦线的交点。作用在压力中心上的力只有升力和阻力。压心与叶型前缘的距离，称为压力中心位置，用 $X_P$ 表示。压力中心的位置与翼面上的压力具体分布情况有关，当攻角增大时（未出现大的分离之前），上翼面的吸力与下翼面的压力均增加，且吸力峰向前缘移动，结果升力系数增大，压力中心前移；反之，升力系数减小，压力中心后移。通常，压力中心在距前缘 25% ~40% 弦长位置处。

根据理论力学理论，一个平面力系是可以合成作用在某个指定点上的一个力和力矩。叶型上的分布压力也可以合成一个力（升力）和一个力矩（这称为俯仰力矩）。这个指定点是一个特殊的点，称为气动中心，或者焦点。不论来流的攻角多大,若是每次都把叶型上的力系搬到焦点上,其俯仰力矩都是一样大。攻角增加,升力增大,压力中心前移,压力中心与气动中心的距离缩短,结果力与力臂的乘积,即俯仰力矩保持不变。关于叶型焦点的理论位置,薄叶型是在距前缘 1/4 弦长处。试验测试结果表明,大多数普通叶型的焦点位于叶型的 0.23 ~ 0.24 弦长处,而层流叶型的焦点位置则在 0.26 ~ 0.27 弦长处。俯仰力矩系数为

$$C_{\mathrm{m}} = \frac{M}{0.5\rho V_{\infty}^2 c^2} \qquad (2-128)$$

式中 $M$——俯仰力矩(N·m)。

## 2.4.3 叶型的升力和阻力

在气流中的叶型,当气流的攻角为 0° 时,其对流场造成的堵塞会导致流经叶型表面的气流速度增加,随着气流攻角的增大,在叶型上表面的任何位置的气流速度会逐步地增加;同时,叶型下表面的流速会逐步降低。叶型上、下表面的速度变化(根据伯努利方程),会导致叶型上表面静压降低和下表面静压增加,使得叶型上、下表面的分布力出现差别。叶型表面的分布力有两种,一种是法向力,即压力;一种是切向力,即摩擦力。

叶型在气流中的受力如图 2 - 34 所示,升力定义为和远方来流相垂直的合力为升力,而与远方来流方向相一致的合力为阻力。升力和阻力通常也表示为量纲为一的升力系数和阻力系数,二者的定义如下:

$$C_{\mathrm{L}} = \frac{F_y}{0.5\rho V_{\infty}^2 c} \qquad (2-129)$$

$$C_{\mathrm{D}} = \frac{F_x}{0.5\rho V_{\infty}^2 c} \qquad (2-130)$$

式中 $C_{\mathrm{L}}$——升力系数;

$C_{\mathrm{D}}$——阻力系数;

$F_{\mathrm{L}}$——升力(N);

$F_{\mathrm{D}}$——阻力(N);

$\rho$——气流密度(kg/m³);

$V_{\infty}$——气流来流速度(m/s);

$c$——叶型弦长(m)。

就叶型的升力而言,严格来说,只要翼面在 $y$ 轴上有投影面积,摩擦导致的切向力与这些面积的乘积所得力的方向是 $y$ 方向上的,在叶型攻角为正的情况下,这些切向力是指向 $-y$ 方向的,摩擦力就产生了一部分负升力。然而,摩擦

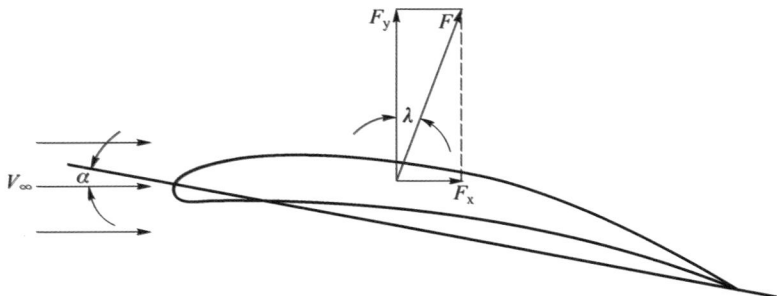

图 2 – 34  叶型上的作用力

力相比表面压力,只有压力的几十分之一,最多十几分之一,如果攻角不大,叶型在 $y$ 轴上的投影很小,在工程计算时就不必考虑摩擦力对升力的作用。由此,升力基本上来自作用在上、下翼面的压力差,把每一小块翼面上的压力投影在与来流垂直的方向上,合成一个力就是升力。叶型上、下表面的压强分布曲线如图 2 – 35所示,在相同的弦线位置,上、下翼面两条压强曲线之间的距离就代表了该点产生升力的有效压强,此两条压强曲线的面积乘以 $\cos\alpha$ 就是叶型在攻角 $\alpha$ 下的升力系数。

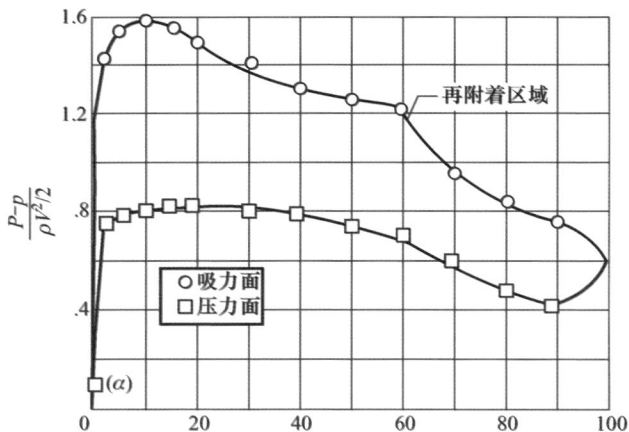

图 2 – 35  叶型表面压力分布

叶型的升力曲线是指升力随攻角变化的曲线。升力曲线上,存在一个最大升力系数 $C_{L_{max}}$,与 $C_{L_{max}}$ 对应的攻角称为临界攻角 $\alpha_{L_{max}}$。当气流攻角小于临界攻角时,叶型的升力曲线相对于攻角线性变化,其斜率称为叶型的升力曲线斜率,如下式:

$$C_L = \frac{dC_L}{d\alpha}(\alpha - \alpha_0) \tag{2 – 131}$$

式中　$\alpha$——攻角(°)；

　　　$\alpha_0$——零升力攻角(°)。

当来流攻角大于临界攻角时,升力系数急剧下降,这是由于气流失速,边界层分离导致。叶型的阻力分为摩擦阻力与压差阻力两部分。如果气流在叶型表面上没有分离,法向力就在 $x$ 方向彼此抵消掉。实际上,叶型的后缘部分多少会有些分离的,就有一部分阻力来自法向力。如果气流不分离,叶型上表面后半段的气流该减速增压,一旦分离,气流就不继续减速,压强也不继续回升。分离后,叶型二表面的压强就等于分离点的压强,分离越早,分离区的压力就越低,由此减小了叶型上应有的向前推的压力,结果向后推的压力就大于向前推的压力形成一个阻力,这就是压差阻力。叶型的阻力曲线是指阻力随攻角变化的曲线,阻力曲线中存在最小阻力系数 $C_{D_{\min}}$,与 $C_{D_{\min}}$ 对应的攻角称为最小阻力系数攻角 $\alpha_{D_{\min}}$。

叶型典型气动力特性如图 2-36 所示。针对这些气动力曲线,有以下说明：

(1) 升力曲线在迎角 $\alpha = 0°$ 时不通过零点,这是因为叶型有弯度的缘故。在几何迎角为某负值时,升力才为零,这个迎角角度称为零升迎角,记为 $\alpha_0$。从叶型后缘端点画一条与几何弦线成 $\alpha_0$ 角的直线,称为零升线。

(2) 在小角度范围时,升力系数 $C_L$ 随着迎角基本保持线性增大的趋势,当迎角 $\alpha$ 达到一定角度后,$C_L$ 达到最大值 $C_{L_{\max}}$,之后曲线开始下降。对应 $C_{L_{\max}}$ 的迎角称为临界(失速)迎角。过了临界迎角后,叶型上表面在后缘会出现较大区域的流动分离,这一现象称为叶型失速。叶型的临界迎角与表面粗糙度、特征雷诺数等相关。而 $\alpha_0$ 和升力线斜率 $C_L^\alpha$ 与雷诺数基本无关。

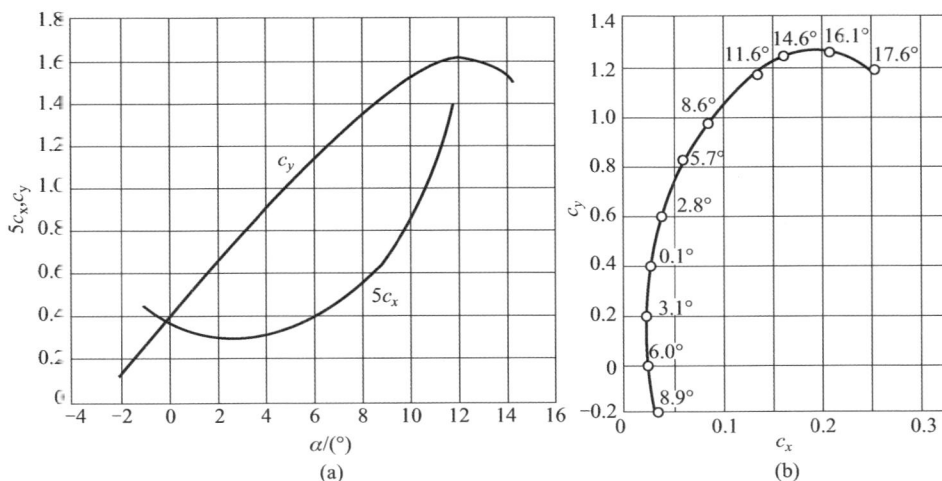

图 2-36　叶型典型气动力特性

(3) 叶型阻力来自两个方面。在小迎角范围内,其阻力绝大部分来自表面摩擦力。随着迎角的增大,叶型上表面逐渐出现分离,压差阻力慢慢增大,逐渐占据主导地位。

## 2.4.4 叶剖面升力与气流偏转

许多低速叶型均可用于风扇的桨叶设计,但是不同叶型所带来的风扇气动性能存在差别,为此,在风扇设计开始前,需要对桨叶叶片的工作状态进行全面的掌握,以针对不同的风扇运行要求,选择合理的叶型剖面。

有限数目的桨叶展开的叶栅平面工作原理如图 2-37 所示。图中,$V_a$ 为气流轴向速度,垂直于叶片平面,在风洞轴流风扇运行时,气体视为不可压,根据流量守恒,$V_a$ 在桨叶处与止旋片处保持不变。通过桨叶后的气流偏转,导致平行于叶栅平面气流速度降低,此速度降低导致的动量变换与作用在叶栅平面上的切向力相等。每个叶片上的切向力为

$$F_T = \rho s V_a (V_a \tan\beta_1 - V_a \tan\beta_2) \qquad (2-132)$$

式中　$F_T$——切向力(N);

　　　$s$——相邻桨叶之间的间距(m);

　　　$\beta_1$——气流入口角(°);

　　　$\beta_2$——气流出口角(°)。

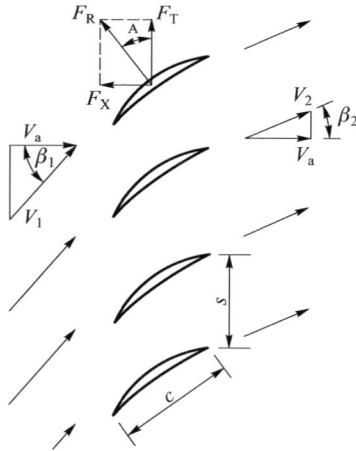

图 2-37　气流经过二维叶栅流动

桨叶旋转做功,给气流提供轴向的压升,由此桨叶会受到气流的反作用力,称为推力。推力为

$$F_X = s(p_2 - p_1) \qquad (2-133)$$

式中　$p_1$——桨叶上游静压(Pa);

$p_2$——桨叶下游静压（Pa）。

假设桨叶叶型的阻力为零（事实上阻力较升力小很多），则气流通过桨叶后，其总压没有损失，则由伯努利方程，$F_X$ 又可表示为：

$$F_X = 0.5\rho s(V_1^2 - V_2^2) \tag{2-134}$$

式中　$V_1$——桨叶上游气流合速度（m/s）；

　　　$V_2$——桨叶下游气流合速度（m/s）。

从图 2-37 还可看出，桨叶所受推力与切向力的合力 $F_R$，$F_R$ 与叶栅旋转平面的夹角为 $A$，叶栅入口速度 $V_1$ 和出口速度 $V_2$ 矢量的平均速度记为 $V_m$，其与叶栅平面法线的夹角为 $\beta_m$，可以看出 $\beta_m$ 与角度 $A$ 相等，这个角度可以表示为

$$\tan A = \tan\beta_m = \frac{F_X}{F_T} = 0.5\left(\frac{\sec^2\beta_1 - \sec^2\beta_2}{\tan\beta_1 - \tan\beta_2}\right) = 0.5(\tan\beta_1 + \tan\beta_2) \tag{2-135}$$

基于叶型阻力为零的假设，桨叶的升力和叶片推力与切向力构成的合力应该相等，升力可表示为

$$L = 0.5\rho V_m^2 c C_L \tag{2-136}$$

由此，切向力可表示为

$$F_T = 0.5\rho V_m^2 c C_L \cos\beta_m \tag{2-137}$$

综合式（2-137）和式（2-132），可得

$$C_L = 2\left(\frac{s}{c}\right)\cos\beta_m(\tan\beta_1 - \tan\beta_2) \tag{2-138}$$

由此，桨叶叶型的升力系数可以用桨叶叶片实度（$c/s$）、气流偏转角度（$\beta_1 - \beta_2$）及桨叶入出口平均速度与叶栅平均垂线的夹角 $\beta_m$ 表示。

## 2.4.5　叶剖面弯度与气流偏转的匹配

桨叶叶片选用的叶型需要具备一定的弯度，以适应通过桨叶后的气流偏转，如图 2-38 所示，圆弧角 $\theta$ 与气流入口角、出口角的关系如下：

$$\theta = \beta_1 - \beta_2 + \delta - i \tag{2-139}$$

在风扇设计时，需要优化气流的入口角，以使得气流在桨叶前缘处与叶型中弧线的切线尽量平行。入射气流在叶型前缘与中弧线切线尽管还存在一定的偏角 $i$（入射角），但此角度在 0° 附近，这种入射称为无冲击入射。气流流经叶片后，在叶片尾缘与叶片叶型中弧线切线的夹角称为出流角，用 $\delta$ 表示。出流角主要受叶型边界层增长而变化，是一个相对困难进行准确确定的参数。然而，对叶型弯度的选择上不需要对以上提到的所有角度非常精确，因此大致的工程估计在风扇桨叶设计上是可以接受的。

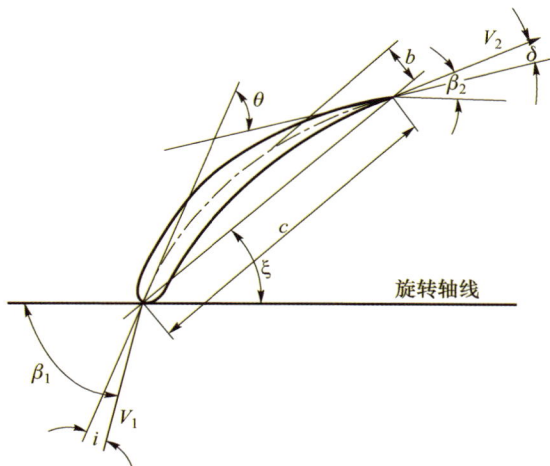

图 2 – 38　叶剖面几何参数

针对叶型中弧线的几何关系如下：

$$R_{cur} = \frac{c}{2\sin\dfrac{\theta}{2}}$$

式中　$R_{cur}$——中弧线曲率半径（m）；

　　　$b$——中弧线弧高（m），且有

$$b = c \cdot 0.5\tan\frac{\theta}{4} \qquad\qquad (2 - 140)$$

在风扇设计中，风扇的叶轮半径 $R$ 常用来无量纲化中弧线曲率半径，即

$$\frac{R_{cur}}{R} = \frac{c}{2R\sin\theta/2} \qquad\qquad (2 - 141)$$

## 2.4.6　叶片干涉

上述叶型二维气动性能均是在孤立叶型条件下才成立的，在某些运行工况下（如高压升小流量），风扇需要更多的桨叶数量及更大的桨叶弦长才能满足设计要求。此种情况下，桨叶的实度会增大，相邻桨叶的间距过小会导致桨叶在运行时的相互干涉。导致其气动性能参数发生改变主要是指升力系数。与之对应的孤立叶型气动参数不同，在这种情况下，需要对升力系数进行修正。

叶型升力系数—攻角曲线的斜率 $\mathrm{d}C_L/\mathrm{d}\alpha$ 及零升力攻角 $\alpha_0$，均会随着叶栅实度的增加而改变，针对叶片间的干涉，叶型升力系数的变化可通过一个简单的

比例因子来描述：

$$\gamma = C_L / C_{L_i} \qquad (2-142)$$

式中　$C_L$——考虑叶片干涉后的升力系数；

　　　$C_{L_i}$——孤立叶型升力系数。

为方便设计，假设多叶片叶型的升力系数与孤立叶型升力系数存在一个简单的转换，如图 2-39 所示。为了获得较为准确的叶片干涉因子，桨叶径向各位置安装角的影响也不能忽略。确定叶片的干涉因子采取如下步骤：

（1）以实度 $\sigma$ 为参变量，用桨叶合速度与轴向速度的夹角 $\beta_m$ 代替安装角 $\xi$ 作为近似值（常规风洞轴流风扇桨叶的设计时，其所选用叶型的攻角取值都较小，一般为 $-1° \sim 3°$），结合图 2-39 中对应的曲线，得出不同 $\beta_m$ 对应的干涉因子。

（2）根据风扇设计时，选定的 $C_L$ 和对应的干涉因子 $\gamma$，由式（2-142）计算出孤立叶型对应的升力系数 $C_{L_i}$。

（3）由计算出的 $C_{L_i}$，查对应的叶型升力系数—攻角曲线，得到攻角 $\alpha$；

（4）根据安装角与 $\beta_m$ 的关系，计算出考虑干涉因子后的安装角 $\xi$，然后将计算出新的安装角，对应到图 2-39。

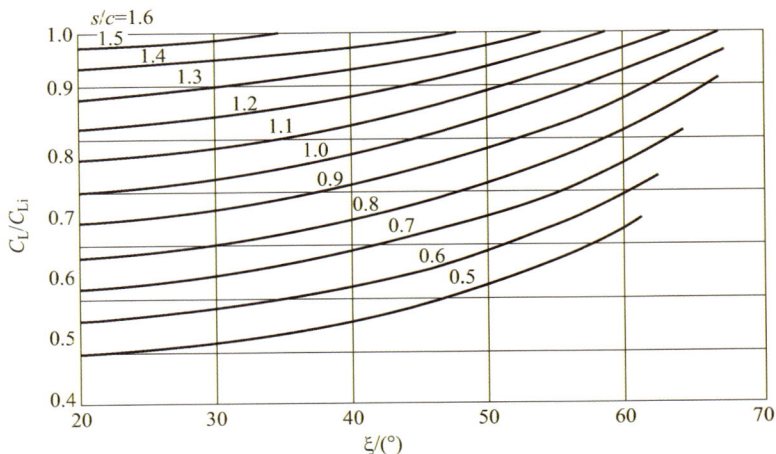

图 2-39　转子叶片干涉因子

重复步骤（1）～（4），迭代计算 $\xi$，直至 $\xi$ 的误差值在 1% 以内，由此可以得到考虑叶片干涉后风扇桨叶的升力系数 $C_{L_i}$。

$$\xi = \beta_m + \alpha \qquad (2-143)$$

## 2.4.7　叶片尾迹

当风扇叶片在工作入射角下运行，气流从叶片的尾缘流过后，叶型上、下表面边界层会掺混在一起,在叶片下游形成一个尾迹低速区域,如图 2-40 所示。在尾迹入口区域内速度梯度很大,但是随着气流向下游流动发展和尾迹与周围气流的能量交换,尾迹区的速度梯度会迅速减小。尾迹区内速度梯度减小的过程也包含了尾迹宽度的增长,叶片下游尾迹宽度会一直增加,直到叶片下游无穷远处一个均匀速度剖面的形成(另外,叶型的型阻可以通过测量叶片尾缘下游小距离范围内的尾迹动能衰减来计算)。

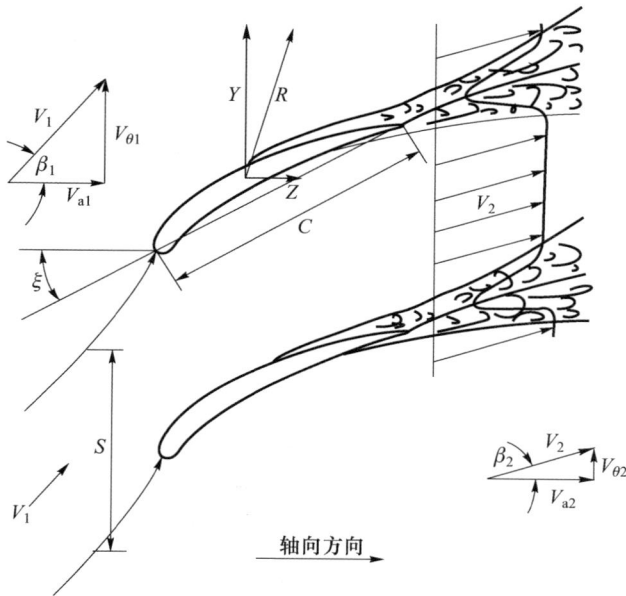

图 2-40 叶栅尾迹

国外的试验研究了叶片尾缘下游的叶栅尾迹流动特点,如图 2-41 和图 2-42所示。尾迹中心轴线上速度的恢复比例(与尾迹区外的当地气流速度之比)与桨叶实度和叶片前缘的流动状态相关,桨叶实度和叶片前缘的流动状态会对叶片的尾迹宽度和尾迹形状带来影响。由于尾迹上游流动的影响,伴随着速度恢复系数、尾迹宽度(或者自由气流宽度)的增加,根据伯努利方程,尾迹下游会有一个小的但非常重要的逆压梯度增长。这个逆压梯度是尾迹中速度恢复延迟的原因。

当风扇叶片叶型的吸力面发生边界层分离,叶片的尾迹宽度会急剧增大,进而导致叶片失速。失速的特征就是大范围、不稳定的旋涡运动,类似于河水中码头下游的水的流动状态。这种现象表明叶型受到了很大的阻力,主要是压差阻力增大。

对于风扇设计者而言,叶型尾迹的细节特性对于风扇的气动设计是不需要

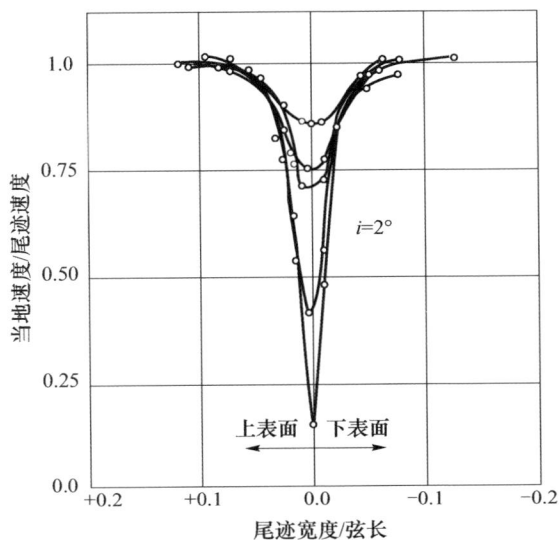

图 2 - 41    叶栅下游尾迹剖面

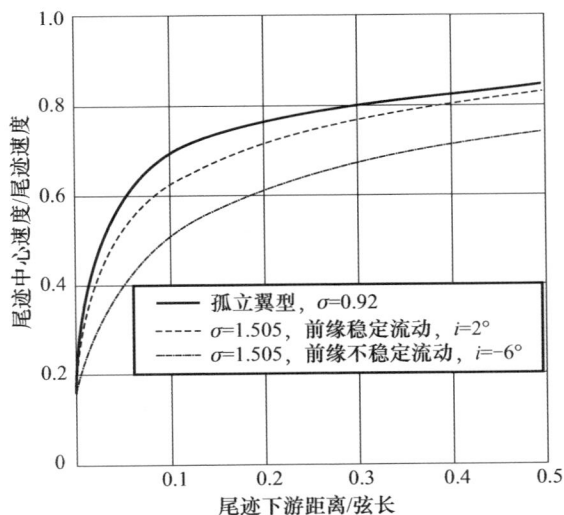

图 2 - 42    叶栅下游最大速度亏损偏差

的。然而,不了解叶片尾迹的定性规律,在风扇设计中忽略叶片尾迹对于风扇性能的影响,可能会带来风扇气动性能不达标、叶片振动或风扇出现异常噪声等不利后果。

## 2.4 8    雷诺数对叶型数据的影响

风洞轴流风扇桨叶选用低速航空叶型,在进行桨叶设计时,确定所选叶型的气动性能参数,需要考虑雷诺数对叶型气动力数据的影响。

气流流经固体表面时,其流动现象在很大程度上取决于其惯性力与黏性力的比值,这个比值称为雷诺数。定义如下:

$$Re = \frac{\rho U l}{\mu} \qquad (2-144)$$

式中　$U$——特征速度(m/s);

　　　　$l$——特征尺寸(m);

　　　　$\rho$——气体密度(kg/m³);

　　　　$\mu$——黏性系数(Pa·s)。

叶片叶型表面受到两个方向的力,与来流垂直的升力及与来流平行的阻力。于升力系数 $C_L$ 与阻力系数 $C_D$ 通常根据试验结果可以表示为

$$C_L = f_1(Re, \alpha) \qquad (2-145)$$

影响叶型的气动力数据的雷诺数通常以叶片弦长为特征长度。

$$C_D = f_2(Re, \alpha) \qquad (2-146)$$

以 NACA4412 叶型为例,图 2-43 给出了雷诺数对该叶型升力系数及升阻比的影响。可以看出,随着试验雷诺数的增加,叶型的升力曲线斜率增大,失速临角增加,最大升力系数增加;最小阻力系数随着雷诺数的增大而减小,叶型的升阻比随雷诺数的增大而增大。

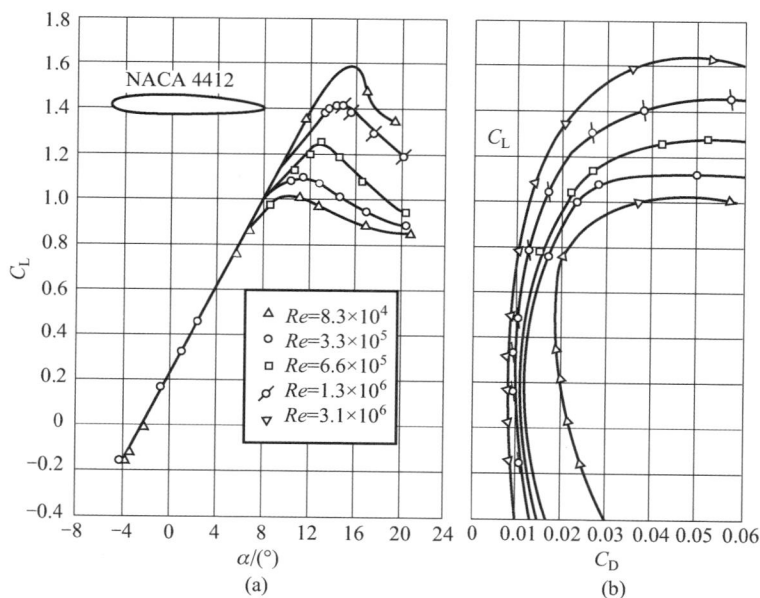

图 2-43　雷诺数对 NACA4412 翼型气动性能的影响

雷诺数对叶型气动特性影响,主要是不同雷诺数下的叶型表面边界层特性存在差异。攻角较小时,叶型阻力主要取决于摩擦阻力;攻角较大时,叶型阻力主要取决于压差阻力。无论是摩擦阻力还是压差阻力,其特性均与气流的黏性有关,雷诺数增大,惯性力发挥的作用增大,而黏性力作用减弱,因此阻力随之减小。

## 2.5 风扇设计的主要影响因素

在低速风洞风扇设计中,为了获得预期的压升和较高的运行效率,需要合理选取和匹配各种设计参数。

**1. 旋转系数**

气流的旋转系数定义为风扇某个位置上气流的旋转速度与轴向速度之比,即

$$\varepsilon = \frac{\omega r}{V} \qquad (2-147)$$

式中　$\omega$——气流旋转角速度(rad/s);

$V$——气流轴向速度(m/s);

$r$——风扇叶轮半径(m)。

气流的旋转速度由桨叶旋转所引起或予以消除(风扇装有预旋片的情况)。根据动量矩定理,桨叶的扭矩可由旋转角速度的变化来度量。假定轴向分速是处处相同的,并且总压升高量沿半径方向保持不变,则 $\varepsilon$ 与 $r$ 成反比,$\omega$ 与 $r^2$ 成反比。这样的旋转相当于一个自由涡的流动。

**2. 前进比**

前进比定义为给定半径 $r$ 处气流的轴向速度与风扇叶片的转动速度之比,即

$$\lambda = \frac{V}{\Omega r} \qquad (2-148)$$

式中　$V$——风扇段内的气流轴向速度(m/s);

$\Omega$——叶轮旋转角速度(rad/s);

显然,$\lambda$ 和 $r$ 是成反比的。在设计风扇时,当风扇处的气流轴向速度和电机转速确定以后,就确定了 $\lambda$ 的范围。桨叶根部的 $\lambda$ 值最大,尖部最小。大的前进比意味着有较低的风扇转速,这样,就需要选用低转速的电机或采用变速传动系统。另外,风扇应放在风洞中速度较高的区域。为兼顾风扇整流体的阻力是随当地速度的增加而增加的情况,最好的折中方案是将风扇布置在第二拐角之后。为保证风扇有较高的效率,风扇段叶片中剖面位置处的前进比 $\lambda = 0.7 \sim$

1.0 较为理想。前进比也可以表示为风扇转速与叶轮直径的关系,记为 $j = \dfrac{u}{nD}$。风扇效率与前进比关系如图 2-44 所示。由图可以看出,风扇效率在很大程度上取决于恰当地选择前进比 $j$ 和选取较高的叶型升阻比 $v = \dfrac{L}{D}$。

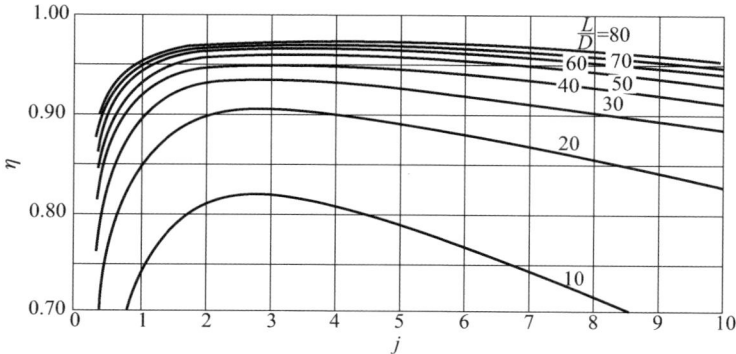

图 2-44　前进比及风扇效率关系

### 3. 升阻比

为了实现风扇的高效率运行,选取高升阻比叶型是基础。工程设计结果表明:风扇叶型的最大升阻比 $L/D$ 确定为 50 是合理的;之后进一步增大升阻比时,实际运行效率的提升并不明显。设计时升阻比的选取应综合考虑空气动力学特性、结构的可实现性及经济性。比如,某些薄壁大弯度叶型的升阻比可达 50 以上,但其对来流条件要求高,适应性差,且力学性差,并不太适用于用作风扇叶片翼型。工程上常选取加工工艺性能较好的平底叶型,既能保证气动性能,也能够满足结构强度要求。

如果在风扇叶片根部和尖部分别设置端板,就可以有效地模拟无限翼展的流动。由于风扇翼尖和洞壁之间的间隙通常很小,风扇叶片的根部又有大的整流罩,因此洞壁和大整流罩形成了端板。这样,风扇叶片的流动可以看作无限翼展的流动。

### 4. 整流罩直径

有时,选用大直径的整流罩也是有利的,这样可以相对提高风扇段环形通道内的气流速度,在同样前进比条件下提高电机的转速。采用大直径的整流罩还可以把结构上要求较厚的叶片根部罩起来,将薄的、效率高的叶片部分暴露在气流中。

虽然理想的整流罩直径应为风扇段直径的 0.55~0.75,但实际上许多风洞风扇整流罩的直径仅为风扇段直径的 0.3~0.5。这主要是从整流罩的损失和造价方面来综合考虑的。

### 5. 风扇叶片数

风扇叶片数通常没有严格的规定,因为由叶片数与叶片弦长的乘积所表示的叶片表面总面积必须根据推力的要求来预计。

最小叶片数通常不小于4,这是能保证气流脉动很小的最少叶片数,而最多的叶片数受强度条件的限制。为了避免产生过大的干扰,叶片数 $B$ 与叶片弦长 $C$ 之乘积的最大值一般不能超过其根部的周长。

叶片数选择更多的是考虑气动噪声和结构强度。需要合理匹配动静叶片数目以减少其干扰,获得良好的气动噪声特性。另外,相同负载的风扇,叶片数越多,单个叶片需要承受的载荷越小。因此合理的方法是,首先初步确定一个叶片数量使其满足气动性能,然后根据噪声和载荷校核来修订设计。

### 6. 叶片弦长

以叶片弦长 $C$ 为特征长度的雷诺数应在 $7 \times 10^5$ 以上,保持较低的翼剖面阻力;翼尖速度应足够低,避免产生压缩性的影响。另外,在风扇叶片展长一定的条件下,为了减小叶栅的三维效应和叶片间相互干扰,叶片展弦比应为 $2 \sim 3$。

## 2.6 风扇运行功率预估

在风扇设计过程中,首先需要确定风洞回路的气流总损失,为风扇设计提供输入条件,这是开展风扇与风洞匹配设计的基础,关系到风扇性能和设计成败。在低速风洞能量损失(功率)的计算中,主要的计算参数是损失系数。国内关于损失系数的计算常采用两种方法,即通过管段的总压损失来计算损失系数和通过"静压差"即管段的静压损失来计算损失系数。通过分析认为,这两种方法关于损失系数的定义是不同的,但它们都代表了能量损失,在计算低速(不可压)风洞能量损失(功率)时,实质上是一样的。本节给出了连续式风洞典型部段的损失工程计算方法和风洞运行功率计算方法。

### 2.6.1 风洞回路损失计算

#### 1. 损失系数

按现代水力学计算,把气流通过管段后的总能量损失(功率)与该管段进口截面上的动能之比,定义为损失系数,即

$$K_\xi = \Delta P_\xi \Big/ \frac{1}{2}\rho v_1^3 A_1 \qquad (2-149)$$

在管道流动中,能量损失可以用管段的总压损失(总压降)表示,即

$$\Delta P_0 = P_{01} - P_{02} \qquad (2-150)$$

式中 $P_{01}$——管段进口截面(1)的实际总压值(Pa);

$\quad\quad P_{02}$——管段出口截面(2)的实际总压值(Pa)。

$\Delta P_0$ 也可看作理想(无损失)情况下该管段出口截面的总压值 $P'_{02}$ 与有损失时的实际总压值 $P_{02}$ 之差,即 $\Delta P_0 = P'_{02} - P_{02}$,显然,$P'_{02} = P_{01}$。由此,利用式(2 – 150)、不可压流动的连续方程 $AV =$ 常数和能量表达形式 $\Delta P_0 AV$ 可得

$$\Delta P_0 A_1 v_1 = P_{01} A_1 v_1 - P_{02} A_1 v_1 = P_{01} A_1 v_1 - P_{02} A_2 v_2 = P_{\xi 1} - P_{\xi 2} = \Delta P_{\xi}$$

$$(2 - 151)$$

把式(2 – 151)代入式(2 – 149)可得

$$K_{\xi} = \Delta P_0 \left/ \frac{1}{2} \rho v_1^2 \right. \tag{2 – 152}$$

可见,在不可压的流动中,损失系数可表示为管段的总压损失与该管段进口截面动压之比。

在流动是不可压的情况下,能量损失 $\Delta N_K$ 可用管段的静压损失 $\Delta P$ 来表示。这里,$\Delta P$ 表示在理想(无损失)情况下管段出口截面 2 上的静压 $P'_2$ 与实际(有损失)的静压 $P_2$ 之差,即

$$\Delta P = P'_2 - P_2 \tag{2 – 153}$$

同样,能量损失也可表示为

$$\Delta P A_1 v_1 = P'_2 A_2 v_2 - P_2 A_2 v_2 = P'_2 A_1 v_1 - P_2 A_1 v_1 = \Delta P_K \tag{2 – 154}$$

损失系数表示为

$$K_K = \Delta P_K \left/ \frac{1}{2} \rho v_1^3 A_1 \right. \tag{2 – 155}$$

把式(2 – 154)代入式(2 – 155)可得

$$K_K = \Delta P \left/ \frac{1}{2} \rho v_1^2 \right. \tag{2 – 156}$$

可见,损失系数 $K_{\xi}$ 和 $K_K$ 的定义是不同的,但都表示能量损失。

采用无因次的损失系数是很方便的。因为在动力相似的不可压流动中,只要遵守管段几何相似和雷诺数相同(如果还有其他相似准则,也应相等),则它们的值相等,而与流动的种类、流动速度和被计算的管段尺寸无关。

### 2. 总压损失和静压损失

利用不可压流动的连续方程 $VA =$ 常数和伯努利方程,在管段的出口截面有

$$P'_{02} = P'_2 + \frac{1}{2} \rho v_2^2 \tag{2 – 157}$$

$$P_{02} = P_2 + \frac{1}{2} \rho v_2^2 \tag{2 – 158}$$

利用 $P_{01} = P'_{02}$,可得

$$\Delta P_0 = P'_2 - P_2 = \Delta P \qquad (2-159)$$

得出

$$\Delta P_\xi = \Delta P_k$$
$$K_\xi = K_K \qquad (2-160)$$

可见,虽然损失系数 $K_\xi$ 和 $K_K$ 的定义是不同的,但在低速不可压的情况下,它们均表示管段的总能量损失。此时,管段的总压损失 $\Delta P_0$ 和静压损失 $\Delta P$ 的绝对值也是相等的,如图 2-45 所示。因此,对低速风洞来讲,气流从风扇段出口截面向下游沿风洞回路流动一圈后到风扇段进口截面,风洞的能量损失表现为连续的总压损失或静压损失。

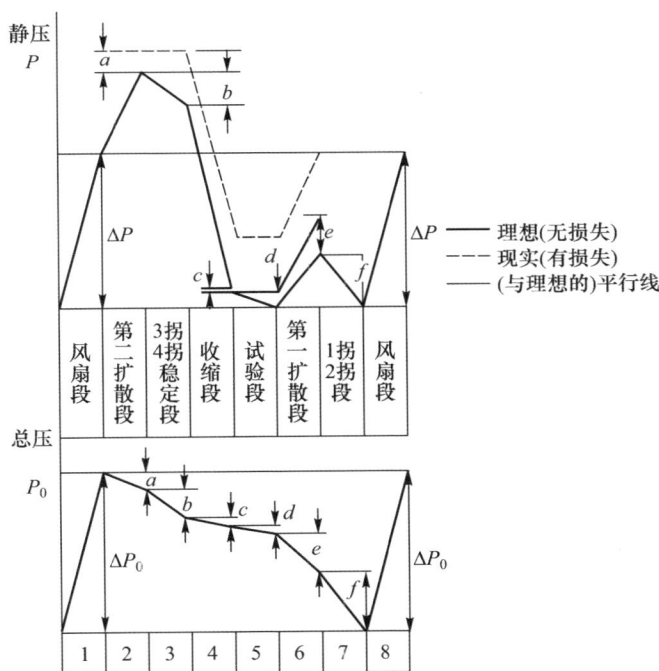

图 2-45 回流式风洞各典型部段总压损失和静压损失
注:$a$、$b$、$c$、$d$、$e$、$f$ 表示各部段压力损失。

### 3. 损失系数的叠加和折算

根据叠加原理,把上述摩擦损失和局部损失相加,取它们的算术和,则 $\Delta P_0 = \Delta P_{0f} + \Delta P_{0L}$ 和 $K = K_f + K_L$。

通常,预先求出整个风洞管道中各部段($i$)相对于试验段进口截面(0)上的折算损失系数 $K_{oi}$ 对计算风洞的能量损失(功率)是很方便的。在此基础上,按

叠加原理,将这些折算到同一试验段进口截面上的损失系数 $K_{oi}$ 叠加,就可以通过总损失系数 $\sum K_0$ 来计算风洞总的能量损失(功率)。

式(2-156)当流动是可压时,损失系数的折算关系为

$$K_{oi} = K_i(\rho_o/\rho_i)(A_o/A_i)^2 \qquad (2-161)$$

当流动是不可压时,式(2-161)化为

$$K_{oi} = K_i(A_o/A_i)^2 \qquad (2-162)$$

按叠加原理,风洞沿程总损失系数为

$$K_0 = \sum_{i=1}^{n} K_{oi} = \sum_{i=1}^{n} K_i\left(\frac{A_o}{A_i}\right)^2 \qquad (2-163)$$

**4. 风洞典型部段损失计算方法**

1)回路等直管段

$$K_i = K_H \cdot \lambda \cdot \frac{L}{D_\tau} \qquad (2-164)$$

式中    $K_H$——修正系数,根据 $Re$、截面高宽比确定;

$L$——平直管段的长度(m);

$D$——平直管段的当量直径(m);

$\lambda$——单位长度阻力系数。

2)模型和模型支架损失

模型和模型支架损失系数为

$$K_i = 1.15 C_x \frac{S_m/A_T}{[1-\tau(S_m/A_T)]^3}\left(1-\frac{2y}{D_0}\right)^{\frac{1}{3}} \qquad (2-165)$$

式中    $C_x$——模型或模型支架的阻力系数;

$S_m$——模型或模型支架的最大迎风面积($m^2$);

$A_T$——试验段截面面积($m^2$);

$\tau$——系数;

$y$——模型或模型支架偏离试验段截面中心截面距离(m);

$D_0$——试验段的当量直径(m)。

3)拐角段

假设圆截面拐角段的直径为 $D_0$,切边长度为 $t_1$,若导流叶片为标准数量($n=3D_0/t_1-1$),则拐角段损失系数为

$$K_i = 0.30 K_{Re} + 1.28\lambda \qquad (2-166)$$

式中    $K_{Re}$——不同 $Re$ 的修正系数

若导流叶片为较少数量($n=2D_0/t_1-1$),且导流叶片等距布置,并光顺安

装,则拐角段损失系数为

$$K_i = 0.23 K_{Re} + 1.28 \lambda \tag{2-167}$$

4)低速扩散段

圆截面锥形扩散段的损失系数为

$$K_i = \left[ 3.2 \tan \frac{\theta}{2} \cdot \sqrt[4]{\tan \frac{\theta}{2}} + \frac{\lambda}{8 \sin \frac{\theta}{2}} \right] \cdot \left[ 1 - \left( \frac{A_1}{A_2} \right)^2 \right] \tag{2-168}$$

两个平面内有相同扩散角的矩形截面扩散段损失系数为

$$K_i = \left[ 0.6 \sqrt[4]{\tan \frac{\theta}{2}} + \frac{\lambda}{8 \sin \frac{\theta}{2}} \right] \cdot \left[ 1 - \left( \frac{A_1}{A_2} \right)^2 \right] \tag{2-169}$$

式中    $\theta$——低速扩散段扩散全角(°);

　　　　$A_1$——低速扩散段入口截面积($m^2$);

　　　　$A_2$——低速扩散段出口截面积($m^2$)。

当 $\theta \le 6°$,扩散面积比不大于 3 时,采用式(2-168)计算出的 $K_i$ 值较式(2-169)计算出的 $K_i$ 值要偏大。

在两个平面内扩散角度不同的低速角锥形扩散段损失系数为

$$K_i = \left[ k \cdot 3.2 \tan \frac{\theta}{2} \cdot \sqrt[4]{\tan \frac{\theta}{2}} + \frac{\lambda}{16} \left( \frac{1}{\sin \frac{\alpha}{2}} + \frac{1}{\sin \frac{\beta}{2}} \right) \right] \left[ 1 - \left( \frac{A_1}{A_2} \right)^2 \right]$$

$$\tag{2-170}$$

式中    $\theta$——当量扩散角(°);

　　　　$k$——截面形状修正系数,$k \approx 0.66 + 0.11 \theta (4° < \theta < 12°)$,

　　　　$k \approx 2.32 - 0.0275 \theta (12° < \theta < 40°)$;

　　　　$\alpha \, \backslash \beta$——两个平面的扩散全角(°)。

进口截面边长 $a_0$ 和 $b_0$(整个长度上 $b_0$ 等长)的扁形扩散段损失系数为

$$K_i = k \cdot 3.2 \tan \frac{\alpha}{2} \cdot \sqrt[4]{\tan \frac{\alpha}{2}} \cdot \left[ 1 - \left( \frac{A_1}{A_2} \right)^2 \right] + \frac{\lambda}{4 \sin \frac{\alpha}{2}}$$

$$\cdot \left[ \frac{a_0}{b_0} \left( 1 - \frac{A_1}{A_2} \right) + 0.5 \left( 1 - \frac{A_1}{A_2} \right)^2 \right) \right] \tag{2-171}$$

式中    $\alpha$——扁形扩散段扩散角(°);

　　　　$k$——截面形状修正系数,$k \approx 1.7 - 0.03 \alpha (4° < \alpha < 24°)$。

5)风扇段

风扇段的损失包括洞壁摩擦损失、风扇整流体的损失以及导流片(止旋片)

损失。其损失系数为

$$K_i = \lambda \cdot \frac{L}{D} + \left[ (1-\eta) \cdot x_{\mathrm{b}}^2 \cdot (2 - x_{\mathrm{b}}^2) + (0.045\overline{C} + 0.003) \right] \times 1.8$$

$$(2-172)$$

式中　$L$——风扇段长度(m);

　　　$D$——风扇段直径(m);

　　　$\eta$——整流体尾罩的扩散效率;

　　　$x_{\mathrm{b}}$——叶轮最大半径与风扇段半径之比;

　　　$\overline{C}$——导流片(止旋片)的相对厚度。

6)蜂窝器

蜂窝器是风洞稳定段的整流部件,其损失系数为

$$K_i = \lambda \cdot \left( 3 + \frac{L}{D_r} \right) \cdot \frac{1}{\beta^2} + \left( \frac{1-\beta}{\beta} \right)^2 \qquad (2-173)$$

$$\lambda = \begin{cases} 0.375 Re_\Delta^{-1} \cdot \left( \dfrac{\Delta}{D_r} \right)^{0.4}, & Re_\Delta < 275 \\[3mm] 0.214 \left( \dfrac{\Delta}{D_r} \right)^{0.4}, & Re_\Delta \geqslant 275 \end{cases} \qquad (2-174)$$

式中　$L$——蜂窝器轴向长度(m);

　　　$D_r$——蜂窝器蜂窝格子对边距离值(m);

　　　$\beta$——蜂窝器堵塞度,$\beta = (1 - \mathrm{d}t/D_r)2$($\mathrm{d}t$ 为蜂窝器壁面厚度,单位为 m);

　　　$\Delta$——蜂窝器壁面粗糙度(m)。

　　　$Re_\Delta$——基于表面粗糙度的雷诺数。

7)阻尼网、防分离网和防护网

阻尼网、防分离网、防护网为风洞稳定段内整流部件,其损失系数为

$$K_i = k_e \cdot \left( (1-\beta) \cdot k_{\mathrm{mesh}} + (1/\beta - 1)^2 \right) \cdot n \qquad (2-175)$$

$$k_e = \begin{cases} 1.01 + \dfrac{78.5^{1 - \frac{Re_{\mathrm{wire}}}{354}}}{100} & Re_{\mathrm{wire}} < 400 \\[3mm] 1 & Re_{\mathrm{wire}} \geqslant 400 \end{cases} \qquad (2-176)$$

式中　$k_e$——网丝直径雷诺数 $Re_{\mathrm{wire}}$ 修正系数;

　　　$k_{\mathrm{mesh}}$——阻尼网清洁度修正系数,这里取 $k_{\mathrm{mesh}} = 1.0$;

　　　$\beta$——阻尼网堵塞度,$\beta = (1 - d/B)^2$($d$ 为网丝直径,$B$ 为网孔宽度);

　　　$n$——阻尼网层数;

$Re_{wire}$——基于网丝直径的雷诺数。

8）收缩段

收缩段损失系数为

$$\xi = 0.32\lambda \frac{L}{D_\tau} \qquad (2-177)$$

式中 $L$——收缩段的长度（m）；

$D_\tau$——收缩段出口截面的当量直径（m）。

9）摩擦阻力损失系数

摩擦阻力损失系数为：

$$\lambda_f = \begin{cases} 64/Re, 2000 \leqslant Re \leqslant 4000 \\ 0.3164/Re^{0.25}, 4000 < Re < 10^5 \\ 1/(1.81\lg Re - 1.64)^2, Re > 4000 \end{cases} \qquad (2-178)$$

10）风洞各部段可压缩气流损失系数

根据马赫数对需要考虑气流可压缩性的部段进行修正,得到考虑气流压缩性时各部段的压力损失系数为

$$K_{ic} = 1 - \left(1 + \frac{2}{\gamma-1} \cdot \frac{1 - \left(1 + \frac{\gamma}{2}Ma^2 \cdot K\right)^{\frac{\gamma-1}{\gamma}}}{Ma^2}\right) \cdot \left(1 + \frac{\gamma}{2}Ma^2 \cdot K\right)^{\frac{1}{\tau}}$$

$$(2-179)$$

式中 $K_{ic}$——可压损失系数；

$K$——不可压修正损失系数。

## 2.6.2 能量比和风扇运行功率

根据上述关于管道能量损失（功率）的叙述,如果风洞的总损失系数为 $\sum K_0$,则驱动风扇的输出功率为

$$P_{风洞} = \sum K_0 \frac{1}{2}\rho v_0^3 A_0 \qquad (2-180)$$

如果风扇系统和轴系的效率分别为 $\eta_1$、$\eta_2$,则风扇轴所需的功率（或电机输出功率）为

$$P_{风扇} = \sum K_0 \frac{1}{2}\rho v_0^3 A_0 \frac{1}{\eta_1} \frac{1}{\eta_2} \qquad (2-181)$$

如果驱动电机系统效率为 $\eta_3$,则电机系统的输入功率（或电网的输出功率）为

$$P_{输入} = \sum K_0 \frac{1}{2}\rho v_0^3 A_0 \frac{1}{\eta_1}\frac{1}{\eta_2}\frac{1}{\eta_3} \qquad (2-182)$$

输入功率也可写为

$$P_{输入} = IU \qquad (2-183)$$

式中　$I$——电机输入电流（A）；

　　　$U$——电机输入电压（V）。

低速风洞的能量损失常用能量比来表示，能量比为风洞试验段动能与风洞所消耗的能量（功率）之比，即

$$E_{R风洞} = \frac{1}{2}\rho v_0^3 A_0 / P_{风洞} \qquad (2-184)$$

$$E_{R风扇} = \frac{1}{2}\rho v_0^3 A_0 / P_{风扇} \qquad (2-185)$$

$$E_{R输入} = \frac{1}{2}\rho v_0^3 A_0 / IU \qquad (2-186)$$

可见，能量比越高，则风洞能量损失（功率）越低，风洞运行越经济。由此，能量比又可表示为

$$E_{R风洞} = 1/\sum K_0 \qquad (2-187)$$

$$E_{R风扇} = \eta_1\eta_2/\sum K_0 \qquad (2-188)$$

$$E_{R输入} = 1/(IU) \qquad (2-189)$$

根据风洞的具体形式和设计，统计常规低速风洞能量比的范围通常：直流式风洞，$E_{R风洞} = 2 \sim 5$；回流式闭口风洞，$E_{R风洞} = 2 \sim 5$；回流式开口风洞，$E_{R风洞} = 1 \sim 3$。

应该指出的是，根据我国绝大多数风洞的实际运行结果，由于多种难以预计因素的影响，把计算所得的风洞的总损失系数提高10%～15%，即相应地把风扇必须产生的压升提高10%～15%，因而风洞能量比降低10%～15%来计算风扇的压升和电机的运转功率是必要的。

## 2.7　风洞轴流式风扇设计流程

风洞轴流风扇的设计基本流程如下：

（1）根据风洞的总体设计方案，确定风扇的流量、压升、出入口截面尺寸、噪声、驱动方式等设计要求。

（2）通过试算确定风扇设计点及总体设计方案，包括风扇转子直径、桨毂

比、转速、驱动功率等。

（3）风扇系统各部件气动方案设计，包括气流通道、动叶、静叶、支撑片和整流罩等，并给出相关气动载荷，为结构设计提供输入。

（4）针对所设计的初步气动外形，进行风扇非设计点性能校核，检查是否满足设计要求。若不满足，重新修改气动设计参数，直至满足为止。

（5）应用工程估算方法评估风扇气动噪声，分析叶片数 $B$、弦长 $C$ 和稠度 $\sigma$ 等参数对气动噪声的影响。通过动静叶数目的匹配、修改叶型尾缘厚度等优化风扇气动噪声。

（6）CFD 数值仿真计算。运用流体力学分析软件对设计好的风洞风扇段模型进行内流场流动特性和噪声数值模拟，对流道和叶片进行局部优化，提高效率。

（7）风扇系统结构设计、加工制造、安装和试运转。

（8）风扇性能测试。

# 第3章 轴流式风扇气动设计

轴流风扇作为风洞的动力系统,主要是为了平衡气流在风洞回路流动所产生的压力损失,使之在洞体内部连续运转。一般而言,在确定风扇的流量和压升后,就能开展风扇的设计工作。风扇的气动设计主要包含风扇的桨叶、止旋片(预旋片)、支撑片、整流罩及其他部件的气动设计。气动设计的好坏关系到风洞运行的成本和运行范围的实现,风扇加工制造完成后进行的气动设计修改是极不经济和难以实现的,需要在设计阶段就确保风扇的气动性能。

## 3.1 总体参数确定

在开展风扇的具体设计之前,首先需要确定风扇段的直径、桨毂比、长度及风扇的额定转速等总体参数,只有在这些参数确定以后,才能以此为基础开展风扇段其他部件的具体设计计算。

### 3.1.1 风扇直径

低速风洞中的轴流风扇运行时,为了控制其气动噪声和避免气流压缩性影响,其转子叶片叶尖马赫数不宜超过 0.5,即当地声速的 1/2。风扇直径直接限制了风扇能够运行的最大转速,风扇直径的选取与风扇在风洞中所处的位置紧密相关,风扇截面积与其上、下游部段的截面积应相差不大;反之,为使风扇来流稳定,还需要设置专门的过渡段,进而增加整个风洞的轴向长度。一般而言,为实现较高压升和运行效率,风扇系统应位于来流速度较高且流动又比较均匀的部位。针对风扇来流速度比较高的特点,风扇段不能布置在风洞回路中截面较大的部段(如稳定段);同时,风扇也不宜放在试验段下游的扩散段中,因为模型在吹风试验中可能会对风扇造成直接的损坏,并且扩散段内的流场也不均匀,不利于风扇的高效率运行。因此,大部分的连续回流式低速风洞将风扇段布置于第二拐角段的下游。对于连续式直流风洞,其风扇段常布置在风洞下游的扩散段出口处,有利于保持试验段气流的均匀性。少数低速风洞由于总体设计的需要采用下吹的方式,风扇段则位于试验段上游。表 3-1 列出了低速风洞风扇段直径与试验段口径情况。

表 3 – 1  低速风洞风扇段直径与试验段口径情况

| 风洞 | DNW – LLF | NRC 亚声速风洞 | BAe，Hatfield 亚声速风洞 | CARDC FL – 12 风洞 |
|---|---|---|---|---|
| 试验段口径(宽×高) | 8m×6m | 2m×3m | 4.6m×4.6m | 4m×3m |
| 风扇段直径/m | 12.35 | 4.6 | 3(共7台) | 6 |
| 面积比 | 2.495 | 2.769 | 2.338 | 2.356 |

风扇段面积的选取需要与试验段的面积和气流速度范围相匹配,常规风洞风扇段的面积(风扇桨叶处圆截面面积)与试验段面积的比一般为 2 ~ 3,如果比值过大,那么风扇来流的速度分布可能不均匀,且导致过低的入口速度和做功能力,同时风扇段的成本也将随着其尺寸的增大而迅速增加。如果比值过小,风扇来流速度将提高,为了保持合理的桨叶角度,需要提高风扇的转速,使得风扇叶尖气流马赫数过高而产生压缩性或激波,增大风扇损失。

## 3.1.2  桨毂比

由风扇叶片设计时用到的叶栅理论,为使风扇在更高效率下运行,风扇桨叶的升阻比 $L/D$ 要达到 50 或者更高。无限翼展的流动可通过在风扇桨叶根部和梢部加两个端板的方法来模拟,风扇根部的大整流罩或"桨毂"可起端板作用,而要是将洞壁和桨叶梢之间的间隙保持很小,则洞壁即成为叶梢的端板。由此,通过采用大桨毂比及严格控制风扇叶顶间隙,则风扇的桨叶可以认为具有与其二维叶栅叶型近似相同的二维气动特性。

从风扇效率出发,桨毂比是风扇方案设计时必须确定的参数。风扇段直径确定后,桨毂比直接关系到风扇桨叶及整流罩通道内的气流轴向速度,对整个风扇系统的气动效率有较大的影响,常规风洞风扇系统的桨毂比为 0.40 ~ 0.75。采用大桨毂比的风扇,可减小风扇环形通道的横截面积,提高气流速度,这样,在相同前进比的条件下,可以降低风扇转速;但同时整流罩尺寸增大,导致气流经过止旋片后的扩散损失增加。桨毂比取值小时,可以使得风扇环形通道内部的气流速度降低,扩散和摩擦损失较小,然而旋转叶片的做功能力减弱。对于旋转做功的风扇叶片,较高的轴向速度可以让风扇叶片的效率更高,这就要求桨毂比值要偏大。风扇整流罩尾罩的扩压损失也是风扇段损失的较大贡献部分,此损失系数与桨毂比及风扇的性能要求有较大的关系。当风扇压升较大时,风扇整流罩损失在风扇段整个损失中占的比例较小,反之则较大。

风扇的压升系数为总压升与入口速压之比,即

$$K_{th} = \frac{\Delta P_0}{\frac{1}{2}\rho V_a^2 \eta} \tag{3-1}$$

式中　$\eta$——风扇段效率;

　　　$\Delta P_0$——风扇总压升(Pa);

　　　$\rho$——空气密度(kg/m³);

　　　$V_a$——风扇叶片平均轴向速度(m/s)。

风扇整流罩尾罩扩压损失系数记为 $K_D$,则效率损失假设为 $K_D/K_{th}$。图3-1给出了 $K_D/K_{th}$ 随风扇压升系数 $K_{th}$ 变化的关系。$K_{th}$ 值较小,对应的是低压大流量风扇;$K_{th}$ 值较大,对应的是高压小流量风扇。从图中可以看出,对于较小的压升系数,桨毂比越小,风扇整流罩损失系数就越小,这样的风扇系统选择小桨毂比会对风扇的整体效率的提升带来帮助;而当压升系数较大时,不同桨毂比差别所带来的风扇整流罩损失系数相互差别较小,因而对于大压升系数的风扇系统,桨毂比的选取更多地考虑风扇叶片的当地速度,适当选取大的桨毂比有利于风扇效率的提升。

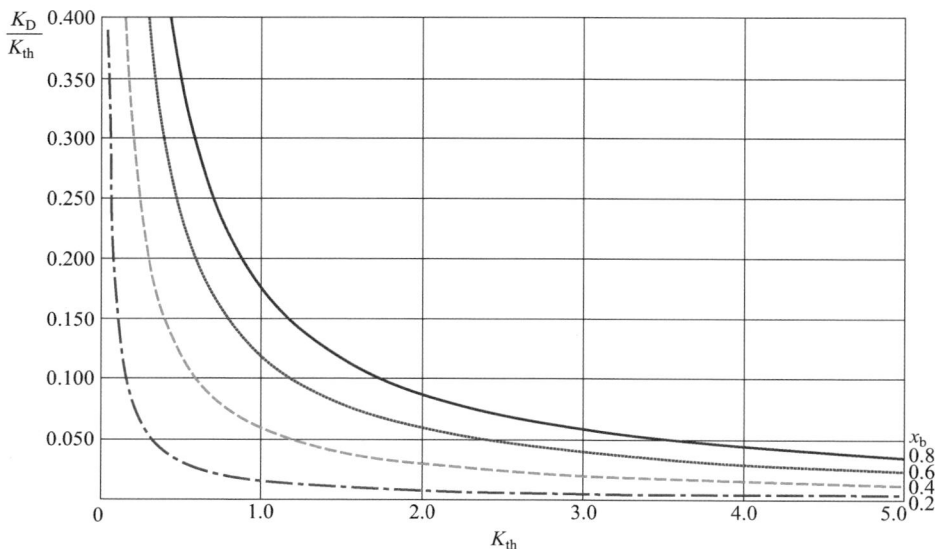

图3-1　整流罩尾罩损失系数与桨毂比的关系

由此可见,在风扇设计初期进行风扇桨毂比的选择时,需根据风扇的性能要求做出正确的判断:低压大流量的风扇系统,在内置电机尺寸允许的情况下尽量选择小桨毂比;高压小流量的风扇系统采用大的桨毂比来提高风扇的气动效率和做功能力。

### 3.1.3　风扇转速

常规风扇设计中,风扇转速一般取得较高,这样就可以在提升风扇效率的同时尽量降低桨叶径向各位置的升力系数,避免风扇运行在与设计点差别较大的非设计点出现叶尖或叶根失速的现象发生。但是转速不能太高,过高的转速会导致叶尖处的气流产生压缩性效应,影响选取叶型的气动性能,导致风扇实际工作时的状态与理论设计时相差较大。一般而言,叶尖马赫数的上限为 0.5。在风扇实际设计时,可根据需要选择叶尖速度,理论上叶尖马赫数控制在 0.5 以下时所对应的风扇转速都不会与风扇设计时所做的假设产生较大偏差。

风扇转速的确定要根据风扇径向各设计站点截面的前进比来综合考虑。图 2 – 44 给出了风扇气动效率与前进比和升阻比的关系,可以看出高的风扇效率很大程度取决于适当的前进比。在来流速度一定的条件下,大的前进比意味着有较低的风扇转速,这样,就需要选用低转速的电机或采用变速传动系统。为保证风扇有较高的气动效率,统计结果表明,一般选取风扇叶片展长中间位置处的桨叶前进比 0.7 ~ 1.0 是较为理想的。

## 3.2 转子叶片设计方法 – 自由涡

### 3.2.1 设计假设

风扇系统的气动设计,其核心为转子叶片的设计,转子叶片(也称为桨叶)将机械能转化为压力能,提供给气流推力以克服洞体回路中的压力损失。工程上桨叶的设计方法主要有自由涡和任意涡两种设计方法,本节主要针对自由涡风扇设计方法进行介绍。

基于叶栅二维流动理论,自由涡风扇设计方法对风扇内部的流动做了一些假设和近似,以便于开展设计计算:

(1)风扇段内的气流轴向速度处处相同。桨叶的展向,即沿风扇半径方向,没有轴向速度梯度。风扇前后的管道截面不变,因而沿轴向的速度也一致,由此轴向速度处处相同。如果风扇入口来流均匀,且风扇整流罩头罩设计合理,基本均匀的轴向气流速度即可实现。

(2)气流经过风扇后,沿桨叶展向的压力增量是常数。即流过桨叶的任何一个基元级剖面,气流都得到相同的总压力增量。

(3)忽略桨叶运动的间隙性,认为风扇对气流的作用在每一个半径为 r 的圆周上是完全均匀的。

由上述假定可见判断,气流沿桨叶展向没有流动,不存在径向流动、各层流动互不掺混。这样,气流通过桨叶剖面的流动具有二维性质,在风扇设计时,可以将环形叶栅在任意半径处展开,将叶栅的二维气动特性运用于桨叶剖面设计。

## 3.2.2 桨叶上下游的压力关系

进行桨叶的详细设计,必须先掌握气流在风扇系统内部的流动过程及沿流向各位置的速度和压力的变化关系,风扇系统布局如图 3 - 2 所示。

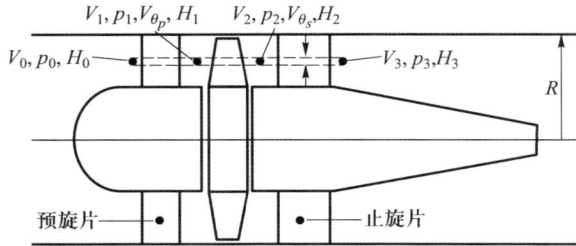

图 3 - 2 风扇系统布局

一般而言,风扇沿流向的部件分别为预旋片、桨叶及止旋片。其中截面 0 位于预旋片上游,截面 1 位于预旋片下游、桨叶上游,截面 2 位于桨叶下游、止旋片上游,截面 3 位于止旋片下游。在风扇桨叶上下游的环形通道内,取一环形通道微元,圆环半径为 $r$,圆环宽度为 $dr$。忽略气流沿桨叶的径向流动,该微元内气流经过风扇后,静压升高,并且产生旋转方向与风扇转动方向一致的周向诱导旋转速度;气流经止旋片后,周向旋转速度的能量转变为压力能,气流静压进一步升高。各截面处的能量方程为

$$H_0 = p_0 + \frac{1}{2}\rho V_0^2 \tag{3-2}$$

$$H_1 = p_1 + \frac{1}{2}\rho V_1^2 + \frac{1}{2}\rho U_{\theta P}^2 \tag{3-3}$$

$$H_2 = p_2 + \frac{1}{2}\rho V_2^2 + \frac{1}{2}\rho U_{\theta S}^2 \tag{3-4}$$

$$H_3 = p_3 + \frac{1}{2}\rho V_3^2 \tag{3-5}$$

式中:$H$、$p$、$\rho$、$V$ 分别为风扇的总压、静压、密度和轴向速度;$U_{\theta P}$ 为气流在桨叶前因预旋片而带来的旋转速度,等于周向诱导旋转角速度与半径的乘积,即 $\omega_P r$;$U_{\theta S}$ 为气流通过桨叶后的旋转角速度,等于周向诱导旋转角速度与半径的乘积,即 $\omega_S r$。$H_3 - H_0$ 为气流经过动静叶后的总压升,又可以表示为

$$H_3 - H_0 = \Delta h_{th} - \Delta h_R - \Delta h_P - \Delta h_S \tag{3-6}$$

其中:$\Delta h_{th}$ 为气流经过风扇的总压升的理论值。

理论值是假设风扇没有损失,效率为 100%,则风扇从电机吸收的能量全部传给气流,转化为气流的总压升高。但实际上,气流经过预旋片、桨叶、止旋片是

会产生压力损失的。经过风扇系统的总压升高值 $H_3 - H_0$ 应为总压升高的理论值 $\Delta h_{th}$ 减去桨叶损失 $\Delta h_R$、预旋片损失 $\Delta h_P$ 和止旋片损失 $\Delta h_S$。

对于风洞低速不可压轴流风扇,假设在环形通道内气流沿轴向的速度处处相等,即 $V_0 = V_1 = V_2 = V_3 = V$,将式(3 - 6)无量纲处理,同时除以 $\frac{1}{2}\rho V^2$,得到各部件的压力损失系数,即

$$\frac{H_3 - H_0}{\frac{1}{2}\rho V^2} = K_{th} - K_R - K_P - K_S \quad\quad (3 - 7)$$

式中

$$K_{th} = \frac{\Delta h_{th}}{\frac{1}{2}\rho V^2} \quad\quad (3 - 8)$$

$$K_R = \frac{\Delta h_R}{\frac{1}{2}\rho V^2} \qu\quad (3 - 9)$$

$$K_P = \frac{\Delta h_P}{\frac{1}{2}\rho V^2} \quad\quad (3 - 10)$$

$$K_S = \frac{\Delta h_S}{\frac{1}{2}\rho V^2} \quad\quad (3 - 11)$$

根据动量矩定理,风扇从动力机械吸收的能量为转动能,等于桨叶各叶片扭矩与旋转速度的乘积之和。在微圆环形通道内,则为角速度乘以各个桨叶剖面的微元扭矩之和 $dQ$。$dQ$ 可以从气流经过风扇后的角动量变化而得到。考虑风扇上下游气流的旋转速度,则有

$$dQ = \rho V^2 2\pi r dr(\omega_P + \omega_S)r^2 \quad\quad (3 - 12)$$

风扇的转动能量全部有效地转化为气流的压力能,则气流的总压升应该达到理论压升 $\Delta h_{th}$,则有

$$\Delta h_{th} 2\pi r V dr = \Omega dQ \quad\quad (3 - 13)$$

上述公式阐述了风扇在气流流动方向上各部件之间的能量关系。

## 3.2.3 风扇前后的能量关系

实度是风扇设计的重要参数,其与半径的关系如下:

$$\sigma = \frac{cB}{2\pi r} \tag{3-14}$$

若沿桨叶展向弦长不变,则 $\sigma$ 与 $r$ 成反比。一般桨叶根部的弦长更大一些,沿叶片展向各半径处的弦长 $c$ 和半径 $r$ 成反比,所以 $\sigma$ 与 $r^2$ 成反比,因而根部实度最大。若实度比较小,相邻叶片之间的干扰并不明显,工程上孤立叶型剖面的数据可以应用于桨叶设计中。根据经验,若实度与剖面升力系数的乘积大于1,则必须考虑叶片之间的干扰。在一个圆周上,气流相当于通过一个二维叶栅。若气流经过风扇系统的压力增量不是很大,则叶剖面的实度与升力系数都不需要大于1,则可以忽略叶片之间的相互干扰。

风扇流道内气流的旋转速度分为两类:一类是气流通过预旋片后,在桨叶上游形成的方向与桨叶旋转方向相反的周向诱导旋转速度;另一类是气流通过桨叶后,在桨叶下游产生的与桨叶旋转方向相同的周向诱导旋转速度。根据动量矩定理,桨叶的扭矩可由旋转角速度的变化而度量。假定气流在轴向的分速度是处处相同的,并且总压升高量沿半径方向保持不变,则 $\varepsilon$ 与 $r$ 成反比,$\omega$ 与 $r^2$ 成反比,这样的旋转相当于一个自由涡的流动。

预旋片与桨叶之间气流的旋转系数以 $\varepsilon_{\mathrm{P}}$ 表示,定义与桨叶旋转的反方向为正。止旋片和桨叶之间气流的旋转系数以 $\varepsilon_{\mathrm{S}}$ 表示,定义与风扇桨叶旋转同方向相同为正。则有

$$\varepsilon_{\mathrm{P}} = \frac{\omega_{\mathrm{P}} r}{V} \tag{3-15}$$

$$\varepsilon_{\mathrm{S}} = \frac{\omega_{\mathrm{S}} r}{V} \tag{3-16}$$

对于风扇桨叶前后的压力有如下关系:

$$H_2 - H_1 = \Delta h_{\mathrm{th}} - \Delta h_{\mathrm{R}} \tag{3-17}$$

由式(3-3)和式(3-4)可得

$$p_2 - p_1 = H_2 - H_1 + \frac{1}{2}\rho(\omega_{\mathrm{P}}^2 - \omega_{\mathrm{S}}^2)r^2 \tag{3-18}$$

结合式(3-7)和式(3-18),可得

$$p_2 - p_1 = \frac{1}{2}\rho V^2(K_{\mathrm{th}} - K_{\mathrm{R}} + \varepsilon_{\mathrm{P}}^2 - \varepsilon_{\mathrm{S}}^2) \tag{3-19}$$

结合式(3-18)、式(3-19)和式(3-12)、式(3-13),结合前进比和旋转系数的定义,可得桨叶压升系数与旋转系数的关系为

$$K_{\mathrm{th}} = \frac{2}{\lambda}(\varepsilon_{\mathrm{P}} + \varepsilon_{\mathrm{S}}) \tag{3-20}$$

若风扇系统仅有止旋片(或预旋片)时,则有 $\varepsilon_P = 0$ 或 $\varepsilon_S = 0$。在进行风扇设计时,给定气流轴向速度及风扇转速,风扇半径方向各位置的前进比就为已知,若再给定风扇系统所必须产生的总压升以及总效率,就可计算得到 $\Delta h_{th}$,则从式(3 - 20)可确定旋转系数 $\varepsilon$,进而可以计算出风扇的其他设计参数。

前面已假定沿半径方向的压升为常数,也就是风扇系统的压升与半径 $r$ 无关,因此,$\varepsilon/\lambda$ 与半径无关,是一个常数。而由于 $\lambda$ 与 $r$ 成反比,因此 $\varepsilon$ 也与 $r$ 成反比。

## 3.2.4 桨叶当地的速度大小及方向

半径为 $r$ 处的桨叶叶剖面及其上下游的气流速度三角形如图 3 - 3 所示。在叶剖面上游,预旋片造成的旋转速度为 $\omega_P r$。在叶剖面处,桨叶的转动角速度为 $\Omega$,则气流相对旋转速度为 $\Omega r$。在叶剖面下游,气流的诱导旋转速度为 $\omega_S r$。因此,在桨叶旋转的平面内,距轮毂中心 $r$ 处的气流相对旋转速度为

$$U_R = \Omega r - 0.5(\omega_S - \omega_P)r \tag{3-21}$$

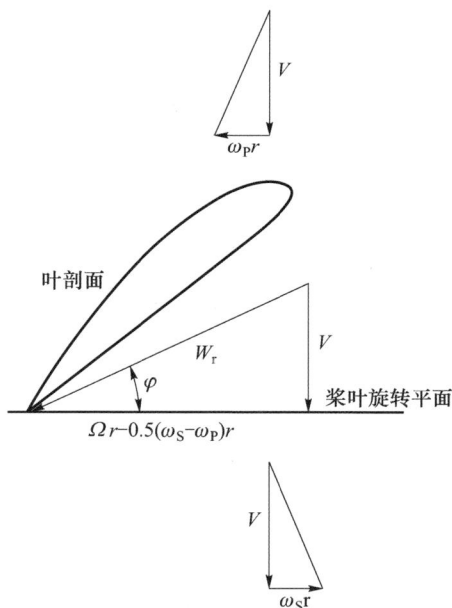

图 3 - 3  桨叶剖面的工作情况

定义桨叶剖面轴向速度 $V$ 和周向速度 $U_R$ 的合速度为 $W_r$,$W_r$ 与桨叶旋转平面(即与 $U_R$)的夹角为前进角,用 $\varphi$ 表示,则有

$$\tan\varphi = \frac{V}{\Omega r - 0.5(\omega_S - \omega_P)r} = \frac{\lambda}{1 - 0.5(\varepsilon_S - \varepsilon_P)\lambda} \tag{3-22}$$

在得到风扇桨叶各剖面的速度具体构成后,可以得到前进角,进而为确定径向不同位置叶剖面安装角带来便利。

### 3.2.5 叶剖面的轴向力与切向力

风扇旋转对气流做功,使得气流获得沿流动方向的压力增量。反过来,叶片会受到与气流压力增量方向相反的作用力,称为轴向力,$F_Y$ 则有

$$F_X = (p_2 - p_1)Sdr \tag{3-23}$$

二维叶型在低速气流作用下,会受到升力和阻力,这种受力方式同样存在于风扇的桨叶剖面上。图 3-4 给出了桨叶剖面上受到的气动力,其中,升力和阻力是叶型在迎接气流而产生的,轴向力和切向力可以理解成升力和阻力的分力构成。

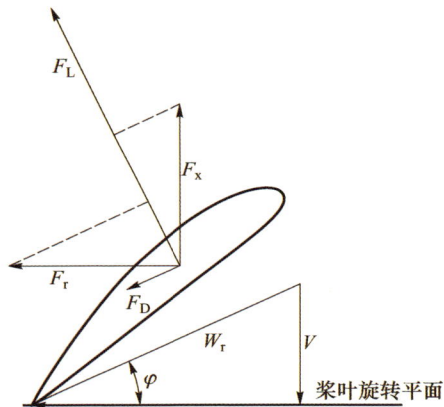

图 3-4 翼剖面受到的气动力

对于每一个 $dr$ 单元,其升力和阻力如下:

$$F_L = C_L \left( \frac{1}{2}\rho W_r^2 cdr \right) \tag{3-24}$$

$$F_D = C_D \left( \frac{1}{2}\rho W_r^2 cdr \right) \tag{3-25}$$

风扇桨叶受到的轴向力与切向力的关系为:

$$F_L = F_T \sin\varphi + F_X \cos\varphi \tag{3-26}$$

$$F_L = F_T \cos\varphi - F_X \sin\varphi \tag{3-27}$$

结合式(3-24)~式(3-27)及式(3-15)、式(3-16),可得

$$C_L = 2\frac{s}{c}(\varepsilon_P + \varepsilon_S)\sin\varphi - C_D \cot\varphi \tag{3-28}$$

$$C_{\mathrm{D}} = \frac{s}{c} K_{\mathrm{R}} \sin^3 \varphi \qquad (3-29)$$

风扇运行时,其桨叶翼型的升阻比较大,因此相对于升力而言,阻力是可以忽略的小量。则有

$$C_{\mathrm{L}} = 2 \frac{s}{c} (\varepsilon_{\mathrm{P}} + \varepsilon_{\mathrm{S}}) \sin\varphi \qquad (3-30)$$

结合实度的定义,可得

$$C_{\mathrm{L}} \sigma = 2 (\varepsilon_{\mathrm{P}} + \varepsilon_{\mathrm{S}}) \sin\varphi \qquad (3-31)$$

式中: $C_{\mathrm{L}}\sigma$ 为风扇的载荷因子,体现了风扇的做功能力。

# 3.3 转子叶片设计——任意涡设计方法

## 3.3.1 设计假设

任意涡设计方法也是基于叶素理论假设的。此方法与自由涡设计方法相比,主要区别是:不再要求风扇桨叶叶片环量在径向处处相等,而是可依据风扇入口实际的来流情况,通过调整叶片径向的旋转系数分布得到均匀的出口速度分布,优化风扇段下游扩散段的入口流动特性,以使扩散段获得更好的压力恢复性能。同时,适当地调整叶片的载荷分布,尽量发挥桨叶尖部的做功能力,提高风扇的气动效率。

## 3.3.2 桨叶上下游的压力关系

由于任意涡设计方法主要针对高气动性能的风扇系统,一般不考虑在风扇桨叶的上游布置预旋片,因此任意涡方法设计的风扇主要由桨叶和止旋片构成。图 3-5 给出了桨叶前后位置。

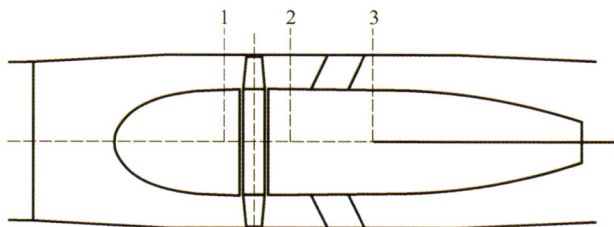

图 3-5 桨叶前后位置

图中截面 1 位于桨叶上游,截面 2 位于桨叶和止旋片之间,截面 3 位于止旋片下游。图中各截面处的伯努利方程为

$$H_1 = p_1 + \frac{1}{2}\rho V_1^2 \tag{3-32}$$

$$H_2 = p_2 + \frac{1}{2}\rho V_2^2 + \frac{1}{2}\rho(\omega_S r)^2 \tag{3-33}$$

$$H_3 = p_3 + \frac{1}{2}\rho V_3^2 \tag{3-34}$$

以上各式中：$H$、$p$、$\rho$ 分别为总压、静压、密度；$\omega_S$ 为气流在风扇后的旋转角速度。

由于没有预旋片，则得到风扇扭矩与其轴向速度及旋转速度之间的关系，即

$$dQ = \rho V_1^2 2\pi r dr \cdot \omega_S r^2 \tag{3-35}$$

结合式（3-32）、式（3-33）及式（3-35），可得

$$\Delta h_{th2} = H_2 - H_1 = \rho \Omega \omega_S r^2 \tag{3-36}$$

为避免桨叶旋转时沿径向的气流流动，需要建立桨叶下游截面 2 中径向压力和流动之间的平衡关系，如图 3-6 所示。

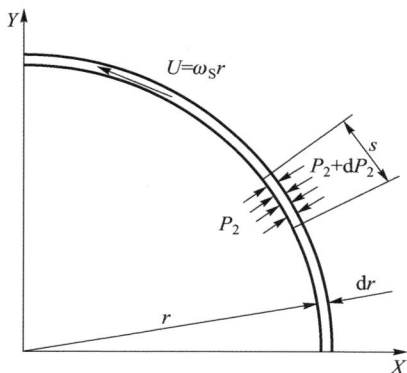

图 3-6 桨叶旋转微元（1/4）

类似于自由涡设计方法，在风扇桨叶上下游的环形通道内取一环形通道微元，圆环半径为 $r$，圆环宽度为 $dr$，该微元在径向上存在静压差为 $dP_2$，并且产生旋转方向与风扇转动方向一致的周向旋转速度 $U$。该微元的旋转角速度为 $\omega$，则受到的离心力为

$$F_C = \frac{mU^2}{r} = S \cdot dr \cdot \rho \frac{(\omega_S r)^2}{r} \tag{3-37}$$

微元受到半径方向的压力为

$$F_P = S \cdot dP_2 \tag{3-38}$$

径向平衡要求离心力与压力相等，结合式（3-37）与式（3-38），可得

$$\frac{\mathrm{d}P_2}{\mathrm{d}r} = \rho \frac{(\omega_s r)^2}{r} \tag{3-39}$$

### 3.3.3　旋转系数与入口速度

在自由涡设计方法中,假设风扇段环形通道内轴向速度是处处相同,而且不同径向位置的压升也相同,则推论出 $\varepsilon_s$ 与 $r$ 成反比。这样的旋转速度分布与自由涡相似,所以称其为自由涡设计方法。而在任意涡设计方法中,一方面不要求轴向速度处处相等,另一方面不同径向位置的总压升也可不同,所对应旋转速度 $\varepsilon_s$ 的分布是可调。这也是任意涡设计方法和自由涡设计方法最重要的区别。

为简化风扇设计的计算过程,旋转系数可按照线性分布,具体形式为

$$\varepsilon_s = a + bx \tag{3-40}$$

式中:$a$、$b$ 均为常数;$x$ 为半径 $r$ 与风扇段半径 $R$ 的比值,即 $x = \dfrac{r}{R}$。

根据多个风洞轴流风扇的设计与实测结果,风扇桨叶入口的轴向速度分布也可简化成线性分布,具体形式为

$$V_1 = c + ex \tag{3-41}$$

式中:$c$、$e$ 均为常数。

在桨叶的半径方向可以找到轴向速度与整个截面的平均轴向速度相等位置,这个位置定义为桨叶的平均半径,用 $X_V$ 表示。

桨叶流道的气流体积流量为

$$Q = 2\pi \int_{r_b}^{r} V_1 r \mathrm{d}r \tag{3-42}$$

式中:$r_b$ 为桨毂半径。

桨叶流道的面积为

$$S_B = \pi(r^2 - r_b^2) \tag{3-43}$$

由式(3-41)、式(3-42),可得桨叶通道的平均速度为

$$\overline{V} = \frac{2}{1 - x_b^2} \int_{x_b}^{1} V_1 X \mathrm{d}X \tag{3-44}$$

结合式(3-41)和式(3-44),可得

$$\overline{V} = \left[ (V_1 - ex) + \frac{2e}{3}\left(\frac{1 - x_b^3}{1 - x_b^2}\right) \right] \tag{3-45}$$

在平均半径位置,$V_1 = \overline{V}$,则平均半径为

$$x_V = \frac{2}{3}\left(\frac{1 + x_b + x_b^2}{1 + x_b}\right) \tag{3-46}$$

与自由涡设计方法类似,可得到平均半径位置的压升系数、前进比及旋转系数之间的关系,即:

$$K_{\mathrm{thV}} = \frac{2\varepsilon_{\mathrm{V}}}{\lambda_{\mathrm{V}}} \tag{3-47}$$

## 3.3.4　桨叶轴向速度分布

在自由涡设计方法中,由于假定沿径向各位置总压升保持不变,即 $\Delta h_{\mathrm{th2}}$ 是定值, $\omega_{\mathrm{s}}r^2$ 也是不变的, $\lambda_{\mathrm{s}}$ 和 $\varepsilon_{\mathrm{s}}$ 都和半径 $r$ 成反比。在风扇的设计点处,只要选定了风扇转速 $\Omega, \lambda_{\mathrm{s}}$ 就确定了前进比,则可以计算出叶剖面的速度场。

在任意涡设计方法中,气流的旋转系数可以选择不同的分布,从而对应不同的风扇性能(一般假设气流旋转系数沿径向线性变化)。设计中,由于桨叶径向各位置产生的压升不一致,则假定桨叶径向平均半径位置的压升与风扇桨叶产生的等效压升一致,气流在径向上的平均旋转系数可以通过式(3-47)计算得到。为了能计算出叶剖面处的平均速度场,需要首先计算出桨叶下游截面 2 的速度分布。

结合式(3-32)、式(3-33)和式(3-36),可得

$$\Omega\rho\omega_{\mathrm{s}}r^2 = p_2 - p_1 + \frac{1}{2}\rho(V_2^2 - V_1^2) + \frac{1}{2}\rho(\omega_{\mathrm{s}}r)^2 \tag{3-48}$$

式(3-48)两边同时除以 $\frac{\rho V^2}{2}$,并且代入 $\lambda_{\mathrm{s}}$ 和 $\varepsilon_{\mathrm{s}}$,可得

$$\left(\frac{V_2}{V}\right)^2 - \left(\frac{V_1}{V}\right)^2 = \frac{2\varepsilon_{\mathrm{s}}}{\lambda_{\mathrm{s}}} - (\varepsilon_{\mathrm{s}})^2 - \frac{p_2 - p_1}{\frac{1}{2}\rho V^2} \tag{3-49}$$

式(3-49)是桨叶下游气流必须满足的基本条件。当对式(3-39)进行积分,式(3-49)中的压力将换成积分形式。由于在平均半径位置 $X_{\mathrm{V}}$ 的轴向速度、压力、旋转速度等参数都能确定,则桨叶下游截面 2 其他径向位置的压力可根据下式计算得到:

$$p_2 - p_{2x_{\mathrm{V}}} = \int_{x_{\mathrm{V}}}^{x} \frac{(\omega_{\mathrm{s}}r)^2}{x}\mathrm{d}x \tag{3-50}$$

由式(3-49)和式(3-50)可得

$$\frac{P_2 - P_1}{\frac{1}{2}\rho V^2} = 2\int_{x_{\mathrm{V}}}^{x} \frac{\varepsilon_{\mathrm{s}}^2}{x}\mathrm{d}x + \left[\frac{p_2 - p_1}{\frac{1}{2}\rho V^2}\right]_{x_{\mathrm{V}}} \tag{3-51}$$

在径向位置 $x = X_V$ 处解方程式（3 - 49），可得

$$\left[ \frac{p_2 - p_1}{\frac{1}{2}\rho V^2} \right]_{x_V} = \left[ \frac{2\varepsilon_S}{\lambda_S} - \varepsilon_S^2 \right]_{x_V} \qquad (3 - 52)$$

结合式（3 - 49）、式（3 - 51）和式（3 - 52），可得

$$\frac{V_2}{V} = \sqrt{ \left( \frac{V_1}{V} \right)^2 + \left[ \frac{2\varepsilon_S}{\lambda_S} - \varepsilon_S^2 \right] - \left[ \frac{2\varepsilon_S}{\lambda_S} - \varepsilon_S^2 \right]_{x_V} - 2\int_{x_V}^{x} \frac{\varepsilon_S^2}{x} \mathrm{d}x } \qquad (3 - 53)$$

由此，桨叶出口径向各位置的气流的轴向速度 $V_2$，在获得入口速度条件、假设旋转系数分布情况下，能够通过式（3 - 53）求出。旋转系数积分后如下：

$$2\int_{x_V}^{x} \frac{\varepsilon_S^2}{x} \mathrm{d}x = ( 2a^2\ln x + b^2 x^2 + 4abx ) - [ 2a^2\ln x + b^2 x^2 + 4abx ]_{x_V}$$

$$(3 - 54)$$

### 3.3.5　止旋片轴向速度分布

气流通过止旋片后，旋转方向的速度分量得到消除。由于气流通过止旋片后的压力损失很小，可以假设 $H_3 = H_2$，则综合式（3 - 33）和式（3 - 34），可得

$$\frac{p_3 - p_2}{\frac{1}{2}\rho V^2} + \left( \frac{V_3}{V} \right)^2 - \left( \frac{V_2}{V} \right)^2 - ( \varepsilon_S )^2 = 0 \qquad (3 - 55)$$

假设止旋片出口截面 3 的静压在径向处处相等，则止旋片出口的轴向速度分布可由下式求出：

$$\frac{V_3}{V} = \sqrt{ \left( \frac{V_2}{V} \right)^2 + \varepsilon_S^2 - [ \varepsilon_S^2 ]_{x_V} + 2\int_{x_V}^{x} \frac{\varepsilon_S^2}{x} \mathrm{d}x } \qquad (3 - 56)$$

这样，可根据假设的旋转速度分布 $\varepsilon_S$ 计算出各基元级叶型的速度三角形和气流参数，运用和自由涡设计方法一样的步骤，确定桨叶与止旋片的几何参数。

## 3.4　导叶设计

### 3.4.1　预旋片设计

预旋片上游的气流为没有旋转的单一轴向流动，其速度与当地截面的平均速度一致，经过预旋片后，轴向速度保持不变，但增加了一个旋转速度，此旋转速度的旋转方向与风扇的转动方向相反，这样经过风扇后，预旋片所引起的旋转与风扇诱导的下游气流旋转抵消，使得风扇下游的流动没有旋转，为单一的轴向流动。预旋片剖面的速度矢量图如图 3 - 7 所示。

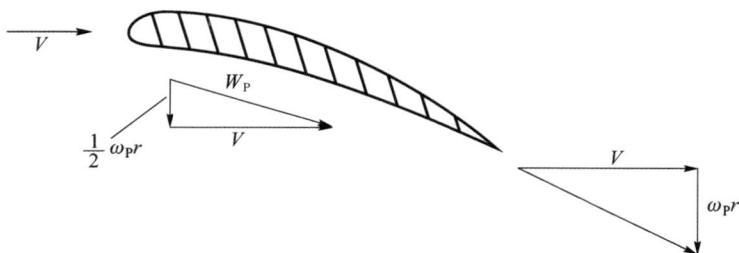

图 3 - 7 预旋片剖面的速度矢量图

预旋片可以看成旋转速度为零的风扇叶片。其上游的气流没有旋转,而经过预旋片后,气流存在旋转,旋转系数为 $\varepsilon_P$,则翼剖面处的旋转系数为 $\frac{1}{2}\varepsilon_P$。由于没有旋转,则预旋片相对于气流的旋转速度也就为 $\frac{1}{2}\varepsilon_P r$,而轴向速度为 $V$,因此相对来流与假想的叶片旋转平面的夹角 $\varphi_P$,即

$$\varphi_P = \arctan \frac{2}{\varepsilon_P} \qquad (3-57)$$

与风扇桨叶的推算过程类似,可以得到预旋片剖面升力系数与阻力系数分别为

$$C_{Lp} = 2\frac{s_P}{c_P}\varepsilon_P \sin\varphi_P \qquad (3-58)$$

$$C_{Dp} = 2\frac{s_P}{c_P}K_P \sin^3\varphi_P \qquad (3-59)$$

即有

$$C_{Lp}\sigma_P = 2\varepsilon_P \sin\varphi_P \qquad (3-60)$$

升阻比为

$$\upsilon = \frac{2\varepsilon_P}{K_P \sin^2\varphi_P} \qquad (3-61)$$

结合式(3-20),如果风扇系统只有预旋片而没有止旋片,则 $\varepsilon_S = 0$。可得

$$\upsilon \frac{K_P}{K_{th}} = \frac{\lambda}{\sin^2\varphi_P} \qquad (3-62)$$

这样,若已知预旋片径向各截面的升力、阻力,则能够计算得到预旋片的损失 $\frac{K_P}{K_{th}}$。

在预旋片的具体设计时,通常采用叶栅设计法,将整个预旋片轴向环面考虑

成叶栅形式,其工作情况图如图 3-8 所示。由图可以看到,预旋片轴向来流与叶型中弧线的前缘切线平行,经过预旋片叶型剖面后,气流速度方向与中弧线的后缘切线成 $\delta$ 角度,该角度称为气流出口落后角。

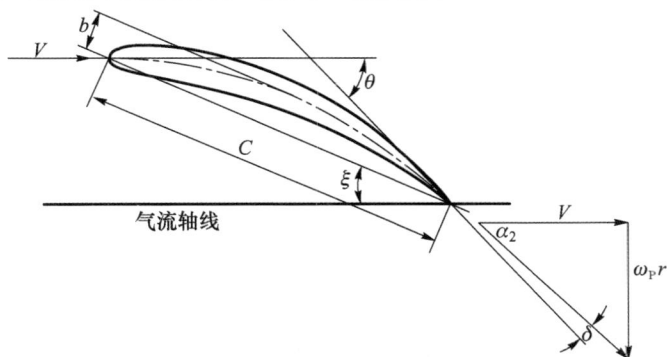

图 3-8 预旋片工作情况

弯度角满足

$$\theta = \alpha_2 + \delta \qquad (3-63)$$

气流偏转角满足

$$\alpha_2 = \arctan\varepsilon_P \qquad (3-64)$$

气流出口落后角为

$$\delta = 0.26\theta\sqrt{\frac{s_P}{c_P}} \qquad (3-65)$$

因此,可得到

$$\theta = \frac{\alpha_2}{1 - 0.26\sqrt{\dfrac{s_P}{c_P}}} \qquad (3-66)$$

预旋片的安装角为

$$\xi_P = \frac{\theta}{2} \qquad (3-67)$$

根据风扇段的压升,可计算出各剖面的气流旋转系数 $\varepsilon_P$,根据经验,当 $\varepsilon_P < 0.7$ 时,可取 $\dfrac{s_P}{c_P} = 1.5$;当 $\varepsilon_P > 0.7$ 时,可按照下式计算,即

$$\frac{s_P}{c_P} = \frac{1}{\varepsilon_P \sin\varphi_P} \qquad (3-68)$$

这样,预旋片的几何参数均可确定。气流通过预旋片,轴向速度保持不变,

但是增加了一个旋转速度,因此是一个加速过程;一部分的压力能转变成动能,压力减小,因而是一个减压过程。这样就可以允许旋转系数大一些,一般要求 $\varepsilon_P \leqslant 1.5$。

### 3.4.2 止旋片设计

止旋片上游的气流存在周向的旋转分速度,气流通过止旋片后,旋转的速度分量被消除,变成单一的轴向流动,旋转的动能转化为压力的增量。气流经过止旋片的流动情况如图 3-9 所示。由于气流通过止旋片是一个减速扩压过程,为防止减速扩压容易产生的气流分离,因此在设计阶段,止旋片的旋转系数 $\varepsilon_S$ 比预旋片的旋转系数 $\varepsilon_P$ 要小,其限定值 $\varepsilon_S \leqslant 1$。

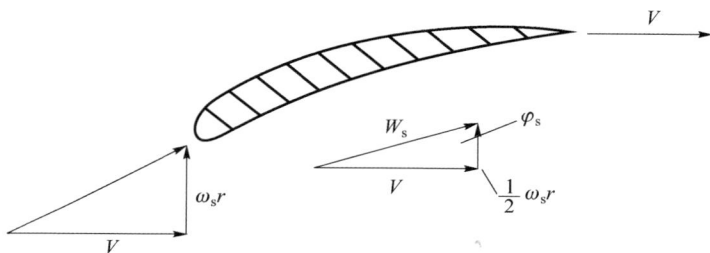

图 3-9 止旋片剖面的速度矢量图

止旋片可看成旋转速度为零的风扇叶片。其上游的气流旋转系数为 $\varepsilon_S$,则翼剖面处的旋转系数为 $\frac{1}{2}\varepsilon_S$。由于止旋片没有旋转,则止旋片相对于气流的旋转速度为 $\frac{1}{2}\varepsilon_S r$,而轴向速度为 $U$,因此相对来流与假想叶片旋转平面的夹角为:

$$\varphi_S = \arctan \frac{2}{\varepsilon_S} \tag{3-69}$$

与风扇桨叶的推算过程类似,可以得到止旋片剖面升力系数与阻力系数分别为

$$C_{LS} = 2\frac{s_S}{c_S}\varepsilon_S \sin\varphi_S \tag{3-70}$$

$$C_{DS} = 2\frac{s_S}{c_S}K_S \sin^3\varphi_S \tag{3-71}$$

即有

$$C_{SL}\sigma_S = 2\varepsilon_S \sin\varphi_S \tag{3-72}$$

升阻比为

$$\kappa = \frac{2\varepsilon_{\mathrm{S}}}{K_{\mathrm{S}}\sin^2\varphi_{\mathrm{S}}} \qquad (3-73)$$

结合式(3 - 20),如果风扇系统只有止旋片而没有预旋片,则 $\varepsilon_{\mathrm{P}} = 0$。可得

$$\kappa\frac{K_{\mathrm{S}}}{K_{\mathrm{th}}} = \frac{\lambda}{\sin^2\varphi_{\mathrm{S}}} \qquad (3-74)$$

这样,若是已知止旋片径向各截面的升力、阻力,则能够计算得到止旋片的损失 $\dfrac{K_{\mathrm{S}}}{K_{\mathrm{th}}}$。在止旋片的具体设计时,通常采用叶栅设计法,主要是根据叶栅理论导出的圆弧中心线剖面的设计方法。将整个止旋片轴向环面考虑成叶栅形式,其工作情况如图 3 - 10 所示。由图可以看到,在止旋片的前缘处,中弧线的切线与来流平行;在后缘处,轴向气流与中弧线的后缘切线成 $\delta$ 角(出口落后角)。

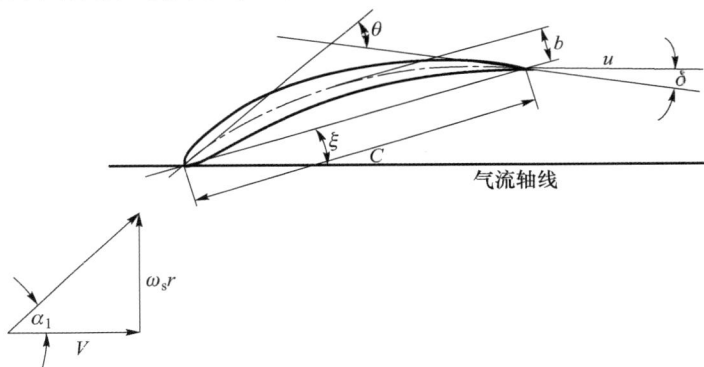

图 3 - 10　止旋片工作情况(出口轴向速度为 $V$)

由图 3 - 10 可以得到弯度角满足

$$\theta = \alpha_1 + \delta \qquad (3-75)$$

气流偏转角满足

$$\alpha_1 = \arctan\varepsilon_{\mathrm{S}} \qquad (3-76)$$

止旋片出口落后角为

$$\delta = 0.26\theta\sqrt{\frac{s_{\mathrm{S}}}{c_{\mathrm{S}}}} \qquad (3-77)$$

因此可得

$$\theta = \frac{\alpha_1}{1 - 0.26\sqrt{\dfrac{s_{\mathrm{S}}}{c_{\mathrm{S}}}}} \qquad (3-78)$$

则止旋片的安装角为

$$\xi_S = \alpha_1 - \frac{\theta}{2} \qquad (3-79)$$

根据风扇段的压升,可以计算出各剖面的气流旋转系数 $\varepsilon_S$,根据经验,当 $\varepsilon_S < 0.5$ 时, $\frac{s_S}{c_S} = 1.5$;当 $\varepsilon_S > 0.5$ 时,则可按照下式计算,即

$$\frac{s_S}{c_S} = \frac{\left(\frac{1}{1+\varepsilon_S^2}\right)^{1.375}}{\varepsilon_S \sin\varphi_S} \qquad (3-80)$$

由此,依据叶片数可计算出止旋片沿展向弦长,止旋片的几何参数完全确定。

预旋片和止旋片在叶型选择上,一般要求失速攻角较大,低升阻比的低速航空叶型都能满足使用要求。常用的叶型有 C4 叶型、NACA4415 叶型和 NACA 系列对称叶型。

## 3.5 其他部件设计

### 3.5.1 外壳体设计

风扇系统的外壳体,实际上是指风扇系统从入口到出口的内部通道。一般而言,风扇系统所包含的预旋片、桨叶、止旋片及前后支撑片所在的通道为等截面圆管道,其横截面为圆。而对整个风洞而言,其回路的其他截面不一定都是圆截面,这就需要在风扇段上游和风扇段下游要布置过渡段。过渡段的形式完全取决于风扇段上下游所衔接部段的形式,在过渡段长度的确定上,主要关心在一定长度的扩散或者收缩过渡段内,尽量避免气流的分离,尽可能为风扇桨叶创造流动品质好的来流,同时减少整个风扇段的压力损失。

### 3.5.2 整流罩头罩设计

一般会在风扇桨叶上游布置整流罩头罩,用于均匀加速来流,以避免分离导致风扇叶片在恶劣的环境下工作而影响性能。头罩的气动外形主要是要求圆滑过渡,头罩的长径比不需要太大,一般达到 1.2 即可。若是不考虑将风扇电机内置于头罩,也可以选用半球体或者半椭圆体的外形,这样在缩减风扇长度的同时也能达到其性能要求。

### 3.5.3 整流罩尾罩设计

风扇整流罩尾罩的压力损失比较大。由于风洞轴流式风扇的桨毂比一般较

大,因而尾罩的长度也相应大一些。气流通过尾罩的流动相当于通过一个扩张管道,可能会产生比较大的流动分离损失。因此,需要精心选择尾罩形状和长径比。可取任一种流线型旋成体的后部作为尾罩外形。根据实践经验,推荐一种旋转体,其最大直径位于距前缘 40% 的长度处,连同桨叶上游的头罩,常用旋成体整流罩如图 3 - 11 所示。此种旋转体的坐标见表 3 - 2 所列,表中的 $L$ 和 $R$ 都是可以独立确定的,这样长径比也是可以根据需要来选择,若是长径比为 3,则整流罩的阻力最小。

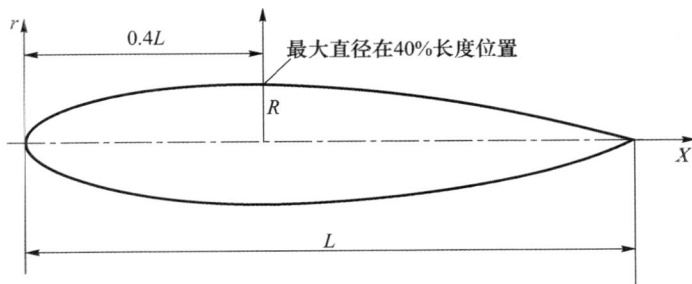

图 3 - 11　整流罩外形

整流罩母线坐标可用以下两个方程计算得到:

当 $0 \leqslant \dfrac{x}{L} \leqslant 0.4$ 时,有

$$\left(\frac{x}{L} - 0.4\right)^2 + 0.16\left(\frac{r}{R}\right)^2 = 0.16 \tag{3 - 81}$$

当 $0.4 \leqslant \dfrac{x}{L} \leqslant 1$ 时,有

$$\left(\frac{x}{L} - 0.4\right)^2 + 0.0679\left(\frac{r}{R}\right)^2 + 0.2924\frac{r}{R} = 0.36 \tag{3 - 82}$$

表 3 - 2　整流罩母线的坐标

| $x/L$ | 0.0 | 0.0125 | 0.025 | 0.05 | 0.10 | 0.20 | 0.30 | 0.40 |
|---|---|---|---|---|---|---|---|---|
| $x/R$ | 0.0 | 0.248 | 0.348 | 0.484 | 0.662 | 0.866 | 0.968 | 1.0 |
| $x/L$ | 0.5 | 0.6 | 0.7 | 0.8 | 0.9 | 0.95 | 1.0 | — |
| $x/R$ | 0.977 | 0.905 | 0.782 | 0.600 | 0.347 | 0.187 | 0 | — |

在部分对风洞流场品质要求高的低速风洞中,为了优化风扇段下游第二扩散段的入口流动特性,尽快衰减整流罩的尾流,也将整流罩尾罩截断,使得整个整流罩尾罩不再是一个圆锥旋转体,而是一个圆柱旋转体,如图 3 - 12 所示。圆柱旋转体形式的尾罩在降低整流罩尾流对风扇段下游扩散段入口气流的影响同时,还在一定程度上缩短了风扇段的长度,减小了风扇段下游的扩散角,也能够

提升风扇段的效率。这种形式的整流罩在国内外声学风洞、汽车风洞等风扇段设计中得到多次应用,取得了不错的效果。

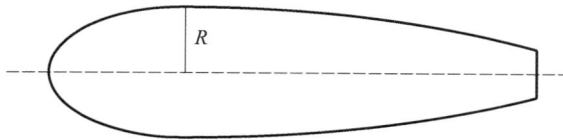

图 3 - 12　尾锥截断的整流罩形式

### 3.5.4　整流罩和扩压段

整流罩尾罩段的外壳体有圆筒形、向外扩散形和收缩形三种基本形状。整流罩也有三种形状,分别为尾流锥形(含截断形式的尾罩)整流罩、整流罩为一段圆形管道从而形成内机壳、带分流叶片的短形整流罩。风扇的整流罩和扩压段形式如图 3 - 13 所示。

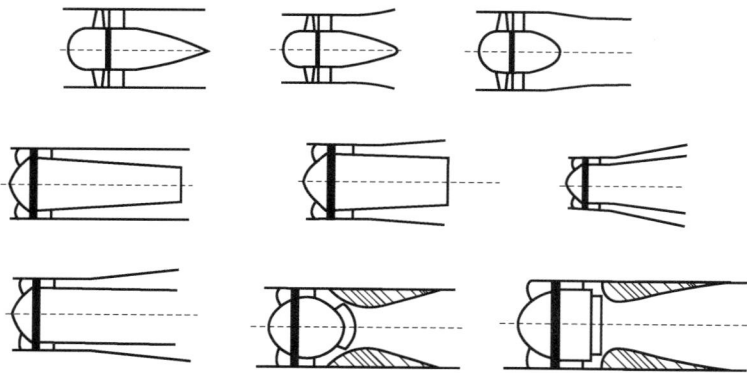

图 3 - 13　整流罩和扩压段形式

标准扩压段有如下三种基本形状:

(1)带有尾流锥形的整流罩,尾罩段的外壳体为圆筒形状;

(2)带有尾流锥形的整流罩,尾罩段的外壳体向下游逐渐扩散;

(3)整流罩很短,尾罩段的外壳体向下游稍作收缩。

此外,还有其他形式的扩压段,多用于轴向加速转子(子午加速转子)的轴流风扇。轴向加速转子的气流流通面积从转子进口至出口不断减小,从而轴向流速分量不断增加。其他几种扩压段有:

(1)带有钝性尾部的尾流锥整流罩和圆筒外壳体的扩压段;

(2)带有钝性尾部的尾流锥整流罩和向下游逐渐扩散外壳体的扩压段;

(3)带有向下游扩散内机壳和向下游逐渐扩散的扩压段;

(4)带有圆筒形的内机壳和向下游逐渐扩散段的扩压段;

（5）外壳体为圆筒形，内壁有内隆起的嵌块，尾罩短且有带分流叶片；

（6）外壳体为圆筒形，内壁有内隆起的嵌块，无尾罩，但有分流叶片。

低速风洞的轴流风扇，为获得较好的出口流动品质，一般采用标准扩压段的三种形式。

## 3.5.5　支撑片设计

风扇系统的支撑片主要是起结构支撑作用，一般结合结构强度要求，选择厚度尽可能薄的低速对称叶型，如 NACA0008、NACA0012、NACA0015 等。支撑片，类似于预旋片和止旋片，其叶片数目与桨叶数目、预旋片数目及止旋片数目互质。针对支撑片的安装位置，就气动设计来讲，主要对风扇桨叶上游的前支撑片的安装位置有具体要求，由于前支撑的尾流可能对桨叶来流的湍流度、速度分布带来影响，根据经验，一般规定前支撑片与桨叶的距离在（0.5～1）桨叶弦长之间。

## 3.6　风扇段压力损失及效率计算

在进行风扇设计时，整个风扇系统自身的效率预估尤为重要，这关系到风扇总功率的选取，同时也影响风扇是否在预计的设计点工况下运行。

风扇效率的预估实质上是计算风扇系统各部分的压力损失，压力损失主要包括桨叶损失、导叶（止旋片（预旋片））损失、支撑片（前支撑片、尾支撑片）损失以及整流罩（主要是尾罩）损失等。

风扇效率估算的准确与否和风扇是否按照预计的状态运行密切相关，风扇效率直接关系到风扇桨叶、止旋片径向各剖面升力系数、安装角的选取，因此风扇效率的计算在风扇设计过程中尤为重要。

### 3.6.1　桨叶效率

风扇桨叶引起的压力损失系数为 $K_R$，则风扇桨叶的效率为

$$\eta_R = \frac{K_{th} - K_R}{K_{th}} = 1 - \frac{K_R}{K_{th}} \qquad (3-83)$$

由式（3-29），可得

$$\frac{K_R}{K_D} = \frac{\sigma}{\sin^3 \phi} \qquad (3-84)$$

式（3-84）两边乘以 $\dfrac{C_L}{K_{th}}$，可得

$$\upsilon \frac{K_{R}}{K_{th}} = \frac{C_{L}\sigma}{K_{th}\sin^{3}\phi} \tag{3-85}$$

式（3-20）、式（3-31）代入式（3-85），可得

$$\upsilon \frac{K_{R}}{K_{th}} = \frac{\lambda}{\sin^{2}\phi} \tag{3-86}$$

前进角 $\phi$ 可由前进比 $\lambda$ 和旋转系数 $\varepsilon$ 计算出，若是已知桨叶叶型的升阻比 $\upsilon$，则可得到风扇桨叶损失系数与前进比之间的关系。图 3-14 给出了当升阻比为 33 和 25 时，桨叶效率损失随前进比的变化。

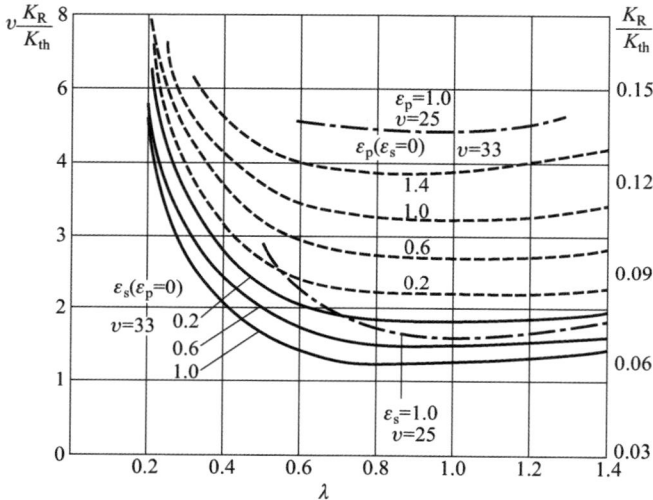

图 3-14 不同升阻比下桨叶效率损失随前进比变化

从图 3-4 可以看出，当升阻比 $\upsilon = 33$ 时，对于没有预旋片只有止旋片的风扇系统（$\varepsilon_{P} = 0$），$\varepsilon_{s}$ 变化对 $\frac{K_{R}}{K_{th}}$，也就是对桨叶效率的影响不显著，特别是前进比 $\lambda$ 较小时。而当 $\varepsilon_{s}$ 一定时，$\lambda$ 的值对效率有较大的影响。在 $\lambda = 0.6 \sim 1.2$ 时，$\frac{K_{R}}{K_{th}}$ 的值较小，则风扇桨叶效率 $\eta_{R}$ 较高，这说明风扇入口的气流轴向速度不能太小。如果入口气流速度小，又要保证一定范围内的前进比，则必须降低风扇转速，以有利于提升桨叶效率。

同样，当升阻比 $\upsilon = 33$ 时，对没有止旋片只有预旋片的风扇系统（$\varepsilon_{s} = 0$），$\varepsilon_{P}$ 变化对 $\frac{K_{R}}{K_{th}}$ 的影响与 $\varepsilon_{P} = 0$ 时 $\varepsilon_{s}$ 的变化对风扇桨叶效率的影响变化趋势相同，但是 $\varepsilon_{P}$ 值对 $\frac{K_{R}}{K_{th}}$ 的影响有所加强。

从图 3-14 还可以看到,叶型升阻比 $\upsilon$ 对桨叶的影响是最为显著的。从 $\upsilon =$ 33 和 $\upsilon = 25$ 时的 $\varepsilon_P = 0$ 和 $\varepsilon_S = 0$ 两条曲线可以看到,在 $\lambda$、$\varepsilon_P$、$\varepsilon_S$ 都相同时,低升阻比的桨叶效率损失明显大于高升阻比时的效率损失,这就涉及翼剖面的选择、翼型升力系数的确定和阻力系数的计算。

虽然在前面的叙述中,风扇设计特别是桨叶的设计,认为叶型剖面具有二维性质,其阻力就应该为翼剖面的型阻。然而相关实验结果表明,气流通过风扇桨叶叶片时,除了型阻之外,还有一些不可忽略的非二维性质的阻力,这样导致了叶型总的阻力要比型阻大。若是只计算型阻,得到的桨叶效率会高于实际值。另外,还应包括了二次阻力、环形阻力和附加阻力等(参见 2.3.3 节)。其中,二次阻力系数 $C_{D_S} = (0.018 \sim 0.04) C_L^2$,环形阻力导致的效率损失 $\dfrac{K_{RA}}{K_{th}} = 0.02 \sim$ 0.03。由叶尖间隙引起的附加阻力损失及对风扇效率和风扇全压的影响分别如图 3-15 和图 3-16 所示。从图中可以看到,风扇效率随间隙的增大直线下降,全压损失随间隙的增大呈曲线上升。

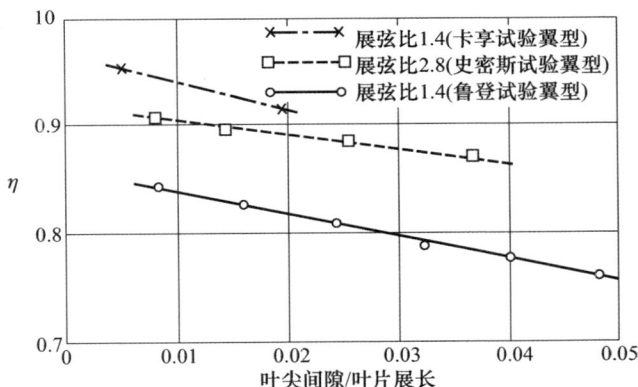

图 3-15 桨叶间隙对桨叶效率的影响

从图中还可以看到,当桨叶叶尖间隙与叶展之比小于或等于 0.01 时,叶尖间隙的附加损失可以忽略不计;若桨叶叶尖间隙与叶展之比大于 0.01,则可以按照下式估计附加损失,即

$$\frac{K_{RJ}}{K_{th}} = 2 \times \left( \frac{叶尖间隙}{叶片展长} - 0.01 \right) \tag{3-87}$$

考虑风扇桨叶受到的四种阻力,则风扇桨叶的损失效率为

$$\frac{K_R}{K_{th}} = \left( \frac{C_{D_P}}{C_L} + \alpha C_L^2 \right) \frac{\lambda}{\sin^2 \varphi} + \frac{K_{RA}}{K_{th}} + 2 \times \left( \frac{叶尖间隙}{叶片展长} - 0.01 \right) \tag{3-88}$$

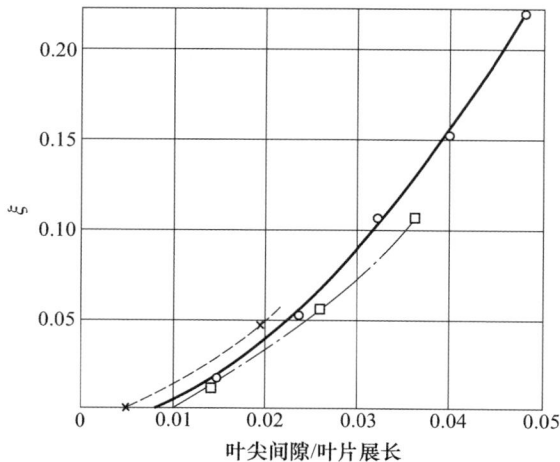

图 3 - 16  桨叶间隙对风扇全压的影响

## 3.6.2  导叶损失

导叶(止旋片(预旋片))的压力损失计算与桨叶的压力损失计算类似,取叶片径向的中间位置进行计算。

**1. 预旋片损失**

根据桨叶的设计,计算预旋片的 $\varepsilon_P$ 值,按照式(3-57)确定预旋片的前进角 $\varphi_P$。

根据选择的预旋片升力系数 $C_{Lp}$,按照 $C_{Dp} = 0.016 + 0.018 C_{Lp}^2$ 计算预旋片的阻力系数 $C_{Dp}$。

由式(3-61)、式(3-62),求得预旋片相对于整个风扇段压升的效率损失 $\dfrac{K_P}{K_{th}}$:

$$\frac{K_P}{K_{th}} = \frac{\lambda C_{Dp}}{C_{Lp} \sin^2 \varphi_P} \qquad (3-89)$$

可将预旋片的损失系数绘制成曲线,如图 3-17(a)所示。

**2. 止旋片损失**

若是风扇系统里面还有止旋片,则需要根据桨叶的设计结果,同时求出止旋片的气流旋转系数 $\varepsilon_S$ 和止旋片的阻力系数 $C_{Ds}$,有

$$\frac{K_{PS}}{K_{th}} = \frac{(C_{Dp} + C_{Ds})}{C_{Lp}} \times \frac{\lambda}{\sin^2 \varphi_P} \times \left( \frac{\varepsilon_P}{\varepsilon_P + \varepsilon_S} \right) \qquad (3-90)$$

相应地,若是风扇系统只含止旋片而不含预旋片,则止旋片的损失系数为

$$\frac{K_{\mathrm{S}}}{K_{\mathrm{th}}} = \frac{\lambda C_{\mathrm{D_S}}}{C_{\mathrm{L \cdot SF}} \sin^2 \varphi_{\mathrm{P}}} \tag{3-91}$$

同样,可将止旋片的损失系数绘制成曲线,供设计时查用参考,如图 3 – 17 (b)所示。

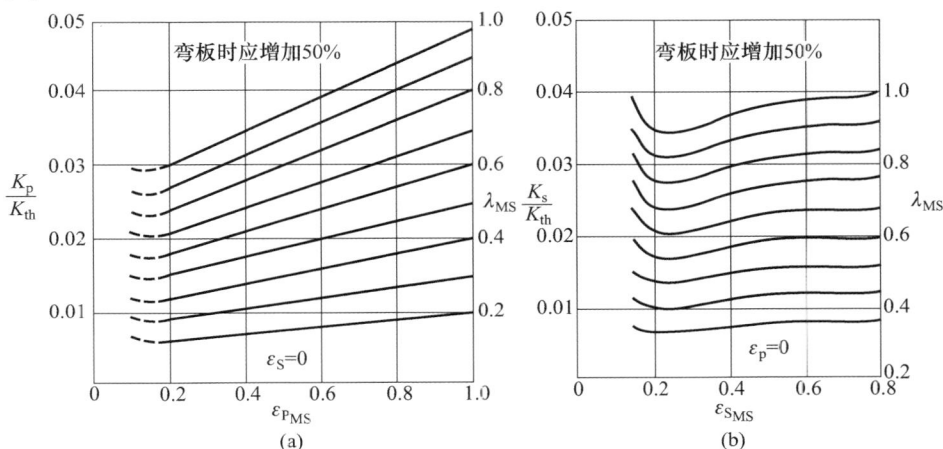

图 3 – 17 不同前进比时预旋片和止旋片损失随旋转系数的变化
(a)预旋片;(b)止旋片。

## 3.6.3 下游损失

风扇的下游损失是指止旋片下游的压力损失,主要包括整流罩尾罩段的扩压损失及无止旋片时的气流旋转能量损失。

风扇整流尾罩段扩压损失是指气流经过尾罩时,流通面积增大,动能减小,压力增加,相当于通过一个扩压段,如图 3 – 18 所示。风扇整流罩尾罩长径比的大小决定了管道的扩散程度。长径比过小,则管道扩散过急,容易引起分离损失。反之,长径比过大,则管道过长,虽然避免了分离,但摩擦损失增大。应该确定一个没有分离危险而长径比又最小的值。长径比的大小与扩散段的当量扩散角 $\theta$ 相关,当量扩散角为

$$\theta = 2\arctan\left(\frac{R-r}{L}\right) = 2\arctan\left(\frac{R(1-\sqrt{(1-x_{\mathrm{b}}^2)})}{L}\right) \tag{3-92}$$

根据经验,如果当量扩散角取为 8°,相应长径比较大,可以避免分离,而且是比较保险的。若当量扩散角为 10°,一般也能满足要求。但当量扩散角为 12°,就有分离的危险。所以工程设计中一般取整流尾罩的当量扩散角为 8°~10°。

若用 $\Delta H_{\mathrm{D}}$ 表示整流罩段内的压力损失,$V$ 表示风扇段轴向平均速度,$A_1$、$A_2$

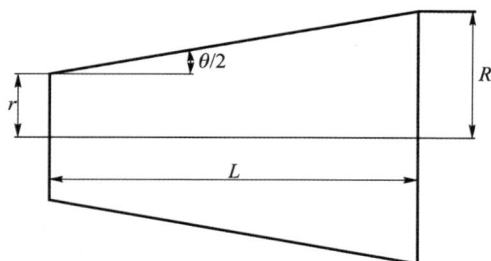

图 3 – 18  整流罩尾罩对应的当量扩散段

分别表示风扇桨叶处的圆环面积和整流罩出口截面通道面积,则其效率为

$$\eta_{\text{D}} = 1 - \frac{\Delta H_{\text{D}}}{\frac{1}{2}\rho V^2 \left[ 1 - \left( \frac{A_1}{A_2} \right)^2 \right]} \qquad (3-93)$$

在长径比和当量扩散角取得合适的情况下,若是管道内不发生严重的分离,扩压效率 $\eta_{\text{D}}$ 一般在 $0.8 \sim 0.85$ 之间。类似于风扇的增压系数,整流尾罩段总压损失系数为

$$K_{\text{D}} = 1 - \frac{\Delta H_{\text{D}}}{\frac{1}{2}\rho V^2} \qquad (3-94)$$

不同扩压效率 $\eta_{\text{D}}$ 下,$K_{\text{D}}$ 与面积比的关系曲线如图 3 – 19 所示。

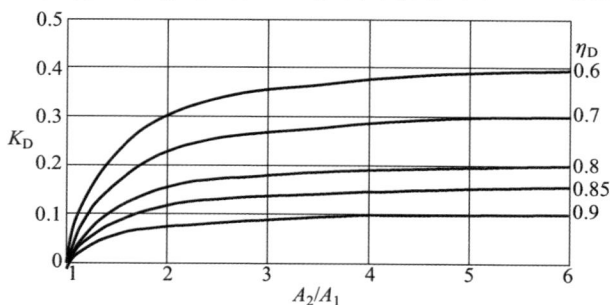

图 3 – 19  扩散损失系数与面积比和扩散效率关系曲线

整流罩的效率损失为

$$\frac{K_{\text{D}}}{K_{\text{th}}} = \frac{1 - \eta_{\text{D}}}{K_{\text{th}}} \left[ x_{\text{b}}^2 (2 - x_{\text{b}}^2) \right] \qquad (3-95)$$

由式(3 – 95)可得,如果整流罩尾罩通道内的扩压效率不变,则风扇的桨毂比 $x_{\text{b}}$ 越小,尾罩的压力损失也越小。如果风扇总压升 $K_{\text{th}}$ 较小,则要求桨毂比 $x_{\text{b}}$ 的取值较小,否则将带来较大的尾罩效率损失。

另外,对于无止旋片的风扇系统,转子下游气流旋转的能量也将耗散成为损失,将导致叶片单元效率的降低。沿叶片展向其损失系数为 $K_{swirl}$,其导致效率的损失为

$$\frac{K_{swirl}}{K_{th}} = \frac{\varepsilon_S^2}{K_{th}} \qquad (3-96)$$

### 3.6.4 风扇系统总效率

风扇段的总效率是风扇段所提供平衡风洞回路压力损失的总压升与风扇桨叶提供的理论压升之比。在获得风扇各部件的效率损失后,不同组合形式对应的风扇系统总效率计算如下:

若风扇系统只含转子,则有

$$\eta_T = \frac{K_{th} - K_R - K_{swirl} - K_D}{K_{th}} \qquad (3-97)$$

若风扇系统为预旋片 - 转子组合,则有

$$\eta_T = \frac{K_{th} - K_R - K_P - K_D}{K_{th}} \qquad (3-98)$$

若风扇系统为转子 - 止旋片组合,则有

$$\eta_T = \frac{K_{th} - K_R - K_S - K_D}{K_{th}} \qquad (3-99)$$

若风扇系统为预旋片 - 转子 - 止旋片组合,则有

$$\eta_T = \frac{K_{th} - K_R - K_P - K_S - K_D}{K_{th}} \qquad (3-100)$$

若风扇系统为对旋转子组合,则有

$$\eta_T = \frac{K_{th} - K_{R1} - K_{R2} - K_D}{K_{th}} \qquad (3-101)$$

## 3.7 风扇气动载荷

风扇的气动设计需计算风扇运转时各部件的气动载荷以作为结构设计的输入条件,便于结构设计人员完成结构强度、刚度校核,进行材料的选择和辅助零部件的布置。

### 3.7.1 轴向力

风扇通过转子旋转对气流做功,体现在流经风扇的气流压力升高,风扇会作

用给气流一个顺气流方向的力,而气流会反作用风扇叶片与气流方向相反的力,称为轴向力。

轴向力的计算,主要是为了风扇结构开展轴系以及支撑系统的强度、刚度设计提供载荷等设计依据。

在风扇气流微元上,轴向作用力 $T$ 为风扇桨叶上下游压力差。引入推力系数 $T_C$:

$$T_C = \frac{T}{\frac{1}{2}\pi\rho V^2 R^2} \qquad (3-102)$$

式中:$R$ 为风扇桨叶半径;$V$ 为环形通道内气流平均轴向速度。

若无量纲风扇桨叶剖面位置到轮毂中心的距离 $r$,定义 $x = \frac{r}{R}$,则微元的推力系数为

$$dT_C = \frac{P_2 - P_1}{\frac{1}{2}\pi\rho V^2}2x\,dx \qquad (3-103)$$

结合式(3-104)和式(3-19),可得

$$dT_C = (K_{th} - K_R + \varepsilon_P^2 - \varepsilon_S^2)2x\,dx \qquad (3-104)$$

由此,计算风扇桨叶的轴向力,首先在叶片展向积分,计算出推力因子。考虑到 $\eta_R = 1 - \frac{K_R}{K_{th}}$,若风扇系统没有止旋片,则 $\varepsilon_S = 0$。可得

$$T_C = K_{th}\eta_R(1 - X_b^2) - \frac{1}{2}K_{th}\lambda^2\ln X_b \qquad (3-105)$$

对只有止旋片没有预旋片的风扇系统,则 $\varepsilon_P = 0$。可得

$$T_C = K_{th}\eta_R(1 - X_b^2) + \frac{1}{2}K_{th}\lambda^2\ln X_b \qquad (3-106)$$

在计算得到推力因子后,风扇受到气流的推力为

$$T = T_C\frac{1}{2}\pi\rho V^2 R^2 \qquad (3-107)$$

通过展向积分可得到推力因子,进而计算出的桨叶推力是整个风扇桨叶所受到的气流轴向推力的总和。单个叶片所受到的推力为总推力的平均后所得,令 $B$ 为桨叶总片数,则有

$$T_0 = \frac{T}{B} \qquad (3-108)$$

## 3.7.2 扭矩

风扇扭矩的计算主要为选择驱动电机的各项参数提供帮助,同时为结构设计人员提供风扇转动系统的强度、刚度的设计依据。

对于一个风扇气流微元,有

$$dQ_C = 4x^2(\varepsilon_P + \varepsilon_S)dx = \frac{dQ}{\frac{1}{2}\pi\rho U V^2 R^3} \tag{3-109}$$

结合旋转系数与风扇压升系数的关系,即式(3-20),可得

$$\varepsilon_P + \varepsilon_S = \frac{1}{2}\lambda K_{th} \tag{3-110}$$

结合式(3-110)和式(3-111),考虑从桨叶根部($x = x_b$)到桨叶尖部($x = 1$)积分,可得

$$Q_C = K_{th}(1 - x_b^2)\frac{U}{\Omega R} \tag{3-111}$$

根据扭矩因子的定义,可得风扇扭矩为

$$Q = K_{th}(1 - x_b^2)\frac{\rho}{2\Omega}\pi V^3 R^2 \tag{3-112}$$

## 3.7.3 切向力

类似于轴向力和扭矩,在计算切向力时也是选取风扇气流的一个微元。对整个风扇桨叶来讲,其微元的切向力与扭矩有如下关系:

$$dF = \frac{dQ}{x} \tag{3-113}$$

令 $F$ 代表切向力,结合式(3-110),则有

$$dF = \frac{1}{2}\pi\rho V^2 4x(\varepsilon_P + \varepsilon_S)dx \tag{3-114}$$

对式(3-115)积分,就可以得到桨叶受到的总切向力,而每一个叶片的切向力,和推力类似,有

$$F_0 = \frac{F}{B} \tag{3-115}$$

## 3.7.4 头罩及尾罩受力

计算整流罩头罩及尾罩受力主要是为结构设计人员提供整流罩的强度及刚

度设计依据,计算时可假设整流罩来流的动压全部转化为头罩受到的顺气流方向的作用力,即有

$$G = \frac{1}{2}\rho V_1^2 A \qquad\qquad (3-116)$$

式中:$A$ 为风扇段入口面积;$V_1$ 为风扇段入口的轴向平均气流速度,比风扇通道的轴向平均速度 $V$ 要小;尾罩所受力的大小也等于 $G$,方向为逆气流方向。

## 3.8 风扇气动设计流程

### 3.8.1 风洞轴流式风扇设计要求

风扇系统的设计涉及风扇的桨叶、预旋片、止旋片及整流罩、支撑片的设计,主要是根据风扇的要求(压升、流量),确定风扇段的直径、长度,设计出风扇桨叶、预旋片、止旋片及支撑片的叶型剖面坐标、叶片数量、弦长、安装角等,同时还需提供风扇整流罩的相关设计结果。无论是自由涡设计方法还是任意涡设计方法,由于初期的风扇效率是假定的,都需要在完成初步的设计后对效率进行计算,迭代数次后方才能得到最终的结果。

在进行风洞风扇设计时,需风洞气动总体给定基本的设计条件:

(1)风扇在不同流量 $Q$ 下所能达到的总压升 $\Delta h_{th}$,这是对风扇做功的要求;

(2)风扇段整体长度 $L$;

(3)风扇段前后接口尺寸。

依据风洞预留的风扇段接口尺寸及整个风洞运行要求,在风扇设计初期,还需要给定以下参数:

(1)风扇桨叶直径 $D$。风洞轴流式风扇的直径一般根据风洞的气动布局给定。

(2)风扇系统的总效率 $\eta$。

在设计初期,需要假定整个风扇段的气动效率,用于确定风扇各部件的各项设计参数。一般而言,风洞内的轴流式风扇段气动效率一般为 80% ~85%,某些高气动效率的风扇系统效率能够达到近 90%。在初步设计时,可大致假设一效率值,在具体设计时通过反复迭代再最终确定。

### 3.8.2 风洞轴流式风扇设计流程

#### 1. 总体参数确定

风扇系统的总体参数指在直径给定后,还需要确定风扇的桨毂比、风扇

转速。

（1）根据风扇的压升、流量，综合判断待设计风扇的类型（低压大流量、低压小流量、高压大流量或者高压小流量等），进而确定风扇的桨毂比，一般在 0.3～0.7 之间选择。

（2）根据风扇做功能力适当选择风扇桨叶的升力系数，进而确定风扇转速，风扇转速的极限是将叶尖马赫数控制在 0.5 以下。

**2. 具体设计步骤**

1）桨叶设计

（1）根据风扇段的压升、风扇桨叶轴向速度和假定的风扇段效率，确定风扇的理论压升系数 $K_{th}$。

（2）计算风扇桨叶径向各位置剖面的前进比、旋转系数以及前进角。根据风扇系统的要求，选择自由涡设计方法或任意涡设计方法。不同设计方法的计算步骤不同。在进行旋转系数的选取时，对有预旋片的风扇系统，径向各截面的旋转系数不大于 1.5；若是带有止旋片的风扇系统，径向各截面的旋转系数不大于 1；否则，设计出的风扇对应的预旋片或者止旋片叶剖面的气流旋转过度，容易出现分离，导致气动效率下降。

（3）计算桨叶径向各截面的载荷因子 $C_L\sigma$，为避免叶间干扰，载荷因子不能大于 1。若是大于 1，则要修改设计方案。

（4）桨叶径向各截面的升力系数及弦长由式（3-31）确定。升力系数和弦长的确定同时进行，一般而言，从结构强度考虑，风扇桨叶的弦长从根部到尖部递减，从加工制造考虑，桨叶弦长尽可能地线性分布。升力系数的选择要使得风扇在运行的所用工况下远离分离点，不能接近最大升力系数。基于以上原则，确定各截面的弦长 $c$ 及升力系数 $C_L$。

（5）由确定的各剖面弦长，通过桨叶实度的限制（根部 $\sigma \leqslant 1$），可以确定风扇桨叶数 $B$。

（6）选择叶型。风扇叶型的选择一般根据所需要的升力系数，选择升阻比大的叶型，同时获得所选取叶型下的升力系数—攻角关系。

（7）根据升力系数可以得到桨叶各计算截面对应的选择叶型的攻角值 $\alpha$，结合所得的各截面前进角 $\varphi$，就得到风扇桨叶各截面的安装角 $\xi(\xi = \varphi + \alpha)$。

得到风扇桨叶叶型、各截面弦长、各截面安装角，就获得了风扇桨叶的设计结果。

2）导叶设计

预旋片和止旋片设计过程在参见 3.4.1 节和 3.4.2 节。

3）整流罩设计

（1）头罩可选取式（3-79）对应的旋转体型面，也可以选择半球体或者椭圆体。

（2）尾罩的当量扩散角在 8° ~ 10°之间选取,然后按照式(3 – 93)确定长径比。

（3）尾罩一般按照式(3 – 80)对应的旋转体型面,可以适当地将尾锥部分截断。

4）支撑片设计

支撑片的选取主要是以支撑风扇段结构为主,可选取 NACA 的对称叶型,其数量最好不要与桨叶、止旋片等有公约数。

为降低风扇的噪声,支撑片的布置和安装也可进行适当的调整。比如将支撑片的弦长布置得不一致,采取前掠或者后掠的方式,都可以在一定程度上抑制风扇的涡旋噪声。

按照以上步骤完成风扇系统桨叶、前后导叶(止旋片、预旋片)、整流罩、支撑片的设计后,还需要计算出风扇运转的额定功率、最大扭矩、风扇桨叶所受推力、切向力和整流罩所受的气动力等。同时,需要对风扇的额定转速、转速控制精度、结构加工精度等给出详细说明,进而完成风扇的气动设计工作。

# 第4章　风扇气动性能分析及优化

## 4.1　相似理论在轴流式风扇设计中的应用

　　风洞中的大型轴流风扇是风洞的核心部件,其性能关系到风洞运行速度范围指标能否实现,必须确保风扇性能达到预期的设计目标。另外,风扇段的设计制造成本高昂,其费用占据风洞建设总投资可高达25%。因此,风扇段的设计制造失败在风洞建设过程中经济上也是难以承受的。为了确保风扇性能达到预期的设计指标,工程上通常先按照一定的缩尺比建造尺寸较小的缩尺风扇进行性能试验,后将已经过验证满足指标要求的缩尺风扇放大到原始风扇尺寸。如何才能确保小尺寸风扇与大尺寸风扇具有相似的气动性能,并对小尺寸的试验结果进行推广呢? 流体力学的相关理论表明,实现大小两个轴流式风扇具有相似的气动性能,必须确保大小尺寸两个风扇管道的内流场完全相似,即它们任一点的同名物理量之比保持常数。

### 4.1.1　相似定理

　　两个物理现象相似是指在对应点上对应瞬间所有表征现象的相应物理量各自表现出固定的比例关系(如果是矢量,则还包括方向相同)。一般情况下,通过保持几何相似、运动相似、动力相似、热力学相似和质量相似可保证两个流场相似。

#### 1. 几何相似

　　两个物体,其中之一经过各向等比例的变形后能与另外一个物体完全重合,则称两个物体几何相似。变形后,相互重合的点称为对应点。对应点的连线称为对应线。令 $l_1$ 和 $l_2$ 是两个几何相似物体对应线长度,$k$ 为常数,则

$$\frac{l_1}{l_2} = k_l \qquad (4-1)$$

　　严格的几何相似还应该保证流道表面粗糙度、叶片厚度及叶尖间隙等相似。但在工程实际中,由于加工精度的限制,这些小尺寸缩比后完全相似是很困难的,对于轴流式风扇这些尺寸的相似与否影响不大,故工程上也不严格要求。

## 2. 运动相似

绕两个几何相似物体的流场中,流体微团经过任意对应流场所需的时间之比值为常数,即为运动相似,有

$$\frac{t_1}{t_2} = k_t \tag{4-2}$$

运动相似的流场,其对应点的速度和加速度的比值均为常数,即

$$\frac{v_1}{v_2} = k_v, \quad \frac{a_1}{a_2} = k_a \tag{4-3}$$

运动相似保证了叶栅对应点的气流流动速度三角形的相似,几何相似是运动相似的前提条件。

## 3. 动力相似

如果两个流场各对应点作用的各种力的大小之比为常数,且方向相同,则称为动力相似,即

$$\frac{F_1}{F_2} = k_F \tag{4-4}$$

对于风扇而言,作用在基元流体上的力主要包括惯性力、黏性力和压力,简单的推导可知,只要模型机和原型机的雷诺数 $Re(\rho v l/\mu$,惯性力与黏性力之比)相等,则惯性力和黏性力相似;欧拉数 $Eu(p/\rho c^2$,压力与惯性力之比)相等,则压力相似。

## 4.1.2 相似参数

相似参数又称为相似模数、相似准数等。任何一种物理现象都有一定的规律,都可以用物理方程描述此现象特征的各个量之间的关系。表征相似流动现象的物理方程和单值条件一定是相似的。下面对几何相似放大或缩小尺寸风扇的无因次性能参数进行讨论。目前,采用模型样机测试性能数据,后基于风扇的模化设计方法确定不同尺寸大小风扇气动外形。风扇系列性能均可采用以下所述无因次性能参数表示。

### 1. 流量系数

流量系数表示不同风扇在相同转子直径和转速下风量的相对值,即

$$\varphi = \frac{Q}{\frac{\pi}{4} D_R u_R} = \frac{4Q}{\pi^2 D_R n_{sec}} \tag{4-5}$$

式中  $Q$—体积流量($\mathrm{m^3/s}$);

$D_R$——转子直径(m);

$u_R$——转子外缘圆周速度（m/s）;

$n_{sec}$——转速（r/s）。

**2. 全压系数**

全压系数表示不同型号风扇在相同转子直径和转速下压升的相对值，即

$$\Psi_t = \frac{\Delta p_0}{\frac{1}{2}\rho u_R^2} = \frac{\Delta p_0}{\frac{1}{2}\pi^2 \rho D_R^2 n_{sec}^2} \qquad (4-6)$$

**3. 静压系数**

$$\Psi_S = \frac{\Delta p_S}{\frac{1}{2}\rho u_R^2} = \frac{\Delta p_S}{\frac{1}{2}\pi^2 \rho D_R^2 n_{sec}^2} \qquad (4-7)$$

**4. 功率系数**

$$\lambda_{in} = \frac{\Psi_t \phi}{\eta_t} = \frac{\Delta p_0 Q}{\frac{\pi}{8} D_R^2 \rho u_R^3 \eta_t} = \frac{8\Delta p_0 Q}{\pi^4 \rho D_R^5 n_{sec}^3 \eta_t} \qquad (4-8)$$

**5. 比转速**

比转速是风扇的分类、系列化和开展相似设计的重要参数。两个风扇相似，其比转速必然相等。其可表示为

$$n_s = 5.54n \frac{\sqrt{Q}}{\sqrt[4]{\left(\frac{1.2}{\rho}\Delta p_0\right)^3}} \qquad (4-9)$$

式中：$n$ 为转速（r/min）。

对于风扇进口为标准大气环境时，气体密度 $\rho = 1.2\,\text{kg/m}^3$，则式（4-9）可简化为

$$n_s = 5.54n \frac{\sqrt{Q}}{\sqrt[4]{(\Delta p_0)^3}} \qquad (4-10)$$

式（4-10）代入流量系数 $\varphi$ 和全压系数 $\Psi_t$，化简可得

$$n_s = 137.5 \frac{\sqrt{\varphi}}{\sqrt[4]{(\psi_t)^3}} \qquad (4-11)$$

通常轴流风扇的比转速 $n_s = 100 \sim 500$，对于某一风扇，随着运行工况点的变化，其压升和流量都在变化，因此每个工况点的比转速也不相同。为了方便比较，一般规定，风扇最高效率点的比转速作为该风扇的比转速。另外需要指出，风扇的比转速都是单级时的比转速，双级风扇的比转速公式需要对流量和压升

进行修正。双级串联风扇初步计算时的比转速为

$$n_s = 5.54n \frac{\sqrt{Q}}{\sqrt[4]{\left(\frac{\Delta p_0}{2}\right)^3}} \qquad (4-12)$$

**6. 转速系数**

转速系数表示不同型号风扇在相同风量和压升下转速的相对值,表示,即

$$\sigma = n_{sec} \sqrt[4]{\frac{Q^2}{\left(\frac{2\Delta p_0}{\rho}\right)^3}} \cdot 2\sqrt{\pi} \approx 0.595 \frac{\varphi^{\frac{1}{2}}}{\sqrt[4]{(\psi_t)^3}} \qquad (4-13)$$

风扇进口为标准大气环境时,比转速与转速系数的近似关系为

$$\sigma = \frac{n_s}{231} \qquad (4-14)$$

**7. 直径系数**

直径系数表示不同型号风扇在相同风量和压升下转子直径的相对值,即

$$\delta = D_R \sqrt[4]{\frac{2\Delta p_0}{\rho Q^2}} \cdot \sqrt{\frac{\pi}{4}} \approx 1.189 \frac{\psi_t^{\frac{1}{4}}}{\varphi^{\frac{1}{2}}} \qquad (4-15)$$

**8. 转速系数、直径系数与压力系数及流量系数的关系**

将转速系数 $\sigma$、直径系数 $\delta$ 与压力系数 $\Psi_t$ 及流量系数 $\varphi$ 四个无量纲系数可分别组合,流量系数和压力系数可以用转速系数和直径系数的组合表示:

$$\Psi_t = \frac{1}{2\sigma^2\delta^2} \qquad (4-16)$$

$$\varphi = \frac{1}{\sigma\delta^3} \qquad (4-17)$$

$$\delta = \left(\frac{2\psi_t}{\varphi^2}\right)^{\frac{1}{4}} \qquad (4-18)$$

$$\sigma = \left(\frac{\varphi^2}{8\psi_t^3}\right)^{\frac{1}{4}} \qquad (4-19)$$

上述四个量纲系数存在最佳的取值,假设为 $\sigma_{opt}$、$\delta_{opt}$、$\Psi_{topt}$ 及 $\varphi_{opt}$,若已知 $\sigma_{opt}$、$\delta_{opt}$,可求出 $\Psi_{topu}$、$\varphi_{opt}$。若已知 $\Psi_{topu}$、$\varphi_{opt}$,可求出 $\sigma_{opt}$、$\delta_{opt}$。另外,由式 (4-13) 和式 (4-15) 可得到:

最佳直径为

$$D_{opt} = \frac{\delta_{opt}}{\sqrt[4]{\frac{2\Delta p_t}{\rho Q^2}} \cdot \sqrt{\frac{\pi}{4}}} \qquad (4-20)$$

最佳转速为

$$n_{\text{opt}} = \frac{\sigma_{\text{opt}}}{\sqrt[4]{\left(\dfrac{Q^2}{\left(\dfrac{2\Delta p_0}{\rho}\right)^3}\right)} \cdot 2\sqrt{\pi}}$$  (4-21)

## 4.1.3 性能相似换算

模型机及原型机两个轴流式风扇,其流量系数、压力系数、比转速、功率系数等无因次参数都必须相等。两者实际的流量、压力、功率等之间则存在一定的换算关系,称为相似换算。

**1. 流量换算**

模型级和原型级风扇基于无因次性能参数的体积流量分别为

$$\begin{cases} Q = \dfrac{\pi^2}{4} D_{\text{R}}^3 n_{\text{sec}} \varphi \\ Q' = \dfrac{\pi^2}{4} D_{\text{R}}'^3 n'_{\text{sec}} \varphi' \end{cases}$$  (4-22)

由于流量系数 $\varphi = \varphi'$,则

$$\frac{Q}{Q'} = \left(\frac{D_{\text{R}}}{D_{\text{R}}'}\right)^3 \frac{n_{\text{sec}}}{n'_{\text{sec}}}$$  (4-23)

可以看出,两者的体积流量与直径的三次方成正比,与转速呈线性关系。

**2. 压力换算**

模型级和原型级风扇基于无因次性能参数的总压升分别为

$$\begin{cases} \Delta P_0 = \dfrac{1}{2}\pi^2 \rho D_{\text{R}}^2 n_{\text{sec}}^2 \Psi_{\text{t}} \\ \Delta P_0' = \dfrac{1}{2}\pi^2 \rho' D_{\text{R}}'^2 n'^2_{\text{sec}} \Psi_{\text{t}}' \end{cases}$$  (4-24)

由于 $\Psi_{\text{t}} = \Psi_{\text{t}}'$,则

$$\frac{\Delta P_0}{\Delta P_0'} = \frac{\rho}{\rho'}\left(\frac{D_{\text{R}}}{D_{\text{R}}'}\right)^2 \left(\frac{n_{\text{sec}}}{n'_{\text{sec}}}\right)^2$$  (4-25)

同理,静压升之比为

$$\frac{\Delta P_{\text{S}}}{\Delta P_{\text{S}}'} = \frac{\rho}{\rho'}\left(\frac{D_{\text{R}}}{D_{\text{R}}'}\right)^2 \left(\frac{n_{\text{sec}}}{n'_{\text{sec}}}\right)^2$$  (4-26)

**3. 功率换算**

模型级和原型级风扇基于无因次性能参数的功率分别为

$$\begin{cases} P = \dfrac{1}{8}\pi^4 \rho D_{\mathrm{R}}^5 n_{\sec}{}^3 \eta \lambda_{\mathrm{in}} \\[4mm] P' = \dfrac{1}{8}\pi^4 \rho' D_{\mathrm{R}}' n_{\sec}'{}^3 \eta \lambda_{\mathrm{in}}' \end{cases} \tag{4-27}$$

由于 $\lambda_{\mathrm{in}} = \lambda_{\mathrm{in}}'$，则

$$\frac{P}{P'} = \frac{\rho}{\rho'}\left(\frac{D_{\mathrm{R}}}{D_{\mathrm{R}}'}\right)^5 \left(\frac{n_{\sec}}{n_{\sec}'}\right)^3 \tag{4-28}$$

### 4.1.4 模化设计方法

模化设计是以相似理论为基础，以原型机为依据的气动设计。在已知某模型风扇的详细几何尺寸和气动性能的前提下，依据上述相似定理和相似参数，获得不同口径但性能相似的风扇设计方法。简要的设计步骤如下：

（1）依据风扇所需流量、压升、介质、温度、压力等气体状态，将其换算到标准进口状态下（$P = 101325\mathrm{Pa}$，$T = 293\mathrm{K}$，$\rho = 1.2\mathrm{kg/s}$）的流量和压升。

（2）依据风扇转子尺寸，初步选取合适的风扇转速，并依据已知的体积流量 $Q$、压升 $\Delta P_{\mathrm{t}}$ 计算出风扇比转速 $n_{\mathrm{s}}$，在模型数据库中找出比转速相等或接近的模型机。或者先选择模型风扇，由模型风扇的比转速和已换算出的体积流量和压升计算出所需要的转速。

（3）确定比转速后，依据模型的无因次性能曲线，确定最高效率点的压力系数 $\psi_{\mathrm{t}}$、流量系数 $\varphi$ 及全压效率 $\eta$。

（4）由压升、压力系数及密度，确定圆周速度，即

$$u_{\mathrm{R}} = \sqrt{\frac{2\Delta P_0}{\rho \Psi_{\mathrm{t}}}} \tag{4-29}$$

（5）由圆周速度 $u_{\mathrm{R}}$ 及转速 $n$ 可确定转子外径 $D_{\mathrm{R}}$，其与模型风扇转子外径的比值可确定几何比例常数 $K_{\mathrm{l}}$。将模型风扇几何尺寸乘以比例常数 $K_{\mathrm{l}}$ 就得到原型风扇的几何尺寸。

（6）若原型机的雷诺数与模型机雷诺数相差 2 倍以上时，则需要依据经验对风扇的压升进行雷诺数修正。当模型机的特征雷诺数大于 $10^7$ 时，则认为风扇的性能不随雷诺数的减小而降低，不进行雷诺数修正，小尺寸模型机的气动性能可外推到大尺寸原型机。

## 4.2 风扇转子和定子性能分析

第 3 章详细阐述了轴流式风扇气动设计方法和设计流程，获得了满足设计

压升和流量要求的风扇各部件的几何外形尺寸及桨叶的安装角度,确定了风扇效率、轴功率及转速等系列运行参数。风扇在该设计点下的气动性能是影响风洞运行重要的工作点,基本决定了该风扇的适用性。此时,风扇的气动设计基本工作已完成,但对于风洞运行而言该风扇设计点只是一个孤立的运行点,对应固定的流量、压升和转速。但由于风洞的运行范围非常宽广,还存在由于模型姿态导致运行阻力等的变化,风洞的驱动风扇不能像常规工业风扇定状态运行,来流条件由于负载的变化而改变,风扇叶片流动状态会偏离设计状态,因此风洞中的风扇设计还需要建立非设计工况下的性能分析,以此构造出更广运行范围内的风扇特性曲线,并能获取风扇失速的近似结果。这是风扇设计技术的重要组成部分,往往需要通过变转速或变桨距使风扇性能与风洞需求相匹配,并折中设计点和非设计点的性能。同时,部分运行条件下的风扇性能分析需要考虑雷诺数及真实气体效应的影响。

工程上为了简化风扇性能的计算分析,提出了围绕平均流动和压升的求解方法,一般选取叶片中剖面位置开展分析。由于在设计点已经确定了风扇叶片的几何外形,为了确定其他非设计点状态并获得其气动性能曲线中所涉及的所有其他变量,在风扇平均径向位置处只需要通过前进比 $\lambda$ 的方程计算出旋转系数 $\varepsilon$。而对于叶片失速点的评估则需要通过对叶片端部极限负荷开展研究确定,最先失速的区域通常发生在叶片根部或尖部。

## 4.2.1 平均速度和压力

假设风扇段内沿半径方向各处的轴向气流速度为 $V_a$,则通过风扇段截面的总体积流量为

$$Q = 2\pi \int_{r_b}^{R} V_a r \mathrm{d}r \tag{4-30}$$

截面气流平均轴向速度为

$$\bar{V}_a = \frac{2}{1-x_b^2} \int_{x_b}^{1} V_a x \mathrm{d}x \tag{4-31}$$

式中

$$x = \frac{r}{R}, x_b = \frac{r_b}{R}$$

假设,截面沿径向速度为线性分布,即

$$V_a = C_1 + nx \tag{4-32}$$

式中:$C_1$、$n$ 为常量。

把式(4-32)代入式(4-31)并积分,可得

$$\overline{V}_a = C_1 + \frac{2}{3} n \frac{1 - x_b^3}{1 - x_b^2} \qquad (4-33)$$

沿径向 $V_a = \overline{V}_a$ 处的相对位置为 $x$

$$x_{\overline{V}_a} = \frac{2(1 + x_b + x_b^2)}{3(1 + x_b)} \qquad (4-34)$$

或者,当速度按

$$V_a = C_2 + m\sqrt{x} \qquad (4-35)$$

变化时,平均速度的位置为

$$x_{\overline{V}_a} = \frac{16}{25} \left( \frac{1 - x_b^{5/2}}{1 - x_b^2} \right)^2 \qquad (4-36)$$

上述两种速度构型情况下的平均速度的径向位置都与常量($C_1$、$C_2$、$m$ 及 $n$)及速度梯度的增减无关,只取决于风扇的桨毂比 $x_b$。基于线性分布和指数分布的平均速度位置方程式(4-34)和(4-36)的曲线如图 4-1 所示。可以看出,对于通常的桨毂比取值范围,三种平均速度径向位置的取值偏差较小,其对实际速度分布并不敏感。因此,对于桨毂比 $x_b \geqslant 0.55$ 时,工程上假设轴向平均速度位置位于中剖面开展风扇设计及性能分析是可行的,同时,平均总压升假定出现在平均速度出现的位置。

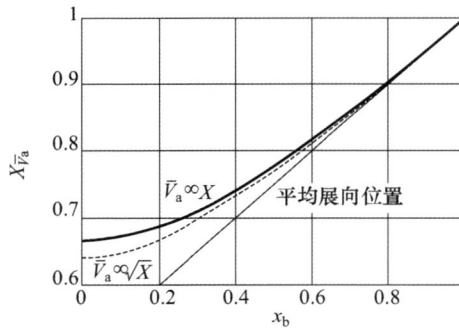

图 4-1 平均轴向速度展向位置分布

## 4.2.2 变转速性能分析

风洞回路建成后,风洞回路阻力特性曲线基本保持不变,研究表明风扇转速与流量基本保持呈线性关系,与运行功率为三次方关系,且由于无附加压力损失,因此,在维持其他运行参数不变的条件下,改变风扇转速调节试验段风速是一种高效率的调节方法。

基于设计点已经获得了桨叶的几何及角度等相关设计参数,以此为基础,对于给定的风扇转速、来流速度、叶片安装角和升阻力特性等,通过速度三角形解算可获得气流经过桨叶时的攻角和产生的升力系数,代入下式可获得风扇压升:

$$\Delta P_0 \approx \frac{\Omega^2 B C C_1 \rho r_{\mathrm{m}}}{4\pi} \qquad (4-37)$$

上述计算以风扇平均来流速度剖面为计算站点,对应的半径为 $r_{\mathrm{m}}$。来流速度与流通面积的乘积即为体积流量,因此得到了给定转速 $n_1$ 时风扇流量 $Q$ 与压升 $\Delta P_0$ 的关系曲线。分别选取不同的风扇入口流速和转速,即可确定不同转速下的风扇流量及压升。上述计算过程中,风扇入口平均速度的最小值边界以风扇桨叶达到最大失速攻角确定,最小值边界以桨叶达到零升攻角确定。计算得到的某风扇变转速性能曲线如图 4-2 所示,横坐标为体积流量,纵坐标为压升,风扇转速从 50~400r/min。风洞的管网阻力特性由风洞总阻力损失系数 $\xi$ 乘以试验段动压得到。图中风洞阻力曲线与风扇等转速线的交点为风洞与风扇的匹配运行点。风扇设计应确保两者有交点,且尽量远离等转速线左边失速点。可以看出相同转速时,体积流量与压升基本呈线性变化。

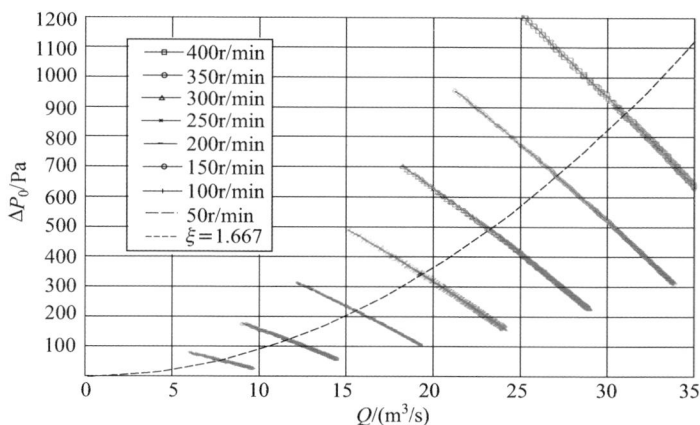

图 4-2　某轴流式风扇变转速性能曲线

## 4.2.3　变桨距性能分析

对于风洞某些运行状态,特别配置有多个试验段的风洞,仅通过变转速调节有时难以满足运行需求,需要对风扇转子叶片安装角度进行调节才能更好地匹配风洞的流量和压升,同时使风扇在各个试验段下均具有较高的运行效率。桨叶角度调整后风扇处于非设计点状态,其气动性能曲线会发生改变。为了避免风扇失速的危险,及压力波动太大,需要限制桨距的变化率。

当增加叶片安装角,由变距产生正的加速度时,若转速不变,这时叶片攻角将增大,为防止在叶片两端失速,建议叶尖升力系数 $C_L < 1.0$,根部升力系数 $C_{Lroot} < C_L^*$,$C_L^*$ 为最佳升力系数,对于无预旋片的情况,有

$$C_L^* = 2\left[\frac{1 + \left(\frac{1 - \varepsilon_s\lambda}{\lambda}\right)^2}{1 + \left(\frac{1}{\lambda}\right)^2}\right] \qquad (4-38)$$

当减小叶片安装角,由变距产生负的加速度时,若转速不变,这时叶片攻角将减小,在翼尖出现负攻角,为保证流动的稳定性,负攻角极限为叶片不产生负升力。

风扇转速与轴向气流关系式为

$$\Omega^2 = 0.5\left[-a_1 + \sqrt{(a_1)^2 - \left(\frac{8P_R}{R_0^2 - R_1^2}\right)^2\frac{1}{V_a^2}a_2}\right] \qquad (4-39)$$

式中:

$$a_1 = \frac{V_a^2}{r^2} - \frac{4P_R}{R_0^2 - R_1^2}\frac{1}{4\pi\rho V_a r^2}$$

$$a_2 = \left(\frac{1}{4\pi\rho r^2}\right)^2 - \left(\frac{2}{B\rho c C_l}\right)^2\frac{1}{r^2}$$

以风扇平均来流速度剖面为计算站点,固定转速,改变叶片安装角和来流速度,可获得桨距角变化时的风扇气动性能曲线。某典型风扇的变桨距性能曲线估算结果如图 4-3 所示。对应的风扇转速为 530r/min,桨距角基于初始安装角的改变量为 $0° \sim -10°$。

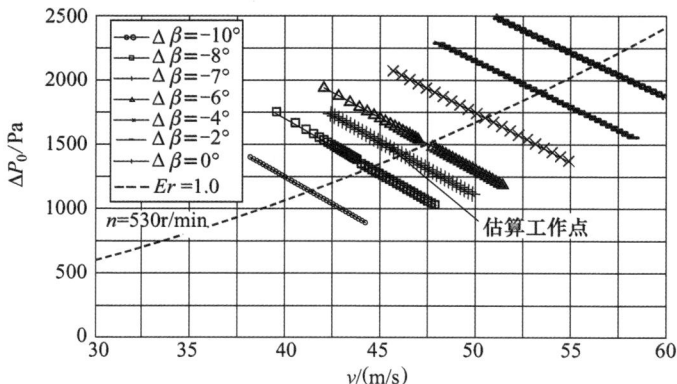

图 4-3 某风扇定转速变桨距角性能曲线

## 4.2.4 失速及喘振性能分析

喘振是风扇深度失速一种不稳定的运行状态。风扇发生喘振时,将使整个

风扇及风洞出现气流周期性振荡现象。喘振不仅会使风扇的性能显著恶化,压力、流量产生大幅度的脉动,而且会大大地加剧整个机组的振动。喘振会使风扇的转子和定子经受交变并不断增大的动应力,导致风扇系统结构损坏,因此风扇严禁在喘振区域内长时间运行。

风扇喘振的机理:当风洞管网阻力增加时,风扇的流量逐渐减少,依据速度三角形可知,叶片的气流冲角也随之增大,达到某一定值时,叶背部将首先产生局部气流分离,并出现"旋转脱离"现象。当旋转脱离发生时,级的前后压力产生强烈的脉动,引起周期性的力作用于叶片上,从而导致了叶片的振动。旋转脱离现象十分复杂,从试验研究和理论分析方面还在深入进行。旋转脱离区可以在叶高的局部区域产生,对叶片展长较大的场合,这个由叶顶处的局部分离扩展到整个叶片的过程是逐渐的;然而,在叶片展长较小的场合,这个扩展的过程是很快的。通常,把前者称为渐进脱离,后者称为突然脱离。在渐进脱离时,级的性能曲线一般仍是连续的。但是,由于损失的增加,随着流量的减小,其压力也相应地减小。突然脱离时,则使级的性能曲线不连续,产生压力和效率的突然下降。

轴流风扇喘振问题复杂,既与旋转脱离的形式有关,又与管网的特性以及其他因素(如气体的温度变化等)有关。因此,风扇的喘振边界线目前尚不能完全用理论分析或者计算方法来确定,精确的喘振边界线需要通过实测方法来获得。考虑到风扇进入喘振运行所带来的巨大风险,工程上风扇原型机一般不建议开展喘振边界的测定试验,但根据风洞运行需要可设置预喘振线,预喘振线与失速线的压力和流量的综合裕度达到6% ~ 8%。预喘振线往往通过模型机测试获得。

为了防止风扇进入喘振区运行,需要严格限制其运行范围,主要是指风洞的管网阻力线与风扇性能曲线的交点要远离失速区域。可采用理论分析和数值模拟对其失速特性进行初步预测。对于低速风洞风扇失速线的简单预测,一般依据叶片翼型的最大失速攻角来计算,简化为

$$V_a \geq \Omega r \tan(\beta - \alpha_s) \tag{4-40}$$

式中  $V_a$——轴向速度(m/s);

  $\beta$——桨叶安装角(°);

  $\alpha_s$——失速攻角(°)。

图4-4给出了某风洞轴流式风扇在定转速运行时的试验段速度与压升关系曲线,失速线右侧区域为可运行区间,应确保试验段速度与风扇压升的交点在失速线以下。因为该预测方法未考虑叶尖间隙、气流诱导、三维效应等因素,与实际的失速性能会存在一定的偏差。随着数值模拟能力的增强,采用数值方法精确模拟流场结构对风扇喘振特性进行预测将是一个不错的选择。

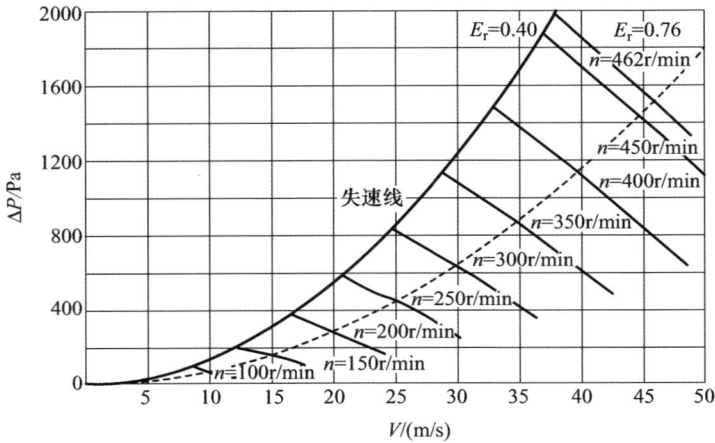

图 4-4 某风扇定失速边界曲线

## 4.2.5 转子叶剖面分析

在忽略径向流动的影响条件下,当来流偏离设计点时,气流流过转子叶剖面的速度三角形矢量(图3-3)如图4-5所示。图中 $D$ 点表示设计状态,$B$ 点表示零负载工况。由图中可以看出,风扇工况的改变将会引起进气预旋速度和轴向速度分量的变化,然而来流 $\varepsilon_p$ 保持不变。

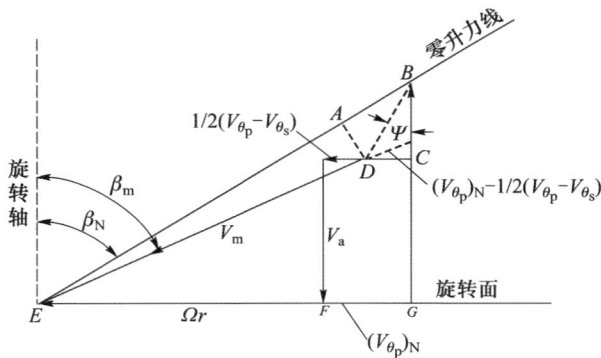

图 4-5 转子叶剖面速度三角形分布

对于零负载工况,速度矢量图可通过 $\triangle EBG$ 呈现,其中:

平均合成速度 $\qquad\qquad V_{mN} = EB$

轴向速度 $\qquad\qquad\qquad V_{aM} = BG$

切向速度 $\qquad\qquad \Omega r + (V_{\theta p})_N = EG$

随着叶片负载增长,$B$ 点移动至 $D$ 点,因此:

平均合成速度 $\qquad\qquad\qquad V_\mathrm{m} = ED$

轴向速度 $\qquad\qquad\qquad V_\mathrm{a} = CG = BG - BC$

切向速度 $\qquad\qquad \Omega r + 0.5(V_{\theta\mathrm{p}} - V_{\theta\mathrm{s}}) = EG - CD$

前进比 $\lambda$ 和旋转系数 $\varepsilon_\mathrm{s}$ 的关系表达式可由速度三角形推导得到,则有

$$V_\mathrm{a} = \left[\Omega r + (V_{\theta\mathrm{p}})_\mathrm{N}\right]\cot\beta_\mathrm{N} - \left[\frac{(V_{\theta\mathrm{p}})_\mathrm{N} - 1/2(V_{\theta\mathrm{p}} - V_{\theta\mathrm{s}})}{\tan\psi}\right]$$

除以 $\Omega R$ 可得

$$\lambda = (1 + \varepsilon_\mathrm{p}\lambda_\mathrm{N})\cot\beta_\mathrm{N} - \frac{\varepsilon_\mathrm{p}\lambda_\mathrm{N} - \dfrac{1}{2}\lambda(\varepsilon_\mathrm{p} - \varepsilon_\mathrm{s})}{\tan\psi} \qquad (4-41)$$

式中

$$\frac{(V_{\theta\mathrm{p}})}{\Omega r}\frac{V_{\mathrm{aN}}}{\overline{V}_{\mathrm{aN}}} = \varepsilon_\mathrm{p}\lambda_\mathrm{N}$$

并且

$$\lambda_\mathrm{N} = (1 + \varepsilon_\mathrm{p}\lambda_\mathrm{N})\cot\beta_\mathrm{N} = \frac{1}{\tan\beta_\mathrm{N} - \varepsilon_\mathrm{p}} \qquad (4-42)$$

式(4-41)可以重写为

$$\varepsilon_\mathrm{s} = 2\tan\psi\left(\frac{\lambda_\mathrm{N}}{\lambda} - 1\right) - \varepsilon_\mathrm{p}\left(\frac{2\lambda_\mathrm{N}}{\lambda} - 1\right) \qquad (4-43)$$

叶型的升力系数可表达为入射角的简单函数,即

$$C_\mathrm{L} = m\sin(\beta_\mathrm{m} - \beta_\mathrm{N}) \qquad (4-44)$$

式中:$m$ 为常量,研究表明,对于风扇所采用的常规翼型,$m \approx 5.7$;$\beta_\mathrm{m} - \beta_\mathrm{N}$ 为相对于无升力弦线的相对入射角。

又已知

$$C_\mathrm{L}\sigma = 2(\varepsilon_\mathrm{s} + \varepsilon_\mathrm{p})\sin\beta_\mathrm{m}$$

则有

$$\sin(\beta_\mathrm{m} - \beta_\mathrm{N}) = \frac{2(\varepsilon_\mathrm{p} + \varepsilon_\mathrm{s})\cos\beta_\mathrm{m}}{m\sigma} \qquad (4-45)$$

根据速度三角形,可得

$$AD = V_\mathrm{m}\sin(\beta_\mathrm{m} - \beta_\mathrm{N})$$
$$= BD\sin(\beta_\mathrm{N} - \psi)$$
$$= \frac{DC\sin(\beta_\mathrm{N} - \psi)}{\sin\psi}$$

$$= \left[ (V_{\theta_p})_N - \frac{1}{2}(V_{\theta_p} - V_{\theta_s}) \right] \frac{\sin(\beta_N - \psi)}{\sin\psi} \qquad (4-46)$$

式中

$$(V_{\theta_p})_N / V_a = \varepsilon_p \lambda_N / \lambda \circ$$

由式(4-46)可得

$$\tan\psi = \frac{\sin\beta_N}{\dfrac{4(\varepsilon_p + \varepsilon_s)}{m\sigma[\varepsilon_p(2\lambda_N/\lambda - 1) + \varepsilon_s]} + \cos\beta_N} \qquad (4-47)$$

把式(4-47)代入式(4-43),可得

$$\varepsilon_s = \frac{2\sin\beta_N[\lambda_N/\lambda - 1]}{\dfrac{4(\varepsilon_p + \varepsilon_s)}{m\sigma[\varepsilon_p(2\lambda_N/\lambda - 1) + \varepsilon_s]} + \cos\beta_N} - \varepsilon_p\left(\frac{2\lambda_N}{\lambda} - 1\right)$$

$$= \frac{2\sin\beta_N(\lambda_N/\lambda - 1) - 4\varepsilon_p/m\sigma - \varepsilon_p\cos\beta_N(2\lambda_N/\lambda - 1)}{4/m\sigma + \cos\beta_N} \qquad (4-48)$$

没有预旋片时,式(4-43)简化为

$$\varepsilon_s = 2\tan\psi\left[\frac{\cot\beta_N}{\lambda} - 1\right] \qquad (4-49)$$

式(4-47)简化为

$$\tan\psi = \frac{\sin\beta_N}{4/m\sigma + \cos\beta_N} \qquad (4-50)$$

式(4-48)简化为

$$\varepsilon_s = \frac{2\sin\beta_N(\cot\beta_N/\lambda - 1)}{4/m\sigma + \cos\beta_N} \qquad (4-51)$$

式(4-51)给出了$\varepsilon_s$与$\lambda$和$\beta_N$的关系,在没有径向流动的情况下,该关系式通常能应用于每个叶片单元的性能分析。当径向流动存在时,给定半径的轴向速度将不会保持常数,则需要通过进口和出口的平均速度才能估算出$\lambda$。

## 4.2.6 转子损失分析

风扇压升与体积流量关系曲线和运行效率依赖于转子损失估算。假设风扇转子叶片和整流罩均没有流动分离,则基于叶片展向平均半径处计算均可得到满意的结果,无论是自由涡设计方法还是任意涡设计方法。4.2.1节分析已表明,平均半径相对来说对翼展轴向速度梯度的量级并不敏感,所以没有必要把上游和下游速度进行平均。

风扇平均理论总压升为

$$K_{\text{th}} = \left[ \frac{2(\varepsilon_{\text{p}} + \varepsilon_{\text{s}})}{\lambda} \right]_{x\bar{V}_a} \qquad (4-52)$$

由于损失,气流经过转子叶片后的实际总压升为

$$K_{\text{r}} = K_{\text{th}} \left( 1 - \frac{K_{\text{R}}}{K_{\text{th}}} \right) \qquad (4-53)$$

转子的损失系数为

$$\frac{K_{\text{R}}}{K_{\text{th}}} = \frac{C_{D_{\text{P}}} + C_{D_{\text{S}}}}{C_{\text{L}}} \frac{\lambda}{\cos^2\beta_{\text{m}}} \qquad (4-54)$$

为了获得止旋片设计数据与可变桨距转子间的关系,以及开展失速预测,$\lambda$ 和 $\varepsilon$ 比值的通用性是需要的。假设风扇入口截面的流动相当均匀,设计是自由涡类型,那么径向的流动可以忽略,则关系式 $\lambda = \Lambda/x$ 成立,其中 $\Lambda$ 为叶片尖部前进比。然而,对于非设计状态和可变桨距工况,当转化成 $K_{\text{th}}$ 时,$\varepsilon_{\text{s}}$ 的值将呈现出理论总压升沿翼展的梯度变化。梯度越大,发生径向流动的可能性越大。当后者变得不能忽略时,精确求解 $\lambda$ 则需要相关经验才能解决。

叶片两端的 $\varepsilon_{\text{s}}$ 和 $C_{\text{L}}$ 的计算依赖于 $\Lambda$ 和叶片安装角,其结果可用于止旋片设计和转子/定子失速的研究。

## 4.2.7 叶片间的干涉

叶片的高稠度将会导致其相对孤立翼型的升力曲线斜率降低,因此 $m$ 的取值必须随着叶片根部和平均半径位置叶栅稠度的不同进行调整。对于基于最佳尖部前进比 $\Lambda$ 设计的风扇,径向平均位置处,随着 $\Lambda$ 增大,叶片干涉效应会变得明显。

干涉因子($C_{\text{L}}/C_{\text{L}_i}$)同时是零升力攻角和升力曲线斜率的函数。然而,当该因子假定只作用于升力曲线斜率,在正常工况范围内可获得合理的精度(叶栅试验数据显示,之前的变化非常小)。因此,需要的 $m$ 为

$$m = \frac{5.7 C_{\text{L}}}{C_{\text{L}_i}}$$

式中:$C_{\text{L}}/C_{\text{L}_i}$ 由可线图 2-39 查询得到。不同叶片实度下气流转折角($\beta_1 - \beta_2$)隨安装角变化情况如图 4-6 所示。由于翼型的弯度一般小于 8% $c$(圆弧角小于 36°)可满足大部分的设计需求,因此前面干涉因子的分析适用于绝大多数实例。

可以看出,翼型的气流转向角不仅仅与 $C_{\text{L}}$ 相关,即使对于孤立的叶片情况,也是如此。随着安装角的减小,翼型的气流偏转会增加,因此必须调整翼型弯

度。在极限情况下,气流转向角和圆弧角变得相对较大,在高稠度叶栅中,来自吸力面后缘的流动分离将被相邻的叶片所施加的压力场所阻止,压力场的改变体现在升力系数 $C_L$ 的减小。

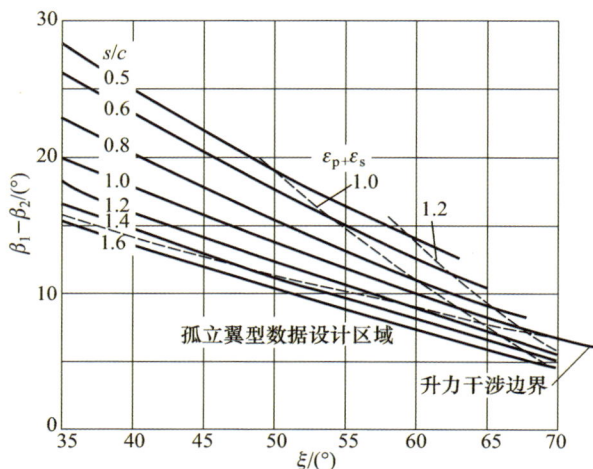

图 4-6 转子叶片升力干涉边界

对 NACA 65 系列鼓风机的研究表明,当气体转角超过 28°时,对叶片倾角要求将会远大于 $8\% c$ 翼型所提供。通过图 4-7 展示的方式中绘制的气流偏转数据,Howell 获取了一条相对独立的曲线。入射角 $i^*$ 是在名义偏转角 $(\beta_1 - \beta_2)^*$ 定义为 $0.8(\beta_1 - \beta_2)_{max}$ 时得到的。所关注的高弯度条件下的 $i^*$,其平均值大约为 2°。$i - i^*$ 的改变率可以用 $\beta_1 - \beta_1^*$ 代替。

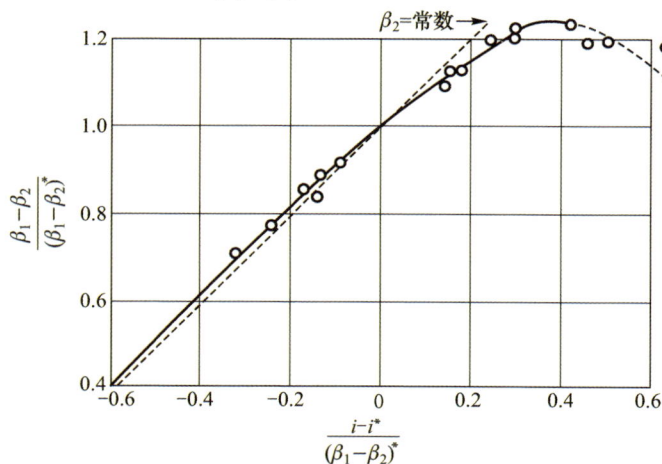

图 4-7 基于叶栅的气流偏转

当设计计算能够提供名义偏转数据时,新的 $\beta_1$ 和 $\beta_1 - \beta_2$ 可以从图中得到。这些可以通过下面的关系式转换为 $\lambda$ 和 $\varepsilon_s$ 和 $\varepsilon_p$,即

$$\tan\beta_1 = \frac{1 + \varepsilon_p \lambda}{\lambda} \tag{4-55}$$

$$\tan\beta_2 = \frac{1 + \varepsilon_s \lambda}{\lambda} \tag{4-56}$$

由于常规设计中气流偏转角 $\beta_1 - \beta_2$ 在平均位置很少能超过 28°,因此上述分析主要用于叶片根部失速预测。在缺乏设计计算时,根据测量得到的包括稠度、安装角、圆弧角等叶片几何参数可用来估算名义设计状态时的 $\beta_1$ 和 $\beta_1 - \beta_2$。

$$\xi = \beta_1^* - i^* - \frac{\theta}{2} \tag{4-57}$$

$$\theta = \frac{(\beta_1 - \beta_2)^* - i^*}{1 - 0.26\sqrt{s/c}} \tag{4-58}$$

## 4.2.8 预旋片分析

风扇进口导叶称为预旋片,气流通过预旋片后会产生旋转,其旋转性能用 $\varepsilon_p$ 表示,在风扇负载变化时,预旋片安装角度保持不变,则旋转系数保持不变。气流通过预旋片的出口角为

$$\beta_2 = i + \theta[1 - 0.19(s/c)] \tag{4-59}$$

对于均匀无旋的进口气流和自由涡条件,有

$$\varepsilon_p x = 常数$$

式中:$\tan\beta_2 = \varepsilon_p$。在进行叶片单元分析时,叶片出口气流角将成为入口气流角 $\beta_1$。

为了改变风扇特征曲线和满足功率需求,有些风扇的进口预旋片设计为角度可调。预旋片采用圆弧的翼型导叶实现气流转折来获取自由涡流动的情况在工程上并不常用,对称的非曲折叶片则是最常见的形式。当预旋片安装角度不大时,出口气流的旋转可合理地预测。若进口叶片安装角度很大时,气流沿叶片流动最终会发生分离。在这种情况下,转子的性能分析中需要考虑损失计算的精确性。风洞风扇实际应用中预旋片的使用较少,需要依据风洞具体的运行状态确定。预旋片在风扇单元中的效率损失由下式评估:

$$\frac{K_P}{K_{th}} = \left(\frac{C_{D_P} - C_{D_S}}{C_L}\frac{\lambda}{\cos^2\beta_{m_p}}\frac{\varepsilon_p}{\varepsilon_p + \varepsilon_s}\right)_{MS} \tag{4-60}$$

式中:$\lambda$ 和 $\varepsilon_s$ 由转子分析确定。

### 4.2.9 止旋片分析

对止旋片的分析主要在两个方面:一是控制转子出口的旋转气流不失速;二是进行流动损失评估,用于风扇效率预测。

对大于 0.5 的旋转因子,气流所需的偏转角应不大于止旋片几何外形最大气流偏转能力或者失速值的 80%。因为止旋片出口角的 $\beta_2$ 接近于 0,则

$$\beta_{1,\text{stall}} = 1.2\beta_{1,\text{design}} \tag{4-61}$$

由于考虑二次流动的影响,建议失速角与设计安装角采用 1.2 的比例。因为在叶片根部 $\beta_1$ 具有较大设计值,这一比值需要允许较大的设计裕度。例如,当气流经过一个叶片单元的设计转折角为 45°时($\varepsilon_s = 1.0$),最大允许量则需达到 54°($\varepsilon_s = 1.38$)。高稠度和大弯度叶片就基于该方面的考虑。当圆弧弯板用于止旋片时,需要留有更大的设计裕度确保旋转气流经过导叶时不出现失速。

止旋片造成的风扇效率损失为

$$\frac{K_S}{K_{\text{th}}} = \left( \frac{C_{D_P} + C_{D_S}}{C_L} \frac{\lambda}{\cos^2\beta_{m_S}} \frac{\varepsilon_S}{\varepsilon_S + \varepsilon_P} \right)_{MS} \tag{4-62}$$

### 4.2.10 雷诺数对风扇性能影响

雷诺数反映了流动中黏性的影响。对于某些特种连续式风洞,如低温风洞,其运行温度、压力等状态变化范围宽广,导致了轴流风扇动叶栅的特征雷诺数变化范围宽,常规设计方法和试验一般无法覆盖该范围,因此需要考虑雷诺数对风扇性能的影响和修正。

(1) 如果采用相似模化设计风扇,在保证其他相似准则的前提下,需要根据大模化比带来的 $Re$ 差异影响对预测的产品性能进行修正。$Re$ 差异的影响应包括对压升、效率、工况范围等整体性能的变化,以及流场特性如边界层转捩的影响。

(2) 采用理论设计方法时,则必须进行模型级试验验证。试验验证的缩比模型级设计要考虑雷诺数,保证缩比尺寸在合理的数值以上;若模型级试验无法覆盖实物风扇运行的雷诺数范围,则未覆盖到的工况点仍需进行修正。

高压比风扇雷诺数的修正方法可采用相关 CFD 或经验、试验进行。例如效率的修正,在许可的雷诺数范围内,采用以下公式(德国 VDI2044 标准)进行:

$$1 - \eta = (1 - \eta')\left(\frac{Re'}{Re}\right)^{0.2} \tag{4-63}$$

若雷诺数变化范围超过了 2 个数量级,则必须采取 CFD 与扩大 $Re$ 范围试验相结合的方式获得准确的性能预测。

根据已有文献和试验,气流流经叶栅时存在一个临界雷诺数 $Re_{cr}$。当 $Re > Re_{cr}$ 时,由于层流边界层转化为紊流边界层,后者较薄且层内动量交换强烈,不易引起分离,$Re$ 对损失影响很小;当 $Re < Re_{cr}$ 时,损失将明显增大,这是因为 $Re$ 低时引起层流边界层分离。把由于雷诺数低而使损失开始明显上升时的雷诺数称为临界雷诺数。对轴流风扇的叶栅,一般可取 $(2 \sim 5) \times 10^5$。当试验和运行雷诺数均大于此值时,可不考虑 $Re$ 的影响和修正。

## 4.2.11　真实气体效应对风扇性能影响

目前,在风扇中使用的介质种类较多,在热力学上,有些介质并不属于理想气体范畴,而应该作为真实气体进行处理。真实气体与理想气体在各方面的规律性有一定的差别。相关研究指出,对于某些气体,即使在常温常压的状态下,按理想气体特性进行设计计算也会有一定的误差。当周围环境偏离常温常压状态时,理想气体的物性与实际气体的物性差异就会逐渐增大,尤其在低温高压状态下,气体的压缩性因子 $Z$ 和比热比 $\gamma$ 的差异十分明显。许多研究表明,风扇内部真实气体流动与理想气体流动差异较大,并随介质种类和流动元件而变化。

迄今为止,对大多数风扇流场的分析与计算仍采用理想气体,其结果并不适用于压缩真实气体的模型级;同时,对真实气体压缩过程的研究仍较为匮乏且不够深入。因此,分析理想气体和真实气体这两种不同介质的流场,寻找它们之间的内在联系与区别,对压缩真实气体的模型级设计有重要的指导意义。由于轴流风扇较少用于压缩复杂介质,因此关于真实气体对轴流风扇性能影响的研究较少。该方向研究主要集中于离心式压缩机以及物性方程方面,但这些研究成果具有一定的通用性,其结论同样适用于轴流式风扇。

主要相关文献及国内外在此方面的研究现状如下:

西安交通大学的刘瑞韬等人通过全三维黏性流场计算程序对某离心压气机模型级整级流场进行了数值模拟,分析了压缩真实气体介质时模型级内的详细流动规律,并与压缩理想气体时的计算结果、试验结果进行了比较。研究结果显示:采用真实气体模型进行数值模拟时,模型级的性能更接近于试验值;对两种介质进行数值模拟时,叶轮出口参数在轮盘与轮盖两侧有明显差异,尤其是在轮盖侧相差更大;对两种介质进行数值模拟时,沿弯道及回流器中央流线的压力系数差别非常显著,模型级出口理想气体的压力系数明显高于真实气体的。

中国科学院热物理研究所的朱永波等人对压缩理想气体和实际气体的离心式叶轮进行了流场分析和比较,其中,流场分析使用中国旅美学者吴仲华先生提出的 $S_1$(任意回转面)/$S_2$(任意径向面)流面迭代计算,实际气体热力过程计算以多变分析为基础。研究结果显示,在理想气体与实际气体的流场中,气流角和马赫数等参数可以借助适当的相似性准则相互比拟,但对于对边界层有很大影响的压力场,两者差别较大,比拟较为困难。

沈阳鼓风机厂孙玉山等人对某一压缩机模型级分别进行了理想气体与真实气体计算,并在压缩理想气体时对叶轮出口参数进行了试验测量。计算结果显示,在压缩两种气体介质时,叶轮中的速度分布是全然不同的;且对于压缩真实气体的计算结果,其叶轮出口参数也不同于压缩理想气体的试验测量结果。

美国兰利研究中心 David 等人开发了一个可以计算低温风洞(使用低温氮气作为试验气体)内各种流动参数的计算程序,可测量(计算)的参数包括静压、静温、压缩系数(因子)、比热比、动力黏度、总密度、静密度、速度、动压、质量流量和雷诺数等。这些参数的计算都基于用户提供的试验段面积、试验段马赫数、总压以及总温等参数选项。该计算程序可有效适用于任何马赫数,总压为 0(略高于 0)~7atm,总温为 78~350K。此外,该程序还能够计算压缩机功率。该程序简化了雷诺数计算以及其他流动参数,使得该程序能够在小型台式计算机上运行。其中,对总温与静温比、总压与静压比、密度、声速和热容比等参数用理想气体方程近似代替真实气体,在理想气体功率方程上附加系数以代替真实气体方程。将该程序的计算结果与美国兰利研究中心 0.3m 跨声速风洞以及 NTF 的测量结果进行比较,其结果均能够较好吻合。对用户来说,该计算程序已经发展成为一种非常有用的设计工具,可以为连续式低温风洞设计者提供帮助。

美国兰利研究中心 Jerry 等人主要针对低温风洞中压缩低温氮气所需的等熵压缩功进行了研究。由于在低温环境下,实际氮气与理想氮气相比,其物性存在一定的差异,进而导致压缩低温氮气所需的等熵压缩功也存在差异,即真实气体效应的影响。他们分别对一定温度、压力下压缩理想氮气和实际氮气所需的等熵压缩功进行了分析与计算,其中,所分析风洞模型的总温为 80~310K,总压为 1.0~8.8atm,压比为 1.025~1.200。同时,利用基本方程(状态方程、守恒方程等)导出需要计算的温比、压比、流量以及单位质量的能耗等相关参数,进行理想氮气和实际氮气的等熵压缩功等参数的计算对比分析。结果显示:①在低温环境下,压缩单位质量实际氮气所需的能量比理想氮气所需的少,尤其在最大压力和最低温度下的等熵压缩功,其减少量达到 14%~17%;②在给定的马赫数下,低温风洞内实际氮气的质量流量比理想氮气要高;③利用压缩因子对理想气体进行简化修正得到的质量流量、能量和功率的理论值与实际氮气的对应值非常接近。

研究表明,对于具有较高压比轴流式风扇(压缩机),真实气体下的驱动功率的计算工程上可采用下式:

$$P \approx \frac{\dot{m}}{\eta}\left(\left(C_p\right)_a - \left(\frac{RT^2}{p}\frac{\partial Z}{\partial T}\right)_a \frac{\Delta p}{\Delta T}\right)T_1\left(\left(\frac{p_2}{p_1}\right)^{\left(\frac{ZR+RT\frac{\partial Z}{\partial T}}{C_p}\right)_a} - 1\right) \quad (4-64)$$

对于理想气体介质,式(4-64)可简化为

$$P = \frac{\dot{m}\frac{1.4}{1.4-1}RT_1\left(\left(\frac{p_2}{p_1}\right)^{\frac{1.4-1}{1.4}}-1\right)Z}{\eta} \tag{4-65}$$

## 4.3　设计优化

轴流式风扇的设计任何优化过程,都需要综合考虑气动、机械、电器、结构、声学以及运行等多个方面的影响。对于风扇而言,高效率的实现往往是最为重要的目标之一,因此风扇的气动设计优化一般会优先考虑。

本节针对自由涡设计方法建立了一个可根据来流流量和旋转系数对风扇峰值效率进行优化的方法。

### 4.3.1　风扇部件损失

某些风扇出口为大气环境,存在排气动能损失 $K_K$,为了统一,将风扇的总效率 $\eta_T$,由通用风扇效率 $\eta'$ 代替:

$$\eta' = 1 - \left(\frac{K_R}{K_{th}} + \frac{K_S}{K_{th}} + \frac{K_P}{K_{th}} + \frac{K_{DL}}{K_{th}}\right) \tag{4-66}$$

式中,$K_{DL}$ 为扩散损失 $K_D$ 和动能损失 $K_K$ 的组合。在入流式风扇应用工况中,$K_{DL} = K_D$,$\eta' = \eta_T$。

**1. 转子损失**

不考虑叶尖间隙损失和环形阻力损失,将式(3-22)代入式(3-89)可得转子叶片中剖面损失系数为

$$\frac{K_R}{K_{th}} = \left[\frac{C_{Dp} + C_{Ds}}{C_L}\left(\frac{\Lambda}{x} + \frac{x}{\Lambda} - (\varepsilon_s - \varepsilon_p) + \frac{\Lambda(\varepsilon_s - \varepsilon_p)^2}{4x}\right)\right]_{MS} \tag{4-67}$$

式中:$C_L$、$C_{Dp}$ 和 $C_{Ds}$ 的标准值分别为 0.8、$0.012C_L^2$ 和 $0.018C_L^2$,此时叶片翼剖面升阻比 $v = 34$。从图 4-8 中可以看出,在 $C_L = 0.8$ 时,升阻比也基本上达到了最大值。在高雷诺数条件下,剖面阻力系数的减少会使得升阻比增加到 40 或者更多。

从式(4-67)中可以看出,$\varepsilon_s$ 的增长会分别导致转子损失的增加,而 $\varepsilon_p$ 增长会导致转子损失的降低。

**2. 定子损失**

针对预旋片和止旋片常规的几何外形,基于叶片中剖面的损失系数为

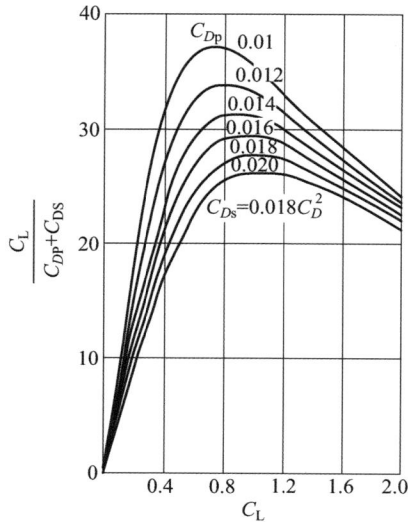

图 4 - 8  叶型升力系数与升阻比关系

$$\frac{K_s}{K_{th}} = \left[ \frac{\Lambda}{x}(0.032 + 0.010\varepsilon_s) \frac{\varepsilon_s}{\varepsilon_s + \varepsilon_p} \right]_{MS} \qquad (4-68)$$

$$\frac{K_p}{K_{th}} = \left[ \frac{\Lambda}{x}(0.025 + 0.024\varepsilon_p) \frac{\varepsilon_p}{\varepsilon_p + \varepsilon_s} \right]_{MS} \qquad (4-69)$$

止旋片和预旋片损失与相关设计参数的关系如图 3 - 17 所示,通过对每个表达式中的最后一项调整以满足所需的理论压升 $K_{th}$。

**3. 风扇出口损失**

当风扇为入流风扇时,风扇下游损失 $K_{DL}$ 只有尾整流罩的扩散损失,对于用作排气扇时,则 $K_{DL}$ 还包括排气动能损失 $K_K$。风扇段出口损失系数可统一表示为

$$\frac{K_{DL}}{K_{th}} = \frac{\Lambda K_{DL}}{[2x(\varepsilon_s + \varepsilon_p)]_{MS}} \qquad (4-70)$$

式中:$K_{DL}$ 在不同扩压效率及面积比条件下的值如图 4 - 9 所示。

## 4.3.2  风扇效率

基于风扇各部件损失表达式可知,对于任意假定的风扇升阻比、桨毂比、旋转系数和出口损失,风扇效率可以通过叶尖前进比 $\Lambda$ 的函数进行估算。由于转子 + 止旋片的风扇构型非常高效,因此这种类型的风扇在目前的背景下被广泛使用。

当讨论定子和转子的设计极限时,可以看出旋转系数 $\varepsilon_{sb}$ 基本达到了最大值,所以在研究风扇可实现的高效率时经常使用这一变量。图 4 - 10 给出了转

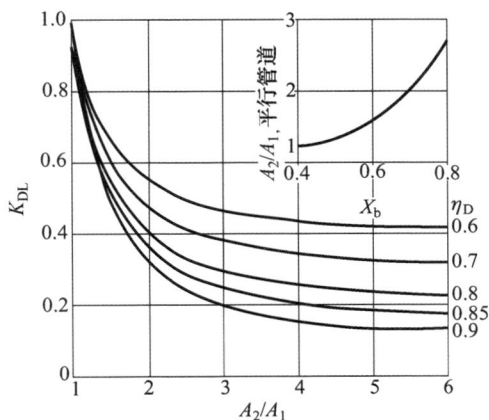

图 4 - 9　排气风扇下游损失

子和止旋片典型组合形式,在四种桨毂比 $(x_b = 0.5 \sim 0.8)$ 条件下,$K_{DL}$ 为某一常数时,$\varepsilon_{sb} = 1.0$,升阻比为 34,$\eta'$ 随 $\Lambda$ 的变化曲线。可以看出,在下游损失为零时,桨毂比对风扇峰值效率的影响忽略不计。

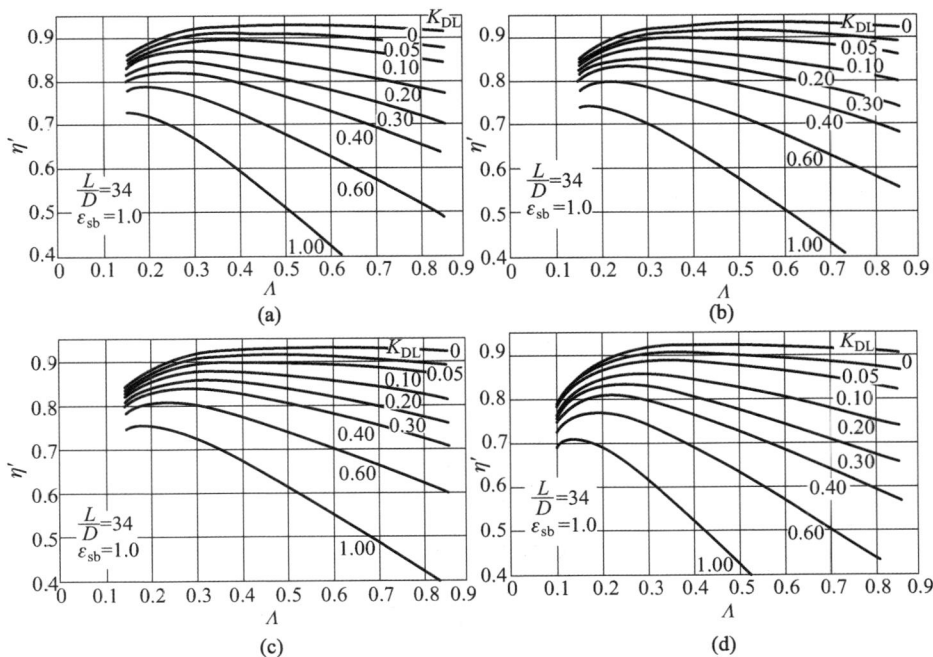

图 4 - 10　转子 + 止旋片单元效率

(a)$x_b = 0.5$; (b)$x_b = 0.6$; (c)$x_b = 0.7$; (d)$x_b = 0.8$。

针对预旋片 + 转子构型风扇系统,桨毂比为 0.60 时单元效率与叶尖前进比的关系曲线如图 4-11 所示,此时旋转系数 $\varepsilon_{pb}$ 值有所增加,约为 1.2。

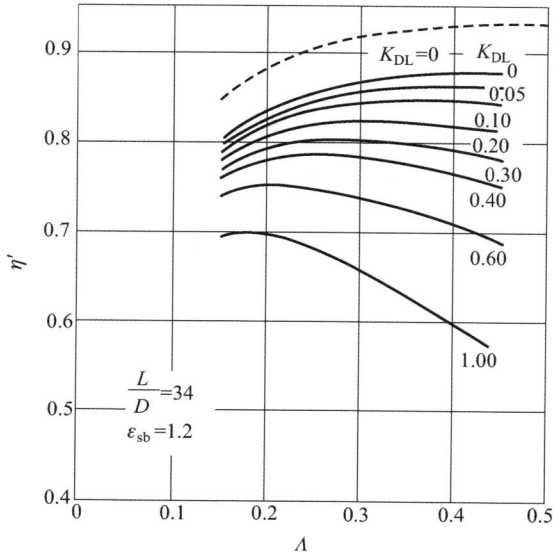

图 4-11　预旋片 + 转子单元效率($x_b = 0.6$)

在高雷诺数运行条件下,风扇的效率会比图中的值偏高 1% ~2% 。

### 4.3.3　无量纲压升

当 $K_{DL} = 0$ 时,叶片总压升系数为

$$K = \eta' K_{th} = \eta' \left[ \frac{2(\varepsilon_s + \varepsilon_p)}{\lambda} \right]_{MS} \tag{4-71}$$

不同桨毂比,且 $K_{DL} = 0$ 时,$K$ 与 $\Lambda$ 的关系如图 4-12 所示。

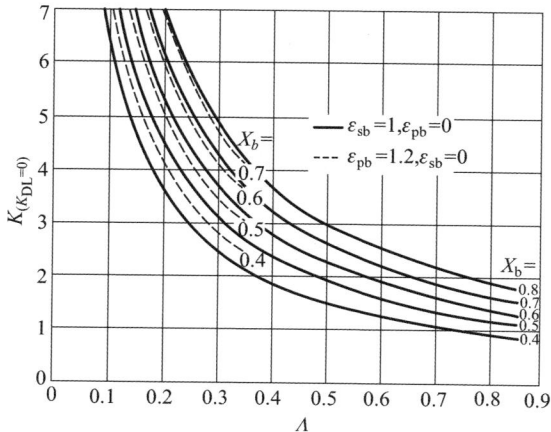

图 4-12　不同设计参数下的风扇压升系数

## 4.3.4　设计优化

**1. 叶尖前进比**

利用上述效率曲线,在设计过程中保持风扇高效率的同时,对叶尖前进比 $\Lambda$ 可以在一定范围内择优选择。设计最重要的目标之一就是对 $\Lambda$ 的值进行优化,并且可以通过查询曲线确定不同构型最优 $\Lambda$ 时的风扇压升系数。

保持之前对升阻比和旋转系数的假设值,同时将算式(4-67)~式(4-70)代入式(4-66)中,可以得到适合于任意给定设计参数的表达式:

$$\eta' = 1 + C_1 - \frac{C_2}{\Lambda} - C_3\Lambda \tag{4-72}$$

对 $\Lambda$ 求微分,并让其等于零,可得

$$\Lambda_{\mathrm{opt}} = \sqrt{\frac{C_2}{C_3}} \tag{4-73}$$

对于给定风扇桨毂比为不同常数时,转子＋止旋片的风扇构型单元下的最佳叶尖前进比 $\Lambda_{\mathrm{opt}}$ 和下游损失 $K_{\mathrm{DL}}$ 的关系曲线如图4-13所示,而预旋片＋转子风扇构型关系则如图4-14所示。对于给定的桨毂比,$\Lambda_{\mathrm{opt}}$ 的值随着 $K_{\mathrm{DL}}$ 的增加快速减小。另外,从图4-14中可以得到与 $\Lambda_{\mathrm{opt}}$ 相对应的 $K$ 值。在此过程中需要牢记气流旋转系数极值 $\varepsilon_{\mathrm{sb}}$ 假设是统一的。

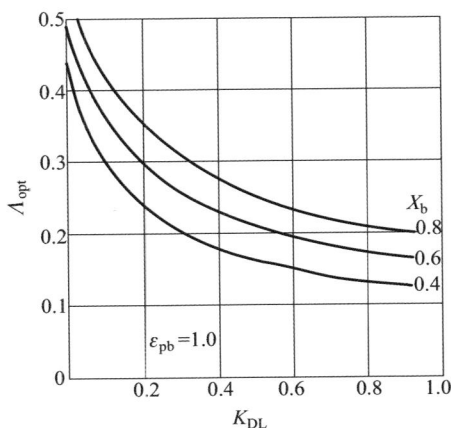

图4-13　最优前进比与设计参数关系(转子＋止旋片单元)

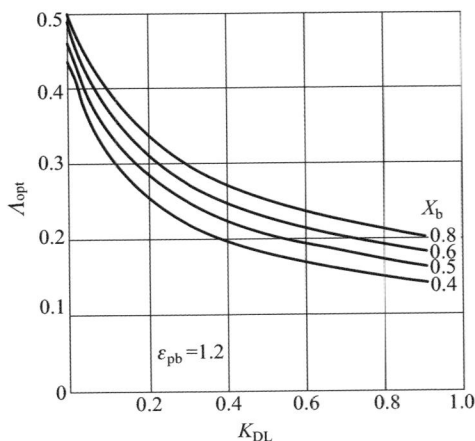

图4-14　最优前进比与设计参数关系(预旋片＋转子单元)

**2. 压升**

针对转子＋止旋片构型单元,假设对应的工况条件:叶尖速度为100m/s,气流密度为 1.2kg/m³。利用图4-13可以得到最佳尖部前进比 $\Lambda_{\mathrm{opt}}$ 下的风扇总压

升,如图4－15所示。在任意确定的无量纲工况下,风扇压力与空气密度成正比,并与叶尖速度的平方成正比。因此,当 $x_b$ 和 $K_{DL}$ 已知或者假设为某值的时候,可以很容易确定由这些变量构成的不同组合形式的 $\Delta H_T$ 的值。图中清楚表示了桨毂比对压升造成的影响,可以看出随着桨毂比的增大,风扇可获得的压升越大。

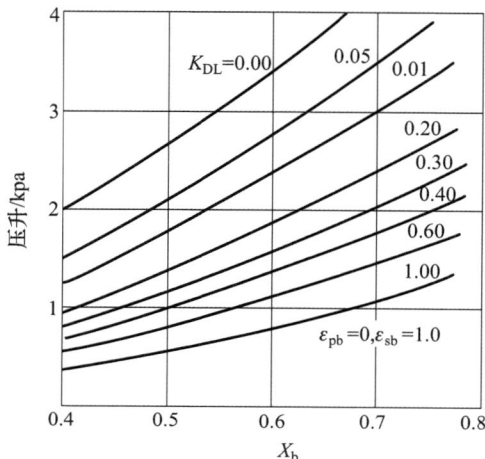

图4－15　最优前进比下的风扇压升(转子＋止旋片单元)

因为前进比 $\lambda$ 与压升系数 $K_{th}$ 成反比,若流量系数加倍,会使得压升系数 $K_{th}$ 的设计值减半。然而,风扇压升是参数 $\Lambda^2$ 的函数,对于给定的风扇速度,最终导致的结果就是增加风扇叶片单元压力负载。当风扇下游的损失可分散到多级转子中时,增加叶尖前进比 $\Lambda$ 将是不错的尝试,此时须采用多级串联的设计方法。但随着 $\Lambda$ 设计值的增加,叶片的反应度会有所降低。产生的结果就是旋转动量在总压升中占有很大的比例,并且导致止旋片中的气流静压需要具有很高恢复效率。

风扇和压缩机设计的主要区别可以用前面的特征来解释。对于压缩机,扩散损失变得无足轻重,压缩机叶片选择50%反应度的可以确保每个单元级都有较高的总压升,同时又可以通过限制叶片的线速度来避免激波诱导叶片分离和可能存在的失速。

当设计最佳的多级单元时, $K_{DL}$ 将被最小化,并允许在设计中采用更大的 $\Lambda$ 。然而,每个单元级的总压升将依据所需的做功能力确定。同时,为了限制叶片稠度和保持 $\varepsilon_{sb}$ 的一致性。

综上所述,最佳的风扇设计可以描述为一个单元级,转子和定子叶片是为设计点工况而特制的,忽略所有的非气动约束。但无论如何,首先正确选择风扇整体几何特性非常重要,同时下游损失对这些选择的影响也是显而易见的。

**3. 流量**

将风扇段直径和体积流量联系起来的最好方式是采用整流头罩之前的风扇入口速度,定义为 $U_i$。假设转子叶片的叶尖速度为 $100\mathrm{m/s}$,改变 $\Lambda_{opt}$ 的值,得到的曲线如图 4-16 所示。当然,体积流量随着叶尖速度线性变化。

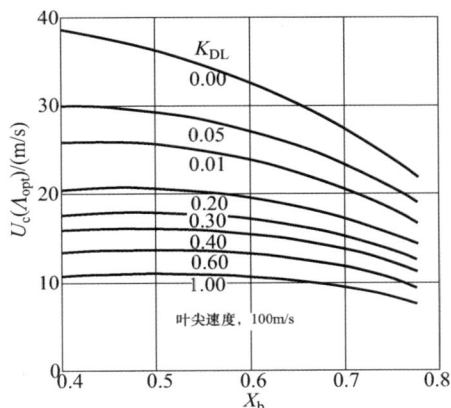

图 4-16　入口速度随 $x_b$ 的变化曲线(转子 + 止旋片单元)

注意到,在较小的桨毂比以及固定的叶尖速度下,设计较好排气风扇的入口轴向速度 $U_i$ 几乎没有变化($K_{DL} \approx 0.2$)。当对叶尖速度的上限进行设定,同时考虑机械和噪声的影响时,可以获得与之近似的 $U_i$ 设计值。风扇的桨毂比主要由压升确定,而风扇直径基本上可以决定体积流量。可将速度 $U_i$ 与风扇段直径关联如图 4-17 所示,而风扇的转速可通过图 4-18 中的关系得出。

**4. 优化方法**

为寻求最佳设计方案,建议从建立 $K_{DL}$ 开始(图 3-19 和图 4-9),再依据图 4-13 和图 4-15 确定风扇所需压升和选定的叶尖速度下的最佳桨毂比。当确定上述变量后,$U_i$ 的值可以从图 4-16 中得到。针对所需的体积流量,风扇直径和转速可以从图 4-17 和图 4-18 中得到。为了让所有的设计参数都能够相互匹配需要少量的试验和迭代修正。实际工程中除了研究设备以外,很难设计出完全满足以上所谓的最优特性风扇。但是,因为关于 $\Lambda$ 的效率峰值相对平缓,而且当 $K_{DL}$ 较小时桨毂比对效率的影响也很小,因此,在确保性能不会明显下降前提下,可以对设计参数进行适当调整。在确定上述主要设计参数过程中,建议采用试错法。

$\Lambda_{opt}$ 随着 $K_{DL}$ 的改变会有明显的变化,尤其当 $K_{DL}$ 较小时(图 4-13)。由于这种类型的风扇可以用于下吹或者排气形式的设备中,当 $K_{DL}$ 较小时,$\Lambda$ 随 $\eta$ 的变化曲线在峰值效率附近相对较为平坦,建议采用一个相对折中的 $\Lambda$ 值。对于

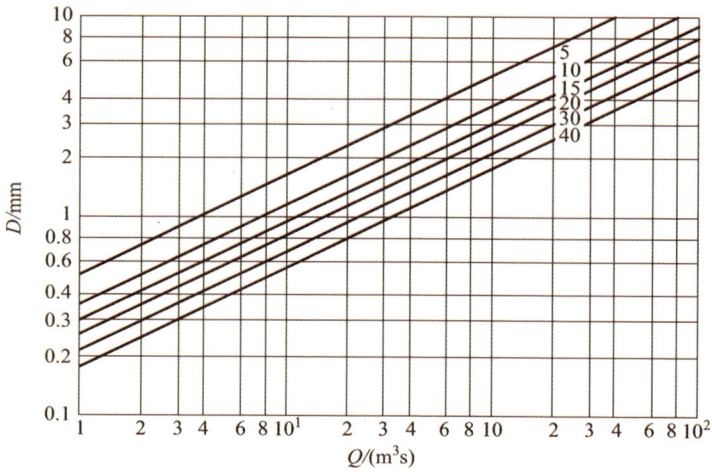

图 4 - 17　不同入口速度下风扇直径随体积流量的变化曲线

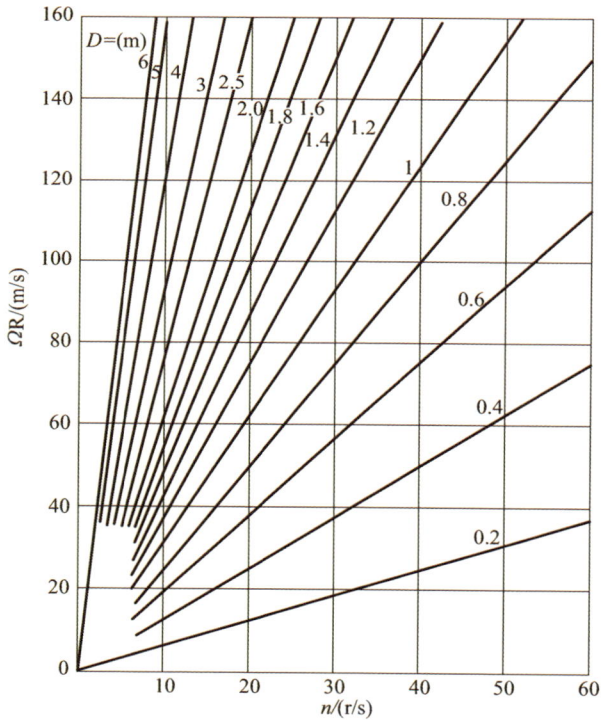

图 4 - 18　叶尖速度随风扇转速的变化曲线

下吹风扇，其 $K_{DL}$ 的典型值约为 0.1，然而在排气风扇中这一参数的取值范围是 0.20 ~ 0.35，取决于排气扩压器的面积比。

在限制风扇的类型和尺寸方面,选择两个桨毂比和一个风扇尺寸的增量。假如桨毂比分别为 0. 552 、0. 69,其中一个风扇比另一个风扇大 25% 时,可以确定一个桨毂直径可同时满足这两种风扇类型。当这两种类型风扇的流量系数分别为 0. 28 、0. 32 时,对于下吹式风扇,其效率达到 90% 附近时,具有较好的增压能力。根据上述研究结果可较为容易的得到不同需求时的所有设计参数。

在考虑风扇峰值效率的同时,还需兼顾其他因素,这会对很多的设计结果产生影响。比如,对于低压升风扇,采用较小的转子叶片实度和气流旋转系数,以及较高转速的总体设计方案是较为合适的。

当电机选型可满足最优设计方案提出的风扇转速时,可适当提高电机的最大转速,能有效避免叶片根部的超载(因为之前研究所依据的当地气流旋转系数已经接近极限)。另外,风扇桨毂比的增加必须伴随有低速备选方案,以避免超出叶片根部的设计限制。

工程实践中的常用值一般都低于上述 $\Lambda_{opt}$ 的值,对于给定负载工况,风扇的叶尖速度会相对较低。因此,需要对气动、机械、结构以及噪声之间兼容性进行综合衡量以确定相对最佳的设计参数。

# 第5章　风扇噪声分析及控制技术

## 5.1　轴流风扇噪声的基本概念

风扇噪声是连续式风洞主要的噪声源。高噪声气流流场不仅影响试验结果的可靠性和精确性,而且会带来严重的噪声污染。因此,开展风洞风扇桨叶低噪声设计研究具有重要的意义。

风扇的气动噪声是气流流动过程中气流与风扇相互作用所产生的噪声,主要由旋转噪声和湍流噪声两部分组成。旋转噪声是由于叶片周围的不对称结构与叶片旋转所形成的周向不均匀流场相互作用而产生的噪声。在高速、低负荷情况下,这种噪声尤为突出。湍流噪声是由气流流动时的叶片表面和管道内各种分离涡流产生的,有以下三种成因:

(1)当具有一定的来流紊流度的气流流向叶片时产生的来流紊流噪声。

(2)气流流经叶片表面由于脉动的紊流边界层产生的紊流边界层噪声。

(3)由于叶片表面紊流边界层在叶片尾缘脱落产生的脱体旋涡噪声。

由于旋转噪声以偶极子声辐射为特征,湍流噪声以四极子声辐射为特征,而在低速风洞中,偶极子的辐射效率比四极子高得多,并且低速风洞中风扇段通常距离试验段比较远,因此,理论和实践表明,对于风洞试验段流场来说,风扇噪声可以考虑旋转噪声为主。降低噪声对风洞试验段气流的不利影响,一般采取以下三种做法:

(1)降低风扇系统本身产生的噪声。这种做法主要从风扇系统的设计、制造、安装、调试、监测等方面做认真细致的考虑和处理。在设计上,采用低转速风扇、合理选择风扇桨叶和止旋片的数目、合理选择桨叶与止旋片之间的轴向间距和提高风扇进口气流的均匀性以降低风扇的旋转噪声;合理选择叶栅参数、减小桨叶叶尖径向间隙和减小风扇进口气流的湍流度以降低风扇的湍流噪声。从理论上讲,风扇叶尖速度对声功率的影响最为突出,因此在风洞试验气体流量不变的条件下,只要降低风扇叶尖速度,就可以大大降低风扇本身产生的噪声。

(2)由于风扇的噪声影响随着距离的增大而减弱,因此,在风洞回路总体布局设计时,应尽量使风扇段远离试验段。这对降低试验段噪声是有好处的。值得注意的是,在回流式低速风洞中,风扇噪声不但会从上游传入试验段,而且会从下游向上逆传入试验段。

（3）必要时,可在风扇段与试验段之间管道的低速段上设置内场消声器,以降低传入试验段的噪声量。经验表明,在低速风洞中,风扇噪声是以平面波的形式绕风洞回路传播的,这可以作为风洞内场消声器设计时的依据。

此外,风扇噪声中除了旋转噪声和湍流噪声这两种气流噪声外,还有在机械振动引起的机械噪声。机械噪声主要通过风扇段壳体向外辐射,与气流噪声相比强度较低,对内场噪声的影响较小,一般不予考虑。

## 5.1.1　一般声源的数学表达式

声波本质上是一种微弱的扰动,声波传播的速度就是气体中微弱扰动的传播速度。声速为

$$a = \sqrt{\gamma R T} \tag{5-1}$$

式中　$\gamma$——等熵指数,对空气介质,$\gamma = 1.4$;

　　　$R$——气体常数,对空气介质,$R = 286.8\text{J}/(\text{kg} \cdot \text{K})$。

声速、波长、周期（频率）共同组成声波的三要素。波长以 $\lambda$ 表示,单位为 m;周期,声波传播一个波长距离所需时间以 $T$ 表示,单位为 s;周期的倒数称为频率,以 $f$ 表示,单位为 Hz。只有频率为 20~20000Hz 的波动才能使人产生声音的感觉。频率低于 20Hz 的声波称为次声波,高于 20000Hz 的声波称为超声波。人耳听不到次声波和超声波,但是动物不同,老鼠可以听到 16Hz 的次声波,狗可以听到 38000Hz 的超声波。人们对频率不同的声波的感觉也是不同的,低频声波感觉较为低沉,高频声波感觉较为尖锐。

声波在遇到障碍物且障碍物大于声波波长时会产生反射。被反射的只是部分声能,另一部分声能则入射到障碍物内部转变为热量。被反射的声能与总声能之比称为反射系数。反射系数的大小与障碍物的材质、结构及表面粗糙度有关。在封闭的环境中,由于反射声波的存在会使环境中的声音加强,当声源已停止发声后,短时间还能听到声音,这种现象称为混响。

声波从空气传播到另一物质的界面上时会发生折射现象,空气内部存在温度差时也会发生折射现象。

声波在传播过程中还会相互叠加,这种现象称为干涉。

评价声波大小最直接的一个物理量是声压,单位是 Pa。声压就是空气介质受到扰动后当地压强的微小增量。某一时刻的声压称为瞬时声压。在一定时间间隔内,瞬时声压对时间取均方根可得到有效声压:

$$p_e = \sqrt{\frac{1}{T} \int_0^T p^2 \mathrm{d}t} \tag{5-2}$$

人耳对声音强度的感觉并不与声压呈线性关系,而是接近于与声压的对数成正比,因此声学中普遍采用声压级来度量声音的强度,记为 $L_p$(单位为 dB):

$$L_p = 20\lg \frac{p_e}{p_{ref}} \tag{5-3}$$

式中  $p_e$——有效声压(Pa)

$p_{ref}$——参考声压,空气中的参考声压一般取 $2 \times 10^{-5}$ Pa,即人耳对 1 kHz 纯音的可听阈。

另外,人耳对声音强度的感受也不完全取决于声压级的大小,还与声音的频率有关。声压级数值相同的情况下,人耳对中频的声音更敏感,而对高频和低频的敏感度降低。根据这一特点,出现了以 1 kHz 纯音为标准的 A 计权修正,修正后的声压级称为 A 声级,见表 5-1 所列。

表 5-1  A 计权修正量

| 中心频率/Hz | 31.5 | 63 | 125 | 250 | 500 | 1000 | 2000 | 4000 | 8000 |
|---|---|---|---|---|---|---|---|---|---|
| 修正量/dB | -39.4 | -26.2 | -16.1 | -8.6 | -3.2 | 0 | 1.2 | 1.0 | -1.1 |

声波在传播方向上单位时间内通过单位面积的声能称为声强 $I$,即单位面积上的声功率(W/m²)。

$$I = \frac{p_e^2}{\rho c} \tag{5-4}$$

式中  $\rho$——空气密度(kg/m³);

$c$——空气中声速(m/s)。

声功率定义为单位时间内向外辐射的总能量,单位为 W。而声功率级 $L_W$(dB)定义为

$$L_W = 10\lg \frac{W}{W_0} \tag{5-5}$$

式中  $W_0$——基准声功率,$W_0 = 10^{-12}$ W。

## 5.1.2  空气动力性噪声的形成及声源类型

空气中的物体在振动时会扰动到周围的空气,使空气质点来回运动,更学术一些的表达是:气体的非稳定过程、气体的扰动以及气体与固体边界的相互作用,这种运动就是空气声。典型的空气声如刮大风时的"呼呼"声、吹奏乐器时发出声音,以及水开时水壶发出啸叫声。而使人烦躁、干扰仪器测量、对结构件造成损伤的空气动力声称为空气动力性噪声。从声源的特性区分,空气动力性噪声主要有单极子噪声、偶极子噪声和四极子噪声三种基本类型,其典型特征见表 5-2。

表 5 - 2　典型空气动力性噪声

| 声源类型 | 声源简图 | 辐射特性 | 指向性 | 声功率 |
|---|---|---|---|---|
| 单极子声源 |  | 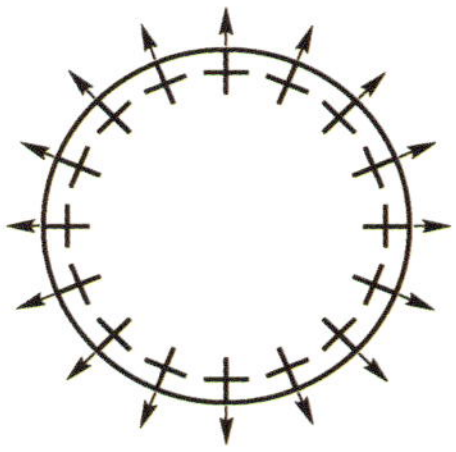 |  | $\rho L^2 \dfrac{v^4}{c}$ |
| 偶极子声源 | 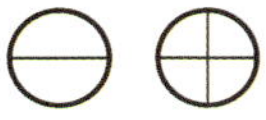 | 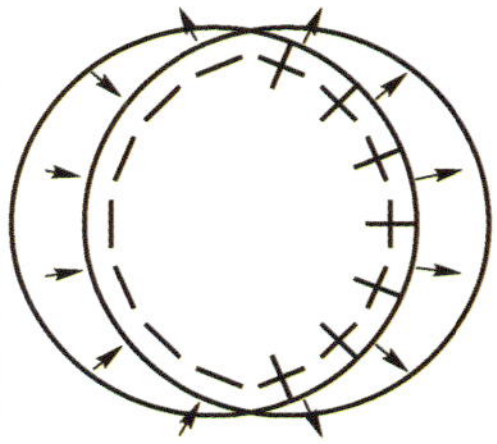 | 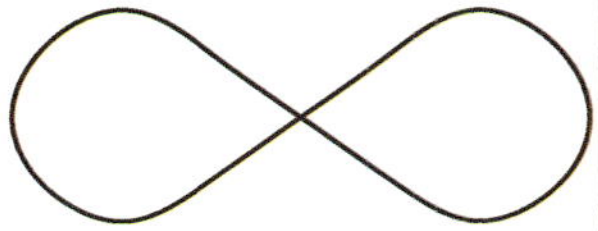 | $\rho L^2 \dfrac{v^6}{c^3}$ |
| 四极子声源 | 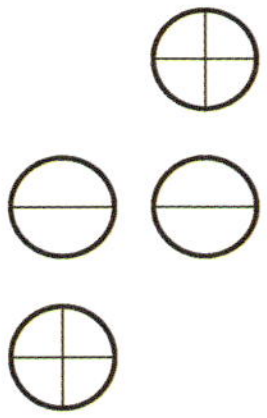 | 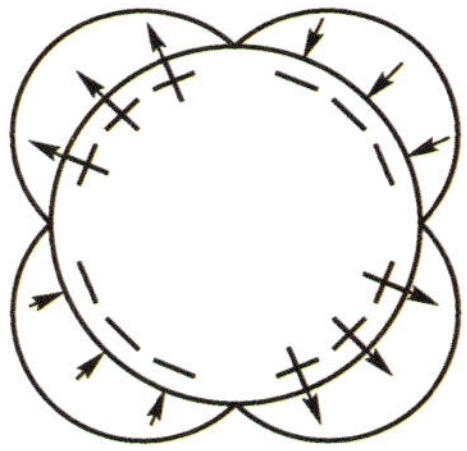 |  | $\rho L^2 \dfrac{v^8}{c^5}$ |

　　一般认为,单极子声源是点或相对于声场足够小的球体,随着质量的流入和流出或者膨胀和收缩的过程产生的。根据这一定义,设置一个围绕单极子声源的球形边界,则边界上每一点振幅和相位都是相同的。爆炸是最典型的单极子源,巨大的能量无差别的向球形边界扩散。单极子声源的波动方程为

$$\frac{1}{r^2}\frac{\partial}{\partial r}\left(r^2\frac{\partial \varphi}{\partial r}\right) = \frac{1}{c^2}\frac{\partial^2 \varphi}{\partial t^2} \tag{5-6}$$

式中　$\varphi$——速度势。

　　其声功率满足

$$W \propto \rho L^2 \frac{v^4}{c} = \rho L^2 v^3 \, Ma \tag{5-7}$$

式中　$\rho$——介质密度($\text{kg/m}^3$);

　　　　$L$——特征尺寸(m);

　　　　$v$——流速(m/s);

　　　　$Ma$——马赫数。

偶极子声源可以认为是相距很近、相位相差 180°的两个单极子形成的声源,如果按照单极子的方法定义一个包裹偶极子的球形边界,那么通过该球形边界的净质量应为零。偶极子的另外一种描述是把它当作一个由振荡作用驱动的球,通过这一描述更容易理解偶极子的表象:在偶极子的声场里有一个极大值方向,而与此方向垂直的方向上没有径向运动存在。球的往复运动或弦乐器弦的振动发出的声音都是偶极子声。偶极子声源的波动方程为

$$\frac{1}{r^2}\frac{\partial}{\partial r}\left(r^2\,\frac{\partial \varphi}{\partial r}\right) + \frac{1}{r^2\sin\theta}\frac{\partial}{\partial \theta}\left(\sin\theta \cdot \frac{\partial \varphi}{\partial \theta}\right) = \frac{1}{c^2}\frac{\partial^2 \varphi}{\partial t^2} \tag{5-8}$$

其声功率满足

$$W \propto \rho L^2\,\frac{v^6}{c^3} = \rho L^2\,v^3\,Ma^3 \tag{5-9}$$

四极子声源可以认为由两个相距很近、强度相等、相位相反的偶极子组成,因此它具有两个声源极大的方向和四个旁瓣。在固体与流体相互作用时,固体表面对流体作用的起伏力与流体对固体表面的脉动压力也是一种作用力与反作用力,但流体对固体表面的脉动压力不能产生流体中的声波而是固体中的振动波,只有固体对流体作用的起伏力能导致声波的产生,所以固体与流体的相互作用是一个力源,而不是一对力偶,即这种作用不会辐射四极子声。事实上,四极子声源一定形成于流体与流体相互作用的紊流中。按照前面的做法,沿着围绕四极子声源的球形边界积分既没有净质量,也没有净作用力存在。其声功率满足

$$W \propto \rho L^2\,\frac{v^8}{c^5} = \rho L^2\,v^3\,Ma^5 \tag{5-10}$$

除声场的表象形式不同以外,三种基本声学模型的辐射声功率受当地气流速度的影响也不同,单极子声源、偶极子声源和四极子声源的辐射声功率分别与当地气流速度的 4 次方、6 次方和 8 次方成正比。

事实上,任何的实际声源都可以由具有适当的相位和幅值的很多个单极子按照一种的排布方式组合而成,其排布方式过于繁杂,而采用偶极子和四极子这种特殊组合表征声源可以把这一问题适当地简化。考虑一台设备的噪声问题,可以先判定哪一种形式的声源占主导地位,并根据这种判定预见声源的某些特征,方便后续工作的开展。

另外,还可以按照产生机制将空气动力性噪声分为喷射噪声、涡流噪声、旋转噪声和周期性进排气噪声等。

气流从管口高速喷出的过程中,高速气流与周围绕静止空气激烈混合时辐射的噪声,如喷气发动机和高压容器排气噪声就是喷射噪声。喷射噪声具有明

显的指向性,最大噪声分布在与喷口轴向成 30°~45°锥形区域内。

气流流经障碍物时,由于空气分子黏滞摩擦力的影响,具有一定速度的气流与障碍物背后相对静止的气体相互作用,就在障碍物下游区形成带有旋涡的气流,这些旋涡不断形成又不断脱落,每个旋涡中心的压强低于周围介质压强,每当一个旋涡脱落时,湍动气流中就出现一次压强跳变,这些跳变的压强通过四周介质向外传播,并作用于障碍物,这一过程辐射的噪声称为涡流噪声。

旋转的空气动力机械,如飞机螺旋桨,工作时与空气相互作用,连续产生压力脉动,从而辐射的噪声,称为旋转噪声。

周期性进排气噪声是一种影响较大的气动噪声。内燃机、活塞式空气压缩机的进排气噪声均属于这一类型。

## 5.1.3 轴流风扇噪声

轴流风扇的气动噪声具有典型的偶极子声源特征,从产生机制上来看,主要包含涡流噪声与旋转噪声。

### 1. 涡流噪声

涡流噪声是空气中的旋涡不断形成和脱落造成的,这一过程的无规性很强,导致噪声频谱呈现无规则和宽带特性。主要由随机脉动压力使气体发生扰动形成疏层和密层而产生,是一种宽频带连续谱。涡流噪声主要来自以下四个方面:

(1)风扇转子流道与静子表面湍流边界层内随机脉动压力产生的噪声。

(2)轴流风扇动叶后缘边界层内的旋涡脱落时将引起压力脉动,即使边界层未分离,也会产生噪声。如果边界层分离,将形成相当大的尾迹区,引起更大的压力脉动,产生更大的噪声。

(3)二次流产生的噪声。在轴流风扇动叶表面边界层内由凹面向凸面的流动所引起的二次流将产生噪声。

(4)间隙噪声。轴流式风扇动叶叶尖与外壳之间有间隙,气流将在叶尖处形成尖端涡,尖端涡以及动叶后缘与静叶前缘间的非稳定干扰将产生间隙噪声。

上述涡流噪声中,由边界层分离引起的噪声和间隙噪声较高,其他各项噪声较低。特别是轴流式风扇径向间隙过大会引起噪声剧增。

另外,涡流噪声的产生过程又存在一个大致的周期,使得涡流噪声中存在一些较为突出的频率成分,其峰值可用下式计算:

$$f = Sr \frac{w}{d} i \qquad (5-11)$$

式中  $S_r$ ——斯特劳哈尔数;

$w$ ——气流与叶片相对速度;

$d$ ——声源特征尺寸;

$i$——谐波序号($i = 1,2,3,\cdots,i = 1$是基频)。

轴流风扇的动叶片、止旋片以及支撑片都可能成为重要的涡流噪声声源,二次流等产生的噪声均为旋涡噪声。上述噪声中,边界层分离引起的噪声和间隙噪声较高,其他各项噪声较低。尤其是叶顶间隙过大会引起噪声剧增,如果间隙大于叶片弦长的3% ~4%,引起的噪声可能成为主要的气动噪声。

**2. 旋转噪声**

旋转噪声又称为离散频率噪声,发生机理有两个:一是由于叶片在自由空间旋转时,叶片邻近的空气受到叶片的打击,引起气体压力场周期性脉动发出的声音;二是由于轴流风扇动叶与静叶之间的气流干扰,这种干扰既归因于压力场的相互干扰,又归因于叶片尾迹的相互作用。当动叶与静叶间距离较小时,前排叶栅的尾迹将周期性地扫过后排叶栅,从而产生旋转噪声。风扇转子每转动一周,就通过其运动轨迹上某一点一次,通过该点时叶片的背面受到空气的阻力脉冲,叶片的反作用使空气向后运动,而叶片正面的负压脉冲把空气向前吸引。在单位时间内通过的叶片越多,产生的压力脉冲越多。这一系列压力脉冲可以分解为一个与时间无关的定常压力和以单位时间通过的叶片数为基础的一系列高次压力谐波的和,其中定常压力可以理解为转子叶片提供的升力,而以叶片通过次数为基频的压力谐波,在其压力扰动足够强时,则产生旋转噪声。

旋转噪声属于偶极子声源,旋转噪声的频率为

$$f = \frac{nB}{60}i \qquad\qquad (5-12)$$

式中 $B$——风扇转子叶片数;

$n$——风扇每分钟的转数。

如果风扇参数设计不合理,涡流噪声与旋转噪声相互作用会引发很强的共振噪声,因此风扇声学设计的一项重要内容就是将二者的峰值频率(区域)有效避开,最主要的是基频。就气动噪声总体而言,高速轴流式风扇噪声一般以旋转噪声为主,低速通风机噪声以涡流噪声为主。

## 5.2 轴流风扇噪声的评价与标准

JB/T 8690—2014《通风机噪声限值》指定了普通轴流风扇的噪声限值。噪声测量条件、装置及方法按 GB/T 2888—1991《风机和罗茨鼓风机噪声测量方法》执行。标准规定轴流风扇比 A 声级不大于35dB。以比 A 声级作为限值标准,根据风扇的风量、风压,用下式计算系列风扇不同性能参数的限值 A 声级

$$L_{SA} = L_A - 10\lg(Q\Delta P^2) - 19.8 \qquad\qquad (5-13)$$

式中 $L_{SA}$——通风机比 A 声级(dB);

$L_A$——通风机进气口或出气口在最高效率工况运转的 A 声级 dB（A）；

$Q$——风量（$m^3/min$）；

$\Delta P$——风扇压升（Pa）。

风洞噪声更关注内场气流噪声，对壳体外的噪声考虑较少。目前对于风洞轴流风扇内场噪声限值要求，还没有正式标准出台，在风洞设计时，一般按照与试验段等噪声效果提出设计要求，即充分考虑风洞回路降噪性能以及管道截面变化引起的声压级变化以后，试验段自身噪声对某点的作用效果与风扇噪声对该点的作用效果相当。

# 5.3 轴流风扇噪声的估算

轴流压缩机的噪声预测可以采用工程方法和数值方法。工程方法根据试验测试数据，并考虑若干气动参数的影响，从而得到噪声估算的工程表达式。这种方法精度相对较差，而且适用范围有限。数值方法评估噪声基于流场数值仿真结果提取压力脉动数据，模拟压缩机噪声源及传播特性，具有相对较高精度；但受计算网格、精度等限制，需要大量的计算资源。目前，工程上一般将两者相结合，以工程评估方法初步确定动静叶片数影响，以数值模拟方法确定动静叶干涉、叶片弯掠及轴向间距等对噪声的影响评估。这里简要介绍工程上常用的几种估算方法。

## 5.3.1 估算方法一

轴流风扇是风洞噪声优化设计的一个重要潜力源，各制造商将预估其风扇的噪声功率级。较常采用的一个估算公式为

$$L_{Wfan} = 40.2 + 10\lg Q + 20\lg\Delta P_0 \qquad (5-14)$$

式中 $L_{Wfan}$——轴流风扇声功率级（dB）；

$Q$——体积流量（$m^3/s$）；

$\Delta P_0$——总压升（Pa）。

根据式（5-14），风扇的声功率与经过风扇气体的体积流量和总压升有关。式（5-14）根据 Beranek 的理论得到，在奥迪的气动声学风洞中成功应用。

例如，某轴流风扇气体体积流量 $Q = 458 m^3/s$，总压升 $\Delta P_0 = 1100 Pa$，由式（5-14）可以得到风扇的总声功率级估计 $L_{Wfan} = 127.6 dB$。按照式（5-14）估算风洞轴流风扇噪声，除宽带噪声外，噪声频谱中的脉冲噪声起源于动叶与静叶的干扰，它产生旋转声压谱，其产生与波形数有关，波形数为

$$m = nB + kV, k = 0, \pm1, \pm2, \cdots \qquad (5-15)$$

式中 $n$——谐波数；

$B$——动叶数；

$V$——静叶数。

对于任何给定的 $B$ 和 $V$ 组合,用式(5-15)得到多个波形数,实际上仅有限的波形数是有意义的。另外,特定的波形数决定声波是以螺旋方式沿风扇管道或是沿轴向传播,而沿轴向传播对于过程衰减更为有利。因此轴流风扇设计的主要目标之一,即通过选择适当的转子叶片和定子叶片数,避免沿管道传播的激振波形产生。

然而,即使纯音噪声的影响被限制到最小以后,在不引入其他吸声降噪设施的情况下,轴流式风扇还是会辐射很大的噪声。作为应对措施,风扇的上、下游拐角导流片可设计成消声器,选择的吸声材料一般是阻性环保吸声棉或吸声泡沫。由于较大的声学插入损失(尤其是在低频范围内),要求较厚的吸声材料,目前较常用厚度为 200~400mm。通过进一步增加厚度来提升降噪效果和改善低频性能的空间变得非常有限,可以通过选取稍多的转子叶片数,以提高主叶片通过频率(BPF),从而达到易于消除的目的。

上述轴流风扇噪声计算的公式中得到的是声功率级,声功率是一个总能量的概念,通常大型风扇的声功率会大一些,但是对试验的影响不一定会同时增大(因为它作用的面积范围更广)。风洞中一般使用声压以及声压级的概念评价噪声,直接去除了尺度大小因素的影响。通过下式实现声压到声功率以及声功率级到声压级的转换:

$$W = \frac{p_a^2 S}{2\rho_0 c_0} \tag{5-16}$$

$$L_p = L_w - 10\lg\frac{400}{\rho_0 c_0} - 10\lg S \tag{5-17}$$

式中 $p_a$——截面平均声压(Pa);

$S$——截面面积($m^2$);

$W$——声功率(W);

$\rho_0$——介质密度($kg/m^3$);

$c_0$——介质中的声速(m/s)。

## 5.3.2 估算方法二

风扇运行中,机械输入功的一小部分将转换成声学能并以噪声的方式释放,沿流道向压缩机的上游和下游传播。Heidmann 在 NASA 刘易斯研究中心对全尺寸的风扇噪声进行了试验,对结果进行处理后发现轴流风扇/压缩机的噪声与风扇/压缩机的轴功率和温升有关,声功率级和声压级分别为

$$L_{\mathrm{W}} = 98.5 + 10\lg(\Delta T / \Delta T_0) + 10\lg(\mathrm{SHP}) \qquad (5-18)$$

$$L_{\mathrm{p}} = L_{\mathrm{W}} - 20\lg R - 11(\mathrm{dB}) \qquad (5-19)$$

式中　$\Delta T$——压缩机级温升（K）；

　　　$\Delta T_0$——参考温升，$\Delta T_0 = 0.555\mathrm{K}$；

　　　$\mathrm{SHP}$——轴功率（$h_p = 0.375\mathrm{kW}$）；

　　　$R$——监测点距离声源的距离。

　　Heidman 于 1975 年在 NASA 报告中提出了一种压缩机噪声预测方法，用来满足 NASA 对飞行器噪声预测的迫切需求。该方法结合 NASA 刘易斯研究中心对全尺寸、单级风扇的测试数据，对上述已有的预测方法进行了改进。该方法仅适用与单级或两级风扇（压缩机）。对于两级风扇，需要将每级预测的噪声能量叠加，计算时需要分别计算单频、宽频和组合谐频的噪声，然后将各噪声能量叠加得到总噪声。对于两级以上（不包括两级）风扇（压缩机），由于无法预测叶片排对噪声衰减的影响，不推荐使用该方法。

**1. 压缩机入口噪声**

1）宽频噪声

宽频噪声声压级为

$$L_{\mathrm{C}} = 20\lg\frac{\Delta T}{\Delta T_0} + 10\lg\frac{\dot{m}}{\dot{m}_0} + F_1\left[(Ma_{\mathrm{TR}}),(Ma_{\mathrm{TR}})_{\mathrm{D}}\right] + F_2(\mathrm{RSS}) + F_3(\theta)$$

$$(5-20)$$

式中　$\dot{m}$——质量流量；

　　　$\dot{m}_0$——参考质量流量，$\dot{m}_0 = 0.453\mathrm{kg/s}$；

　　　$Ma_{\mathrm{TR}}$——叶尖相对马赫数；

　　　$(Ma_{\mathrm{TR}})_{\mathrm{D}}$——设计点的叶尖相对马赫数；

　　　$\mathrm{RSS}$——级间距；

　　　$\theta$——方向角。

　　式（5-20）中，$F_1$ 与叶尖马赫数有关，如图 5-1（a）所示；$F_2$ 与级间间距有关，如图 5-2 所示；$F_3$ 与噪声方向角有关，如图 5-3（a）所示。

　　声压级的频谱为

$$\mathrm{SPL}(f) = L_{\mathrm{C}} + F_4\left(\frac{f}{f_{\mathrm{b}}}\right) \qquad (5-21)$$

式中　$f$——频率（Hz）；

　　　$f_{\mathrm{b}}$——叶片通过频率（BPF）（Hz）。

　　$F_4$ 的计算公式为

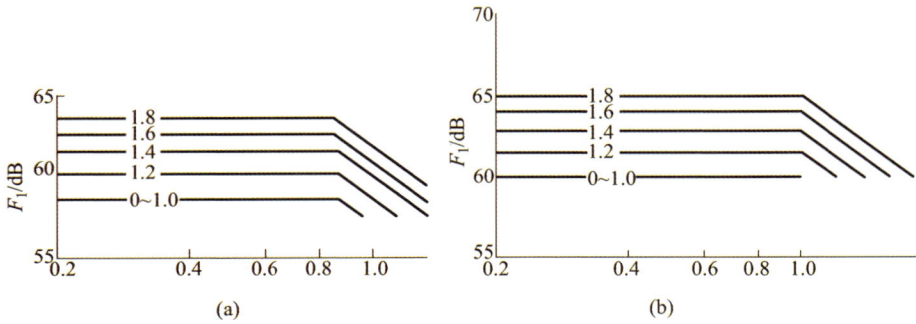

图 5-1　叶尖马赫数对宽频噪声的影响

(a)上游;(b)下游。

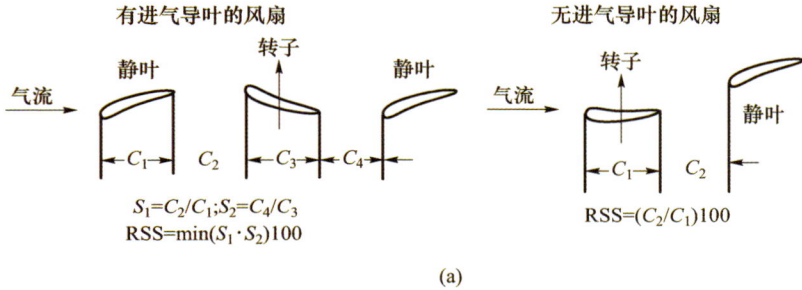

(a)

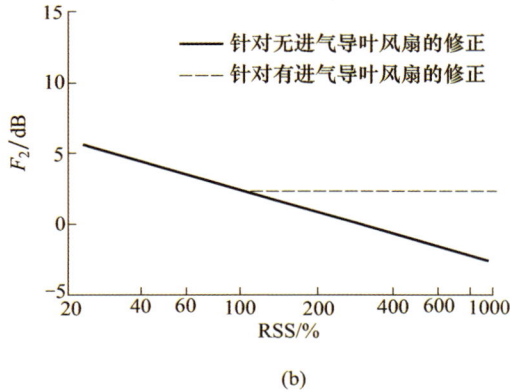

(b)

图 5-2　级间距的定义及其对宽频噪声的影响

(a)转子-静子间距定;(b)宽带噪声修正。

$$F_4 = 10\lg\left(\frac{\mathrm{e}^{-0.5\frac{f}{2.5f_b}}}{\ln 2.2}\right)^2 \qquad (5-22)$$

2）离散噪声

离散噪声声压级为

178

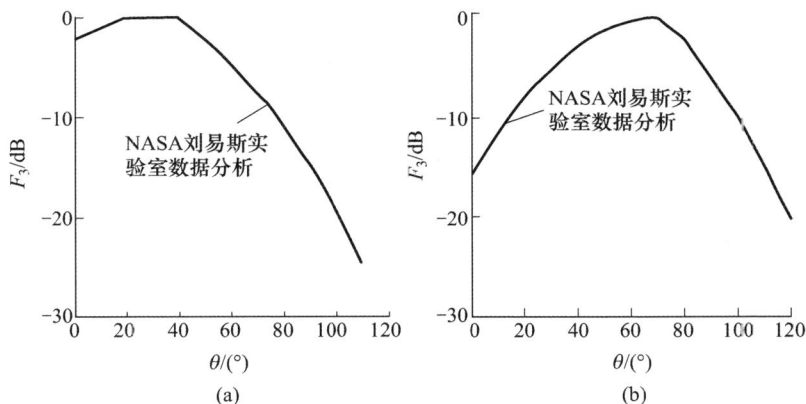

图 5 - 3　方向角对宽频噪声的影响
(a)入口管道;(b)出口管道。

$$L_C = 20\lg\frac{\Delta T}{\Delta T_0} + 10\lg\frac{\dot m}{\dot m_0} + F_1\left[\,(Ma_{TR}),(Ma_{TR})_D\,\right] + F_2(RSS) + F_3(\theta)$$

$$(5-23)$$

式中:$F_1$、$F_2$、$F_3$同宽频噪声,但经验曲线不同,$F_1$如图 5 - 4(a)所示,$F_2$如图5 - 5所示,$F_3$如图 5 - 6(a)所示。

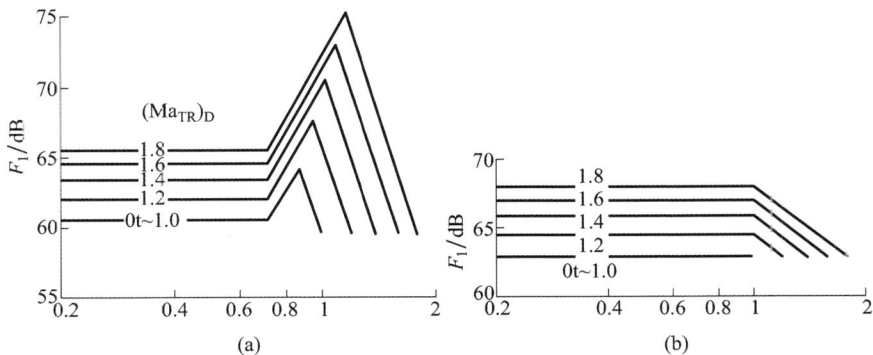

图 5 - 4　叶尖马赫数对离散频率噪声的影响
(a)入口噪声;(b)出口噪声。

离散噪声声压级的频谱为

$$SPL(f) = L_C + \lg(10^{0.1F_4(f/f_b)} + 10^{0.1F_5(f/f_b)})\qquad(5-24)$$

式中:$F_4$同宽频噪声频谱的计算公式;$F_5$与第一级噪声与进口气流畸变有关,当进口无流场畸变或计算其他级噪声时,$F_5 = 0$。

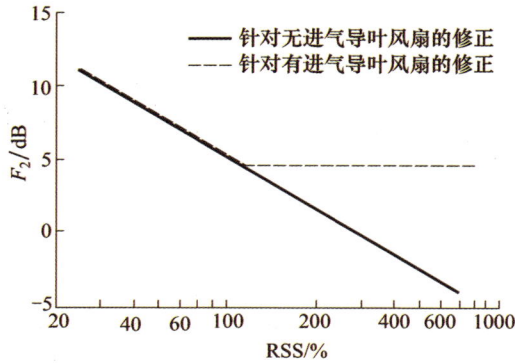

图 5-5　级间距对离散频率噪声的影响

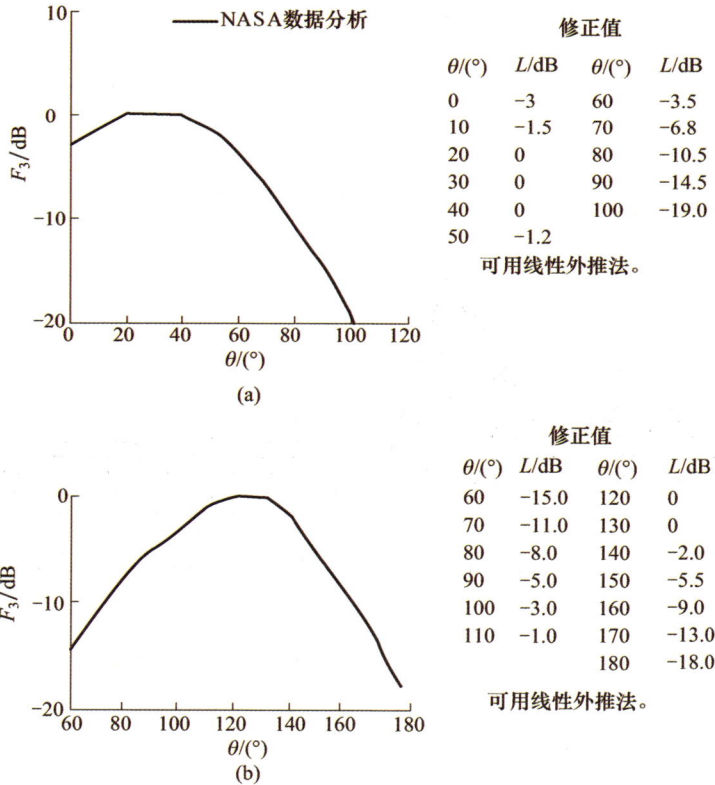

(a)

(b)

图 5-6　方向角对离散频率噪声的影响

（a）入口管道；（b）出口管道。

组合谐波噪声声压级为

$$L_{\mathrm{C}} = 20\lg \frac{\Delta T}{\Delta T_0} + 10\lg \frac{\dot{m}}{\dot{m}_0} + F_1(Ma_{\mathrm{TR}}) + F_3(\theta) + C \qquad (5-25)$$

式中：$F_1$、$F_3$ 如图 5-7 和图 5-8 所示，当计算第一级噪声，进口前有导流片时，$C = -5\mathrm{dB}$，其他情况 $C = 0$。

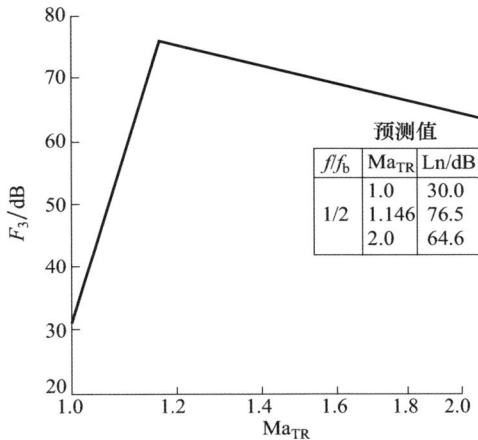

图 5-7　叶尖马赫数对组合噪声的影响

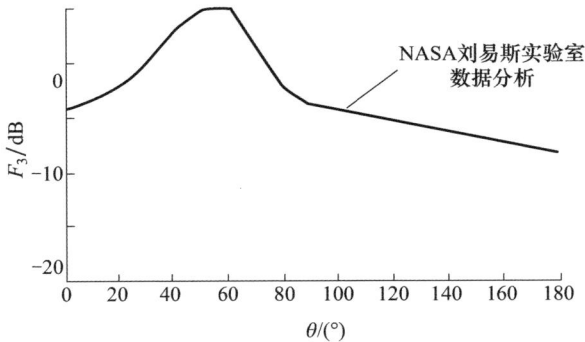

图 5-8　方向角对组合噪声的影响

3）组合谐波噪声

组合谐波噪声频谱为

$$\mathrm{SPL}(f) = L_{\mathrm{C}} + F_3\left(\frac{f}{f_{\mathrm{b}}}\right) \qquad (5-26)$$

式中：无量纲频率 $f/f_{\mathrm{b}}$ 分别取 $1/2$、$1/4$、$1/8$ 进行计算；$F_3$ 如图 5-9 所示。

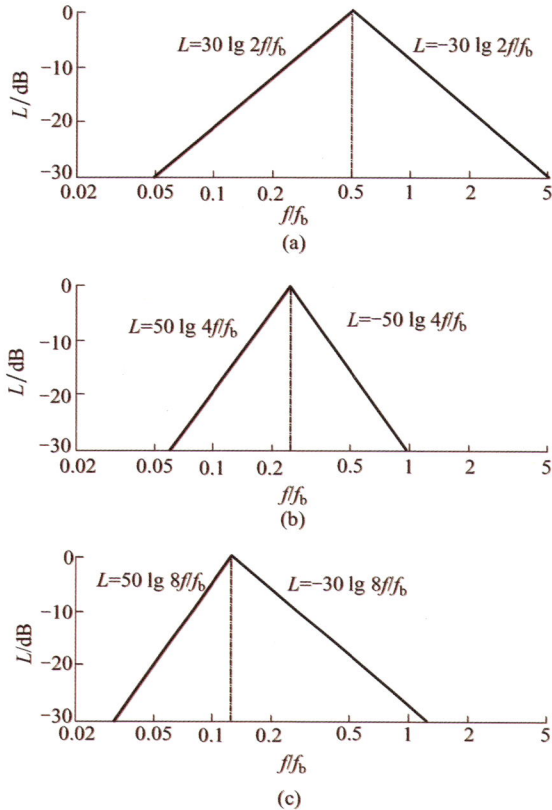

图 5-9　组合噪声的频谱特性

（a）$f/f_b = 1/2$ 时的峰值强度；（b）$f/f_b = 1/4$ 时的峰值强度；（c）$f/f_b = 1/8$ 时的峰值强度。

## 2. 压缩机出口噪声

1）宽频噪声

宽频噪声声压级为

$$L_c = 20\lg \frac{\Delta T}{\Delta T_0} + 10\lg \frac{\dot{m}}{\dot{m}_0} + F_1\left[(Ma_{\mathrm{TR}}),(Ma_{\mathrm{TR}})_{\mathrm{D}}\right] + F_2(\mathrm{RSS}) + F_3(\theta) + C$$

$$(5-27)$$

式中：$F_1$ 如图 5-1（b）所示；$F_2$ 与级间间距有关，如图 5-2（b）所示；$F_3$ 与噪声方向角有关，如图 5-3（b）所示。上游有入口导叶（IGV）或静叶时，$C = 3$dB；上游无入口导叶或静叶时，$C = 0$。

声压级的频谱为

$$\mathrm{SPL}(f) = L_c + F_4\left(\frac{f}{f_b}\right)$$

$$(5-28)$$

2）离散噪声

离散噪声声压级为

$$L_C = 20\lg\frac{\Delta T}{\Delta T_0} + 10\lg\frac{\dot{m}}{\dot{m}_0} + F_1\left[\left(Ma_{TR}\right),\left(Ma_{TR}\right)_D\right] + F_2(RSS) + F_3(\theta) + C$$

$$(5-29)$$

式中：$F_1$ 如图 5 - 4（b）所示；$F_2$ 如图 5 - 5 所示；$F_3$ 如图 5 - 6（b）所示。

离散噪声声压级的频谱为

$$SPL(f) = L_C + F_4\left(\frac{f}{f_b}\right)$$

$$(5-30)$$

## 5.3.3 评估方法三

1983 年，Soderman 根据 NASA 研究中心 40ft × 80ft 风洞动力系统的气动性能和噪声试验数据，提出了轴流风扇噪声预测的经验公式，声功率级公式为

$$L_w(f) = -58.2 - 10\lg\left[1 + (4.4X)^2\right] + 10\lg f + 40\lg n$$
$$+ 70\lg D_f + 10\lg Q + 10\lg F_n + 0.3\beta$$

$$(5-31)$$

式中：$X = Qf/N$，$Q = 1 - (D_H/D_f)^3$，$D_H$ 为轮毂直径，$D_f$ 为外径，$f$ 为 1/3 倍频程标准取法；$n$ 为转速；$F_n$ 为动叶数；$\beta$ 为叶片 3/4 展向截面的出口安装角。

根据声功率级可以求得声功率为

$$W = W_{ref} \times 10^{\frac{L_w}{10}}$$

$$(5-32)$$

式中：$W_{ref}$ 参考声功率，$W_{ref} = 10^{-12}$W。

声压级为

$$I = \frac{W}{S}$$

$$(5-33)$$

$$P_n^2 = I\rho c$$

$$P^2 = \Sigma P_n^2$$

$$(5-34)$$

$$L_P = 20\lg\frac{P}{P_{ref}}$$

$$(5-35)$$

式中：$S$ 为外径所围面积（$m^2$）；$\rho$ 为出口密度（$kg \cdot m^{-3}$）；$c$ 为出口声速（$m \cdot s^{-1}$）；$P_{ref}$ 为参考声压，$P_{ref} = 2 \times 10^{-5}$Pa。

# 5.4 风扇气动噪声主动降噪方法

## 5.4.1 风扇形式及管路设计

在选用风洞风扇时，主要原则是安全可靠，效率高，噪声低。对于效率和噪

声的匹配关系,目前还存在一些模糊的概念。一般来说,轴流式风扇采用较小轮毂比,在实现同样的流量和压升情况下,容易得到较高效率。但是,这类风扇的压力系数较低。因此,达到同样压力,要提高工作轮圆周速度。按目前一些文献介绍,风扇的空气动力噪声中,旋转噪声与工作轮圆周速度 10 次方成比例。涡流噪声与工作轮圆周速度 6 次方(或 5 次方)成比例。因此,风扇圆周速度越高,噪声就越大。由此看来,似乎风扇高效率与低噪声互相矛盾,但实际情况却不尽然,要复杂得多。上述风扇噪声与工作轮圆周速度的关系,是指同一台风扇在不同转速下的噪声特性,因此,在保证性能的条件下,应尽量选用运行转速相对较低的风扇。

风扇的型号,直接决定风扇本身的噪声特性值,即比声功率级 $L_{SW}$ 或比 A 声级 $L_{SA}$。在选用不同形式风扇做噪声比较时,应该把比声功率级 $L_{SW}$ 或比 A 声级 $L_{SA}$ 作为首要条件,而不应只考虑转速和圆周速度。另外,在风扇效率良好的区域,其噪声也低,选用风扇时,要求对系统的阻力或所需风量的计算要尽量准确,以便在选型时,使其运行点落入风扇高效区域。但是,在实际管路计算时,由于缺乏足够精确的试验数据,很难计算精确。而且,在运行时,由于系统的工作情况改变,风扇工况点也在变化。为了使工况点总保持在风扇高效率区,一般采用改变风扇特性曲线方法。这就需要风扇本身具有合理的调节方式,如改变风扇转速、加轴向导流器、改变工作轮叶片角度等。应尽量避免采用闸门调节,因为闸门调节实际上是改变管网的阻力特性。

另外,风扇入口处气流速度均匀是很重要的。图 5-10 给出了轴流式风扇带有不同形式进气管道,使风扇进气状态不均匀,与均匀进气状态比较其噪声增加值。气流状态不均匀程度用流速最大值与平均值的比值来表示。这个值包含有圆周方向不均匀的影响,也包含着半径方向不均匀的影响。从图中可以看到,如果进气状态均匀,可以减少噪声。比较图中⑤、⑥可以得出,从进风管端到工作轮距离缩短时,噪声增加;比较①和⑤可以得出,安装喇叭口比较好。弯风道,偏心风道等情况应当尽量避免。

## 5.4.2 通道几何参数设计

许多轴流式风扇的空气动力学试验表明,轴流式风扇的空气动力学噪声,特别是其中的涡流噪声,很大程度取决于工作轮、导流器、整流器的叶栅参数。因此,若要降低其噪声,首先要合理选择叶栅参数。在保证给定的流量、压力、效率情况下,使其空气动力噪声最低。目前,一些科研单位通过试验给出了机翼平面叶栅的空气动力和声学特性曲线。通过这些曲线可以看出,平面叶栅声功率级 $L_W$、升力系数 $C_y$、阻力系数 $C_x$ 与叶片稠度 $\tau$、冲角 $i$、相对弯度 $\bar{f}$、相对厚度 $\bar{c}$ 及流入速度 $v_i$ 之间的关系。图 5-11 是苏联中央流体动力学研究所给出的平面叶

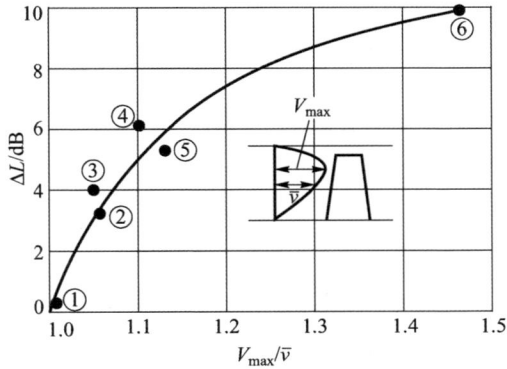

图 5 – 10　风扇入口偏离引起的噪声增加

①—喇叭口 + $2D_0$ 直管;②—喇叭口 + 弯头 + 导流器;③—喇叭口 + 弯头;

④—变形风道 + 可变型芯;⑤—无喇叭口 + $2D_0$ 直管;

⑥—无喇叭口 + $0.5D_0$ 直管。( $D_0$ 为进口管道直径)。

栅空气动力与声学特性曲线。

图 5 – 11 中的曲线平面叶栅的具体参数见表 5 – 3 和图 5 – 12。根据曲线可以得出,在满足给定的流量和压力条件下,保证叶栅具有最小噪声的叶栅参数: $\tau = b/t = 1.0 \sim 1.5$ , $\bar{f} = f/b = 0.07 \sim 0.11$ , $i = 0° \sim 3°$ , $\beta_{1A} = 30°$ 。

表 5 – 3　对称叶型的坐标

| $\bar{x} = x/b'$ | 0 | 0.00625 | 0.0125 | 0.025 | 0.05 | 0.075 | 0.1 | 0.15 | 0.2 | 0.3 |
|---|---|---|---|---|---|---|---|---|---|---|
| $\bar{y} = y/c$ | 0 | 0.1 | 0.13 | 0.184 | 0.27 | 0.325 | 0.37 | 0.48 | 0.477 | 0.5 |
| $\bar{x} = x/b$ | 0.4 | 0.5 | 0.6 | 0.7 | 0.8 | 0.9 | 0.95 | 0.975 | 1.0 | — |
| $\bar{y} = y/c$ | 0.482 | 0.434 | 0.368 | 0.29 | 0.206 | 0.12 | 0.0775 | 0.055 | 0 | — |

进行气动设计时不可能保证叶片沿径向的每一个截面都符合上述的最佳范围,这种情况下应首先保证转子外圆截面的叶栅参数满足上述范围。通过试验证明,轴流式风扇的转子空气动力噪声大部分都发生在外圆截面,即 $\bar{r} = r/R = 1$ 的叶面截面。在轴流风扇设计时,空气动力一般采用等环量计算方法,环量沿叶高等于常数。于是,压升和轴向速度沿叶高也等于常数。声强 $I$ 沿叶高分布规律如图 5 – 13 所示。

声强 $I$ 与声功率 $W$ 之间的关系为

$$W = Isl$$

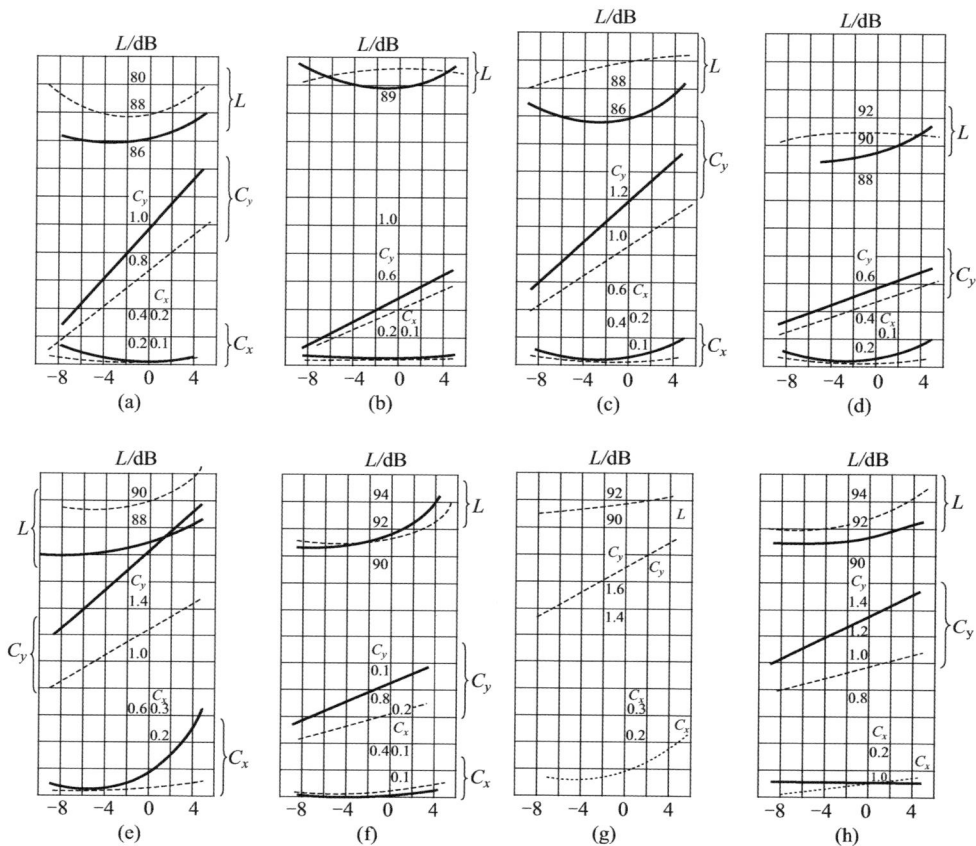

图 5-11 平面叶栅空气动力与声学特性曲线

(a) $L = 3\%$, $\bar{c} = 8\%$, $\tau = 0.5 \sim 1.0$; (b) $L = 3\%$, $\bar{c} = 8\%$, $\tau = 1.5 \sim 2.0$;

(c) $L = 5\%$, $\bar{c} = 8\%$, $\tau = 0.5 \sim 1.0$; (d) $L = 5\%$, $\bar{c} = 8\%$, $\tau = 1.5 \sim 2.0$;

(e) $L = 7\%$, $\bar{c} = 8\%$, $\tau = 0.5 \sim 1.0$; (f) $L = 7\%$, $\bar{c} = 8\%$, $\tau = 1.5 \sim 2.0$;

(g) $L = 11\%$, $\bar{c} = 8\%$, $\tau = 1.0 \sim 2.0$; (h) $L = 11\%$, $\bar{c} = 8\%$, $\tau = 1.5 \sim 2.0$。

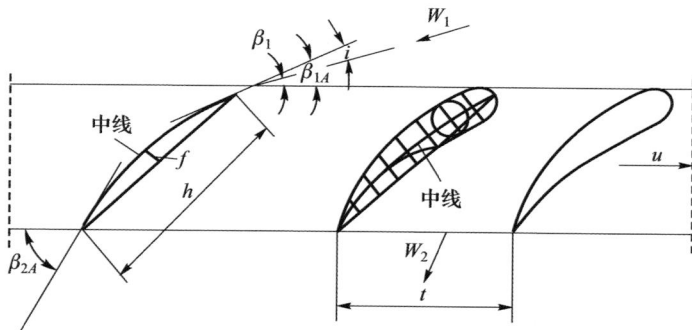

图 5-12 平面叶栅参数

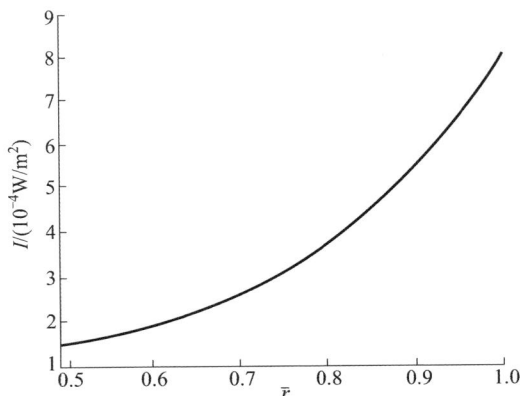

图 5 – 13　轴流风扇各截面叶栅声强的分布

式中　$s$——叶栅宽度；

　　　$l$——叶栅长度。

声功率级为

$$L_\text{w} = 10\lg \frac{W}{10^{-12}} (\text{dB}) \qquad (5-36)$$

若按上述方法设计轴流风扇，将会得到低噪声效果。

## 5.4.3　动静叶数目对噪声的影响

轴流式风扇一般有导流片和止旋片，它们与风扇动叶作用产生的声能有相当大的一部分集中在基频 $f_z$ 和它谐波中的峰值区内。一般来说，这些峰值超过其他连续谱部分 $10\sim20\text{dB}$。

通过分析轴流式风扇工作轮出口气流与止旋片的相互作用而形成的噪声可知，受工作轮出口不均匀气流与止旋片相互作用。在空间某点处的脉动压力可写成傅里叶级数形式

$$p(t) = \sum_{m=-\infty}^{\infty} \sum_{k=0}^{Z_3-1} \dot{C}_{km} \exp(-\mathrm{j}m\omega_z t) \qquad (5-37)$$

式中　$Z_3$——止旋片数；

　　　$\omega_z$——圆频率，$\omega_z = 2\pi n Z_1$，$n$ 为转速（$\text{r/s}$），$Z_1$ 为动叶数；

　　　$\dot{C}_{km}$——第 $m$ 谐波和第 $k$ 序列脉动压力的综合振幅。

由于 $\dot{C}_{km}$ 的特性可以用模数 $C_{km}$ 和幅角（相位角）$\varphi_{km}$ 表示。所以，若降低 $\dot{C}_{km}$ 值，可采用调整波动过程 $C_{km}$ 和 $\varphi_{km}$ 方法。这可以通过两种方法实现：一是增加

工作轮(转子)和导流片或止旋片(定子)之间轴向间隙,或者采用倾斜导流片和止旋片;二是合理选择动叶和静叶的叶片数。

在基频时产生噪声峰值的机理,是由于在导流器或整流器每一个叶片上产生的周期性压力变化。而这个周期性的压力变化,主要是由转子出口空气动力尾迹形成气流不均匀流动引起的,这与工作轮、导流器、整流器的叶片数有关。所以合理的动叶和静叶的叶片数,可以使在频率 $f_z$ 时的噪声峰值最小。首先认为工作轮、导流器和整流器的叶片栅距都是均匀的。这样,动叶与静叶相互重合时,形成的压力波动的振幅和波形都是相同的;其次认为 $Z_1$ 和 $Z_2(Z_3)$ 互为质数假如,将工作轮的一个叶片与整流器任一个叶片重合时作为计算的起点,则相向而转的任意二叶片间的转角为

$$\Delta\phi = \frac{2\pi}{Z_1 Z_3}\nu \tag{5-38}$$

式中　$\nu$——确定整流器叶片辐射出压力脉动波的顺序号,$\nu = MZ_3 + NZ_1$,其中,$M$、$N$ 为工作轮和整流器叶片的顺序号。

当辐射压力脉动顺序号为 $1(\nu=1)$ 时,整流器叶片的顺序号 $N$ 可以用下式求出:

$$N_1 = \frac{1 - M_1 Z_3}{Z_1} \tag{5-39}$$

考虑各叶片辐射出压力脉动波的连续性,并认为压力脉动波为 $k$ 阶连续。$\nu$ 为 0 到 $k$ 时的时间周期为

$$\Delta\tau_k = kT_u + \tau_m(1 - \cos kN_1\alpha) \tag{5-40}$$

式中　$T_u$——压力脉动连续冲击周期,$T_u = \Delta\varphi/2\pi n$;

　　　$\tau_m$——测点前,压力脉动波传播的时间变化幅度,$\tau_m = r\sin\beta/c$,其中 $\beta$ 为由工作轮中心到测点连线与轴线夹角,$r$ 为工作轮的半径,$c$ 为声速;

　　　$\alpha$——整流器相邻叶片间夹角,$\alpha = 2\pi/Z_3$。

$k$ 阶序列的 $m$ 次谐波的振幅为

$$\dot{C}_{km} = C_{om}\exp(-jm\omega_z\Delta\tau_k) \tag{5-41}$$

所有周期连续压力脉动的第 $m$ 次谐波合成振幅为

$$\dot{C}_m = C_{om}\exp(-jm\omega_z\Delta\tau_m)Z_3\dot{\theta}_m \tag{5-42}$$

$$\dot{\theta}_m = \sum_{p'=p_1}^{\infty} j^{p'}J_{p'}(m\omega_z\tau_m) + \sum_{p''=p_1'}^{\infty} j^{p''}J_{p''}(m\omega_z\tau_m) \tag{5-43}$$

式中　$J_p(m\omega_z\tau_m)$——$p$ 阶的第一类贝塞函数。

式(5-42)中 $p'$ 和 $p''$ 应满足下述条件:

$$m - p'N = q'Z_3$$
$$m + p''N = q''Z_3$$

式中：$p$ 和 $q$ 为一系列正值。

从式(5 - 40)、式(5 - 42)可以看出，合成振幅由 $\dot{C}_{km}$ 幅角 $m\omega_z\tau_m$ 的序列为 $p$ 阶贝塞函数所确定。

$\omega_z\tau_m$ 为调谐指数，且有

$$\omega_z\tau_m = 2\pi n Z_1 \frac{r\sin\beta}{c} \tag{5 - 44}$$

从式(5 - 44)可以看出，调谐指数 $\omega_z\tau_m$ 由风扇的结构参数($Z_1$,$r$)和转速($n$)确定。若降低噪声峰值，只能选择合适的 $p'_1$ 和 $p''_1$ 值，使式(5 - 43)中 $J_p$ 函数总值符合下述条件：

$$J_p \to 0 \text{ 或 } J_p \to 最小值$$

通过研究得出，对于所有不能被 $Z_3$ 除尽的谐波 $m$，存在下述关系：

$$p'_1 + p''_1 = Z_3 \tag{5 - 45}$$

式(5 - 45)反映了函数次序 $p'_1$ 和 $p''_1$ 的一个主要特性。而 $p'_1$ 和 $p''_1$ 由下式确定：

当 $2Z_3 > Z_1 > Z_3$ 时，有

$$\begin{cases} p'_1 = Z_1 - Z_3 \\ p''_1 = 2Z_3 - Z_1 \end{cases} \tag{5 - 46}$$

当 $Z_1 < Z_3$ 时，有

$$\begin{cases} p'_1 = Z_3 - Z_1 \\ p''_1 = Z_1 \end{cases} \tag{5 - 47}$$

为了降低噪声在 $f_z$ 时的峰值，需先研究贝塞函数的 $J_p$ 两个特性(图 5 - 14)：

(1) 函数值 $J_p(x)$ 随着 $P$ 的增大，其峰值逐渐降低，而且向零收敛的越快。

(2) 函数值 $J_p(x)$ 对于某一个 $p$，可取定几个 $x$ 值使得 $J_p(x) = 0$。例如，$p = 3$ 时，$x$ 取 6.4、9.8、13.0、16.2 等值时，$J_p(x) = 0$。

根据特性(1)可以得出，为了降低函数峰值，必须使 $p > x$，而式(5 - 41)中 $x = m\omega_z\tau_m$，$p$ 值由 $Z_3$、$Z_1$ 确定。因此，可以给出一个满足 $p > x$ 条件，$Z_3 - Z_1$ 与 $\omega_z\tau_m$ 的关系曲线(图 5 - 15)。满足此曲线即能保证取得函数 $J_p(x)$ 在 $f_z$ 频率时的最小峰值。如果已知轴流风扇工作轮的最小直径 $D$ 和转速 $n$，图 5 - 15 曲线可以写成式(5 - 48)，可直接求出风扇止旋片的叶片数 $Z_3$：

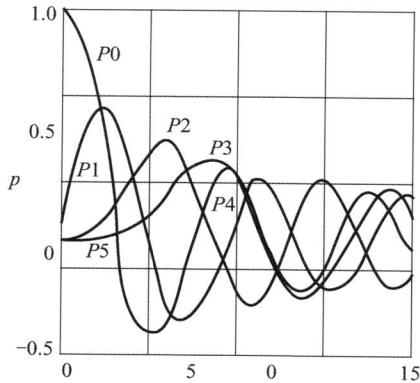

图 5-14　贝塞函数曲线

$$Z_3 = \frac{Z_1 + (3 \sim 5)}{1 - \dfrac{\pi n D}{c}} \qquad (5-48)$$

式中　　$D$——风扇工作轮直径（m）；

　　　　$n$——风扇转速（r/s）；

　　　　$Z_1$——工作轮叶片数；

　　　　$c$——声速。

采用式（5-48）计算与图 5-15 曲线相比，可使工作轮叶片数 $Z_1$ 与止旋片叶片数 $Z_3$ 差减小。而通过空气动力试验得出，减小整流器叶片数比较容易得到较高效率。该式仅仅适用于固定转速下工作的风扇。因为它是建立在选择精确的调谐指数基础上，如果改变转速，$J_p(x)$ 函数的调谐指数 $\omega_z \tau_m$ 仍采用固定转速计算，则其声压振幅将明显提高。

根据特性（2），当 $\omega_z \tau_m$ 确定时，可选取一个 $p$ 值，使函数 $J_p(x) = 0$ 或 $J_p(x) \approx 0$。

## 5.4.4　动、静叶间距对噪声的影响

为降低工作轮叶片与导流器叶片，或工作轮叶片与整流器叶片之间相互作用而产生的旋转噪声，最简单的方法是合理地选择动叶和静叶之间的轴向间距。增大这个轴向间距，可使由前排叶栅流出的气流，在进入下一排叶栅时有一个过渡距离，以便使不均匀气流拉平。于是，气流的压力和流速脉动程度将减少，这样，对后面元件的脉动性冲击就减弱。而前后叶栅间气流的相互影响和干扰也随之减弱，其噪声也随之降低。一般来说，风洞轴流式风扇的空气动力噪声声功率级的减少值，与相对轴向间距之间有下述并不严格的关系式：

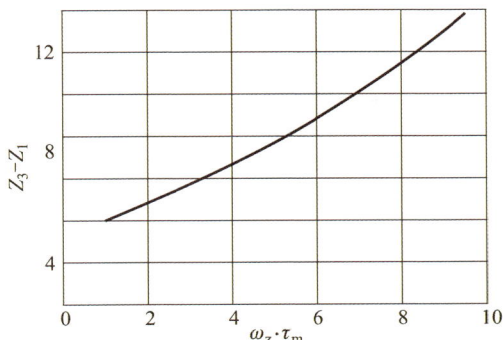

图 5-15 $Z_3 - Z_1$ 与 $\omega_z \tau_m$ 的关系曲线

$$\Delta L_w \approx 10 \lg \Delta \bar{s}^{0.96} \tag{5-49}$$

$$\Delta \bar{s} = \Delta s / c$$

式中　$\Delta L_w$——声功率级的减少值；

　　　$\Delta s$——轴向间距；

　　　$c$——叶型弦长。

但是，相对轴向间距 $\Delta \bar{s}$ 增加到超过 1 时，风扇声功率级不再下降。轴流式风扇的轴向间距仅对旋转噪声起影响，而对涡流噪声是不起作用的。

## 5.4.5　不相等叶片间距对噪声的影响

在没有导流器和整流器的单级轴流式风扇中，采用不相等的叶片栅距，可以降低轴流风扇基频 $f_z$ 的噪声峰值。但是，采用这种方法并不能降低风扇的总声能，仅仅使基频的声能分布到较宽的频带范围内，并且可以使基频的峰值移到低频部分，从而使风扇的噪声干扰能力大大降低。必须指出，从空气动力学观点出发，对于轴流式风扇，为了得到较高的频率，具有一个最佳的叶片栅距。它是通过空气动力学计算，确定最佳叶片数 $B_{opt}$，然后可以算出最佳叶片栅距：

$$S_{opt} = \frac{2\pi r}{B_{opt}} \tag{5-50}$$

若保持叶片数不变，改变叶片栅距 $S$，可以得到不相等的叶片栅距，于是相邻叶片的环流相互影响，导致气流在流道中的流动受到干扰，这样风扇的流动效率也会随之降低。因此，采用不相等的叶片栅距，一方面可以得到降低风扇噪声干扰能力的效果，另一方面是风扇效率的降低。所以，采用这种方法，必须考虑既保证取得最大的声学效益，又要兼顾保证风扇效率不至于有较大降低。

通过试验和计算，对于不同的叶片数，不等叶片栅距的相邻叶片夹角在表 5-4 给出。表中给出的值既能降低 $f_z$ 的峰值，又能与相等栅距时相邻叶片夹角相比差值最小,以保证对空气动力性能影响不大,同时兼顾制造工艺简单。

表 5 – 4　不等叶片栅距相邻叶片夹角

| 叶片夹角序号 | 叶片数 | | | | | | | | | | | |
|---|---|---|---|---|---|---|---|---|---|---|---|---|
| | 4 | 5 | 6 | 7 | 8 | 9 | 10 | 11 | 12 | 13 | 14 | 15 |
| | 相邻叶片夹角/(°) | | | | | | | | | | | |
| $S_1$ | 68 | 46 | 50.7 | 40.7 | 35.6 | 32.4 | 29.3 | 26.9 | 24.9 | 23.22 | 21.76 | 20.47 |
| $S_2$ | 112 | 102 | 78.6 | 68.3 | 54.4 | 44.4 | 37.8 | 33.0 | 29.4 | 25.56 | 24.32 | 22.47 |
| $S_3$ | 68 | 46 | 50.7 | 52.5 | 54.4 | 51.1 | 45.8 | 40.5 | 35.7 | 31.74 | 28.40 | 25.85 |
| $S_4$ | 112 | 83 | 50.7 | 37.0 | 35.6 | 37.0 | 37.8 | 37.3 | 35.7 | 33.41 | 30.86 | 28.37 |
| $S_5$ | | 83 | 78.6 | 54.0 | 35.6 | 30.6 | 29.3 | 29.2 | 29.4 | 29.17 | 28.49 | 27.42 |
| $S_6$ | | | 50.7 | 67.4 | 54.4 | 37.0 | 29.3 | 26.2 | 24.9 | 24.5 | 24.32 | 24.08 |
| $S_7$ | | | | 40.1 | 54.4 | 50.9 | 37.8 | 29.2 | 24.9 | 22.71 | 21.77 | 21.23 |
| $S_8$ | | | | | 25.6 | 44.7 | 45.8 | 37.3 | 29.4 | 24.50 | 21.76 | 20.21 |
| $S_9$ | | | | | | 32.1 | 37.8 | 40.5 | 35.7 | 29.17 | 24.32 | 21.24 |
| $S_{10}$ | | | | | | | 29.3 | 33.0 | 35.7 | 33.41 | 28.49 | 24.08 |
| $S_{11}$ | | | | | | | | 29.9 | 29.4 | 31.74 | 30.85 | 27.42 |
| $S_{12}$ | | | | | | | | | 24.9 | 26.56 | 28.49 | 28.37 |
| $S_{13}$ | | | | | | | | | | 23.22 | 24.32 | 25.85 |
| $S_{14}$ | | | | | | | | | | | 21.77 | 22.47 |
| $S_{15}$ | | | | | | | | | | | | 20.48 |

## 5.4.6　叶片穿孔对噪声的影响

为了降低风扇涡流噪声,可以采用工作轮叶片穿孔方法。因为风扇工作轮叶片出口处,经常出现旋涡分离,形成分离区。采用叶片穿孔方法使部分气流自叶片下表面流向叶片上表面,可以促使分离点向下游移动,其机理与边界层吹风相似。这样,工作轮出口截面分离区将减小,分离区涡流强度和尺寸也减小,叶栅涡流噪声就随之减小。图 5 – 16 给出了叶片不同穿孔系数时的噪声沿频谱变化。其中曲线 1 为不穿孔叶片,曲线 2 ~ 4 的穿孔系数分别为 0.03、0.07 和 0.196。从图中可以看出,叶片穿孔能使叶栅噪声沿频谱降低 6 ~ 10dB。如果气流通过叶片是有分离的流动,采用穿孔方法可以减少分离区,降低阻力系数。既达到了减少噪声的目的,又提高了风扇的经济性。但是,由于叶片穿孔,叶片两面的压差降低,引起升力系数降低。尤其在大穿孔系数时,由于叶片两面压差降低很快,风扇不能达到要求的压升。因此,采用叶片穿孔方法对于无分离流动的轴流式风扇噪声降低得不明显。这种降低噪声方法一般适用于叶片出现分离流动的轴流式风扇。

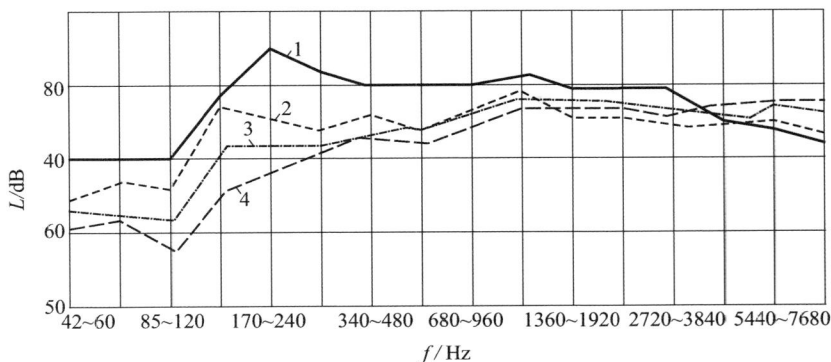

图 5 - 16 穿孔系数对平面叶栅噪声级数影响

为了确定合理的叶片穿孔参数,给出下列符号(图 5 - 17):

叶片穿孔系数:

$$k = \frac{0.785 d_{孔}^2}{t_1 t_2}$$

式中　$t_1$、$t_2$——在叶片长度方向和弦长方向的孔距;

　　　$d_{孔}$——穿孔直径。

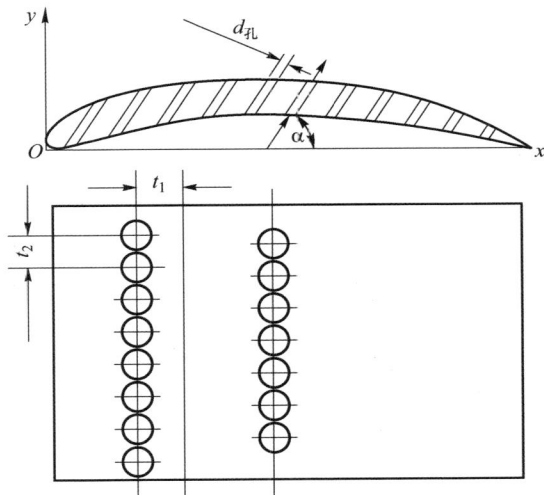

图 5 - 17 叶片穿孔简图

表示叶片穿孔面积的参数:

$$\bar{x} = \frac{x_{孔} - x_{2孔} - x_{分}}{b}$$

式中　$x_{1孔}$——沿叶片弦长第一排孔的坐标;

$x_孔$——沿叶片弦长后续各排孔的坐标;

$x_分$——不穿孔时,沿叶片弦长方向气流分离点坐标。

叶片穿孔的中心线相对叶片弦长 $b$ 的偏转角:$\alpha$

叶片弦长:$C$

叶片相对厚度:$\overline{C}$

叶片相对长度:

$$\overline{L} = \frac{L}{b}$$

下面研究穿孔参数对叶片噪声减少值 $\Delta L$、升力系数 $C_y$、阻力系数 $C_x$ 的影响。

**1. 穿孔排数的影响**

图 5 - 18 给出了叶片穿孔系数 $k = 0.1$ 时,叶片穿孔排数和位置与噪声减少值之间关系。$1 \sim 5$ 相应为 8、7、6、5 和 4 排孔。可以看出,随着穿孔排数增加,噪声减少值 $\Delta L$ 增加。穿孔各排的位置对叶栅噪声影响如图 5 - 19 所示,其中曲线 1 为不穿孔叶片,曲线 $2 \sim 4$ 排孔分别为 2、5 和 8。$x_{1排} = 0.0835b$,$x_{5排} = 0.417b$,$x_{8排} = 0.666b$,$x_分 = 0.25b$。从图中可以看出:当前二排孔分流在气流分离点前面,沿频谱噪声降低 $2 \sim 3$dB。当第一排孔分布在气流分离点后面时,噪声降低 $2 \sim 5$dB,当分布在气流分离点前面,孔坐标为 $x_{1孔}/x_分 = 0.3 \sim 0.4$,$x_孔/x_分 = 2.5 \sim 3.5$ 时,按频谱噪声减少值为 $10 \sim 15$dB,效果最佳。

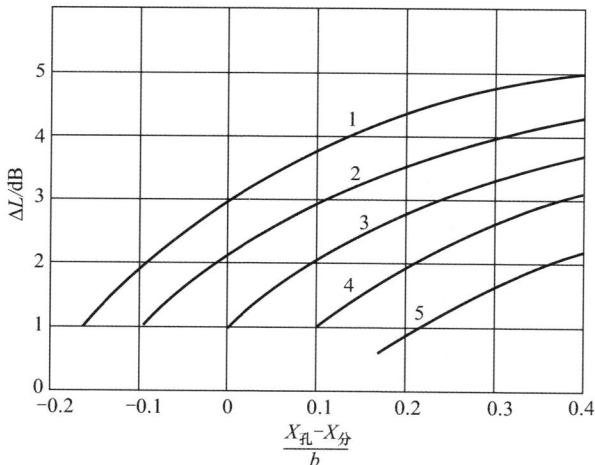

图 5 - 18  穿孔排数及位置对 $\Delta L$ 的影响

**2. 穿孔面积的影响**

图 5 - 20 给出了在保证空气动力特性的情况下,为使噪声降低值取得最大值,选取最佳穿孔面积 $\bar{x}$ 的曲线。从图中曲线可以看出,当 $\bar{x} = 0.15 \sim 0.20$ 时,

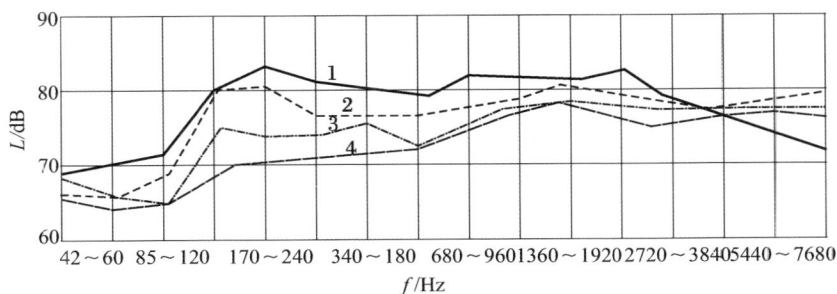

图 5 - 19　穿孔排数对平面叶栅噪声级的影响

噪声降低值 $\Delta L$ 实际变化不大。实际上进一步再增加穿孔面积是非常不合理的,在这种情况下,叶栅的空气动力参数 $C_y$ 和 $C_x$ 将发生明显的恶化。

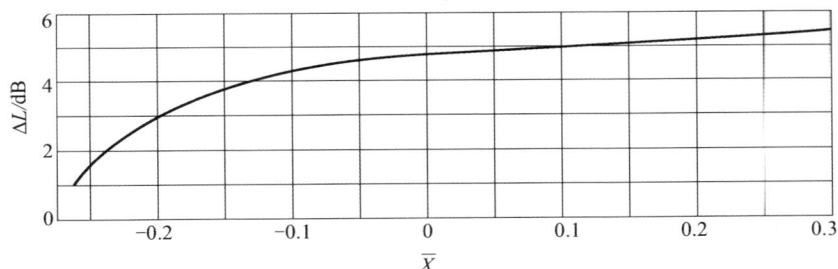

图 5 - 20　$\bar{x}$ 与 $\Delta L$ 的关系

**3. 穿孔系数的影响**

图 5 - 21 给出了叶片穿孔系数 $k$ 与叶栅升力系数 $C_y$、阻力系数 $C_x$ 和噪声级 $L$ 之间的关系。$\Delta L = L_{原始} - L_{穿孔}$,$\Delta C_x = C_{x原始} - C_{x穿孔}$,$\Delta C_y = C_{y原始} - C_{y穿孔}$,$t = 120\text{mm}$,$b = 60\text{mm}$。从图中曲线可以看出,阻力系数 $C_x$ 及 $\Delta L$ 噪声降低值,随着穿孔系数 $k$ 值增加而增加。只有 $k$ 值为 $0.08 \sim 0.1$ 时,$C_y$ 具有最大值。这是因为 $k$ 值的增加,一方面由于分离点移动,增加了叶栅的气流转折角 $\Delta\varphi$;另一方面由于叶片穿孔,从叶片下表面流向上表面的空气流作用,减少了气流转折角 $\Delta\varphi$。当 $k < 0.1$ 时,前者因素起主要作用;而 $k > 0.1$ 时,后者因素起主要作用。尽管 $k > 0.1$ 时,$\Delta\varphi$ 减少($C_y$ 减少),但在多数情况下采用较大 $k$ 值的叶片是合理。因为在较大穿孔系数情况下,在低频范围($\Delta f = 500 \sim 600\text{Hz}$)叶栅有较大的噪声降低值。

**4. 穿孔直径的影响**

图 5 - 22 给出了穿孔直径 $d_孔$ 值与叶栅升力系数 $C_y$、阻力系数 $C_x$ 和噪声减少值 $\Delta L$ 之间的关系曲线。$k = 0.101$,$\alpha = 45°$,$t = 120\text{mm}$,$b = 60\text{mm}$,$\Delta L = L_{原始} - L_{穿孔}$,$\Delta C_x = C_{x原始} - C_{x穿孔}$,$\Delta C_y = Cy_{原始} - C_{y穿孔}$。从曲线可以看出,保证叶栅噪声

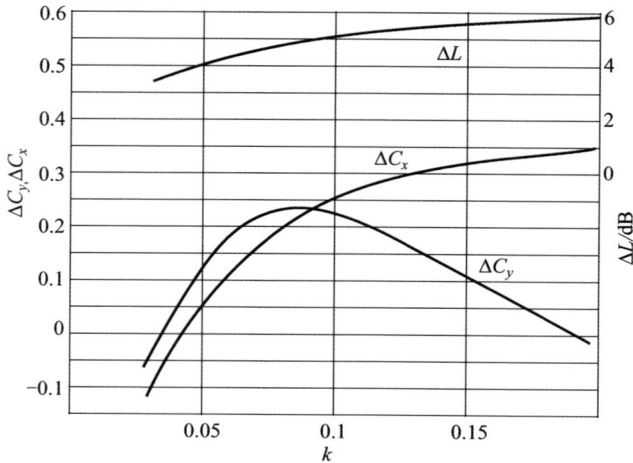

图 5-21　$\Delta C_y$、$\Delta C_x$、$\Delta L$ 与穿孔系数关系

减少值 $\Delta L$ 最大时的最佳叶片穿孔直径 $d_孔$ 值。事实上，当叶片穿孔系数 $k$ 不变时，增加叶片穿孔直径 $d_孔$，通过孔流过的气流，将对离开叶片上表面很大距离的气流产生影响。当叶片穿孔直径很小时，通过孔流过气流，仅能对靠近叶片上表面附近气流产生影响，而对叶道内主气流不会产生明显的影响。因此，此时对叶栅上气流折转角实际不发生变化。减小孔径，也降低了叶片穿孔的低中频（$\Delta f \leqslant 800\text{Hz}$）的减噪效果，噪声平均减少 $1 \sim 2\text{dB}$。增加穿孔直径，能导致叶栅在 $\Delta f \geqslant 4\text{kHz}$ 频率，噪声提高 $8 \sim 10\text{dB}$，噪声提高的频率范围取决于穿孔直径和流过孔的空气流动速度。在其他条件相同情况下，穿孔直径 $d_孔$ 越大，出现噪声值提高的频率范围越低。一般说来，在叶栅噪声频谱中出现高噪声的频带范围为

$$f_上 \geqslant \Delta f \geqslant f_下$$

$$f_上 = Sr\,\frac{V_{\max}}{d_孔}, \quad f_下 = Sr\,\frac{V_{\min}}{d_孔}$$

式中　$Sr$——斯特劳哈尔数，$Sr = 0.14 \sim 0.20$，一般取 $0.185$；

　　　$v_{\max}$、$v_{\min}$——流过穿孔直径 $d_孔$ 时空气流的最大速度和最小速度。

选择合适的 $d_孔$，能使下限频率 $f_下$ 起始于超低声频带中。在这个频带中，即使噪声提高，对人已不起刺激作用，而在其他频带中，噪声却明显下降。

**5. 穿孔偏转角的影响**

图 5-23 给出了叶片穿孔偏转角 $\alpha$ 对叶栅气流折转角的减小值 $\Delta\varphi$、流动损失 $\Delta h$、升力系数 $C_y$、阻力系数 $C_x$ 和噪声降低值 $\Delta L$ 的影响曲线。$\Delta\phi = \Delta\phi_{原始} - \Delta\phi_{穿孔}$，$\Delta\phi = h_{原始} - h_{穿孔}$，$\Delta C_y = C_{y原始} - C_{y穿孔}$，$\Delta L = L_{原始} - L_{穿孔}$，$\Delta C_x = C_{x原始} - C_{x穿孔}$。从曲线不难看出，$\alpha$ 角越大，气流折转角的减小值 $\Delta\varphi$ 越大，当 $\alpha > 60°$ 时，

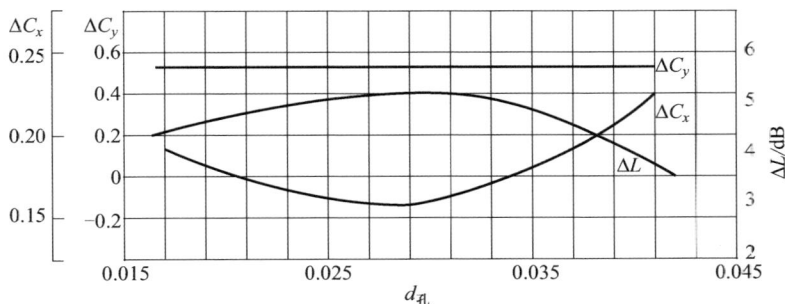

图 5 – 22　叶片穿孔直径对叶栅气动及噪声特性影响

穿孔叶片,叶栅气流折转角明显变小。当叶片穿孔偏转角 $\alpha = 60°$ 时,其气流折转角只是原始叶栅气流折转角的 30%(图 5 – 23(a));当 $\alpha = 60° \sim 70°$ 时,气流折转角减少得很剧烈;当 $\alpha < 60°$ 时,气流折转角变化不显著;但当 $\alpha > 60°$ 时,升力系数远远小于原始叶栅的升力系数(图 5 – 23(b))。$C_y$ 的减少,不仅因为气流转折角的减小的结果,而且是由于叶栅损失 $\Delta h$ 增加而引起的结果(图 5 – 23(a))。由于与穿孔偏转角有关的穿孔叶栅的空气动力特性变化,必然相应引起

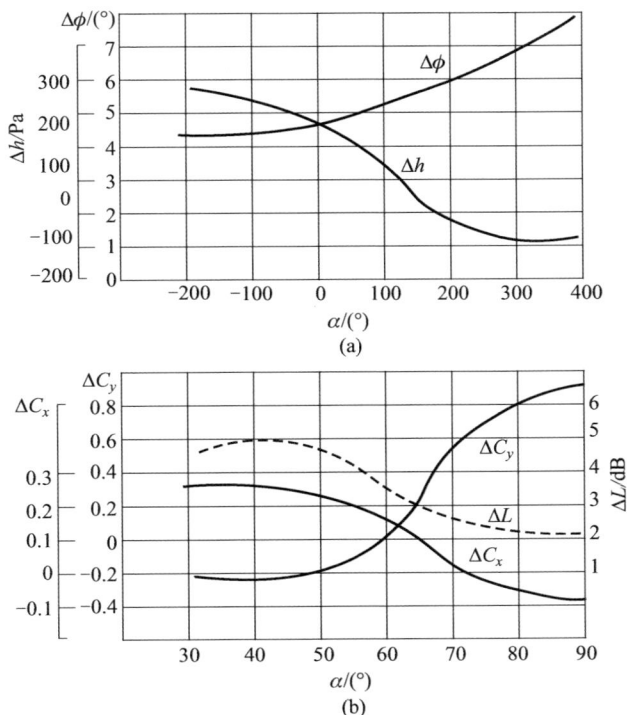

(a)

(b)

图 5 – 23　穿孔倾斜角 $\alpha$ 对相关参数的影响

噪声级的变化。而且随着 $\alpha$ 值增大,噪声减少值 $\Delta L$ 变小。当 $\alpha > 60°$ 时,穿孔后叶片的噪声减少值 $\Delta L$ 变小。当 $\alpha > 60°$ 时,穿孔后叶片的噪声减少值仅 2dB 左右。考虑到钻孔工艺复杂,一般推荐 $\alpha = 40° \sim 50°$。

**6. 叶片相对长度的影响**

叶片的端面涡流对穿孔叶片的减噪效果很有影响。叶片相对长度 $L/b$ 比较大时,叶片端面涡流占叶片全长的比例不大,因此,对叶栅气动特性和声学特性不产生影响。当 $L/b$ 比较小时,这个影响很大,能使气流折转角变小,叶片穿孔后的减噪效果降低到很小程度,因此通过穿孔流过的空气流的能量不足以影响叶片端面的涡流。图 5 – 24 给出了叶片相对长度 $L/b$ 对穿孔叶片噪声降低值 $\Delta L$ 影响。$d_分 = 1.8\text{mm}$,$\alpha = 45°$,$t = 120\text{mm}$,$b = 60\text{mm}$。从图中曲线可以看出,短叶片($L/b \leqslant 0.83$)时,穿孔叶片的噪声降低值 $\Delta L = 10 \sim 12\text{dB}$。

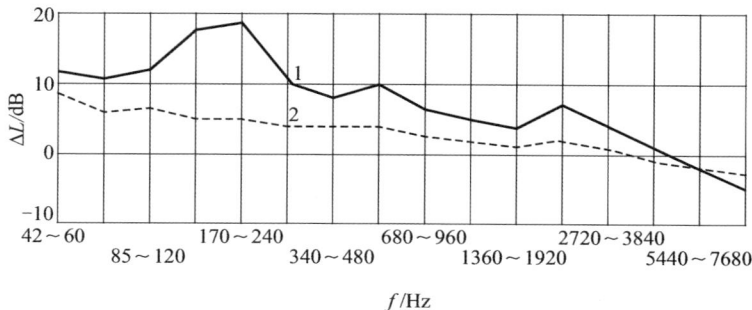

图 5 – 24　$L/b$ 对穿孔叶片平面叶栅 $\Delta L$ 影响

注:曲线 1 对应 $L/b = 1.66$,曲线 2 对应 $L/b = 0.835$。

# 5.5　吸声降噪设计

## 5.5.1　吸声的主要物理量

**1. 吸声系数**

从实用来说,吸声材料最基本采用的物理量是吸声系数,定义如下:

$$\alpha = \frac{E_吸}{E_入} \tag{5 – 51}$$

式中　$E_入$——入射到材料表面的总能量;

　　　$E_吸$——被材料吸收的声能。

从式(5 – 51)可以得到:当材料完全反射时,$E_吸 = E_入$,则 $\alpha = 0$;当材料完全吸收时,$E_反 = 0$,则 $\alpha = 1$。材料的吸声系数一般在 $0 \sim 1$ 之间,$\alpha$ 值越大,吸声效果越显著。

根据声波入射的角度,吸声系数可分为垂直入射的吸声系数 $\alpha_0$ 和混响吸声系数 $\alpha_r$。前者表示声波垂直入射到材料的吸声系数,其大小常用驻波管法进行测定,方法比较简单,在经济上也较为节约,故多用于产品的研制和对比试验中。后者反映了声波从所有方向以相同的概率入射材料时的吸声系数,这种情况与实际使用情况较接近,因此比垂直吸声系数更有普遍意义,在消声、隔声设计及室内声学设计中较多地采用。混响吸声系数需要在专门的混响室内测定。

一种吸声材料对于不同频率的声音,$\alpha$ 值是不同的,一般采用 125Hz、250Hz、500Hz、1000Hz、2000Hz、4000Hz 六个频率的吸声系数来表示某一材料的吸声频率特性,而且认为只有这六个频率的吸声系数的算术平均数 $\bar{\alpha} > 0.2$ 时材料才能作为吸声材料。

**2. 吸声量**

在工程中,任意一种吸声材料的实际吸声效果都用吸声量 $A$ 来表示。它定义为吸声系数与所使用的面积之乘积,单位是 $m^2$。按照定义,向着自由空间开放着的面积为 $1m^2$ 的窗洞,其 $\alpha = 1$,$S = 1m^2$,则 $A = 1m^2$。因此如果某种吸声材料的 $\alpha = 0.5$,则 $2m^2$ 面积的材料才具有 $1m^2$ 的吸声量。

**3. 流阻**

材料的声阻率越接近空气的特性阻抗(约 $400kg/(m^2 \cdot s)$),吸声系数越高;反之,声阻率过大或过小都使得材料的吸声性能变差。

对于多孔吸声材料来说,可认为其声阻率等于材料对空气的流阻,即近似等于材料两边压强差与空气流经材料的线速度之比:

$$R_f = \frac{\Delta p}{v} \tag{5-52}$$

式中　$R_f$——流阻 $(Pa \cdot s/m)$;

　　　$\Delta p$——材料两个表面的压强差 $(Pa)$;

　　　$v$——通过材料空气的线速度 $(m/s)$。

表 5 - 5 给出了常用吸声材料的流阻。

表 5 - 5　常用吸声材料的流阻

| 材料名称 <br> 特性 | 纤维板 | 细毛毡 | 玻璃棉 | 木丝板 |
|---|---|---|---|---|
| 密度/(g/cm³) | 0.35 | 0.35 | 0.25 | 0.25 |
| 流阻/(Pa·s/m) | $4 \times 10^3$ | $10^4$ | $2.5 \times 10^2$ | 50 |

注:室温 20℃,流速 2～3cm/s。

**4. 空隙率**

空隙率为材料中连通的空气体积 $V_0$ 和材料总体积 $V$ 之比,即

$$q = \frac{V_o}{V} = 1 - \rho_o / \rho \qquad (5-53)$$

式中  $\rho_o$——吸声材料的密度（$kg/m^3$）；

$\rho$——制造吸声材料物质的密度（$kg/m^3$）。

不同吸声材料的孔隙率差别较大，例如容重 $30kg/m^3$ 的玻璃棉，孔隙率高达 0.988，而木丝板的孔隙率约为 0.80。物理上，材料的流阻和孔隙率的大小有关。

**5. 结构因子**

结构因子是表示多孔吸声材料的孔隙率状况对吸声性能影响。在简单理论分析中，把材料的空隙抽象地看成沿厚度方向并排的毛细管，把纤维或孔壁看成不运动的。实际上，材料中的气泡或间隙形状和排列是复杂而不规则的，纤维和孔壁也多少会运动。考虑到理论模型与实际的这种差别，引入了结构因子这一修正因数。当纤维杂乱不规则时，结构因子 $S = 3$，通常为 $2 \sim 10$。

纤维状材料的结构因子与空隙率之间的关系见表 5-6。

表 5-6  纤维状材料空隙率与结构因子的关系

| 空隙率 | 0.4 | 0.6 | 0.8 | 1.0 |
|---|---|---|---|---|
| 结构因子 | 15 | 4.5 | 2 | 1 |

## 5.5.2  吸声材料

工程中常用的吸声材料，可按材料的外观和吸声特性进行分类，两者之间常有直接的联系。常用的吸声材料按结构可分为多孔材料、膜状材料、板状材料和穿孔板等类型。

一般认为多孔材料主要吸收中高频噪声，板状和膜状材料主要吸收低频噪声；然而目前国内外通过大量的实践表明，只要适当增加多孔性吸声材料厚度和密度，低频吸声系数就会明显增高。

**1. 多孔性吸声材料的分类**

我国目前生产的多孔吸声材料主要有无机纤维类、泡沫塑料类、有机纤维类以及吸声建筑材料等几种。

1）无机纤维类

这一类吸声材料主要有玻璃丝、玻璃棉、岩棉和矿渣棉及其制品。

玻璃丝分熟玻璃丝和生玻璃丝，也有制成各种玻璃丝毡而应用的。

玻璃棉分短棉（$\phi 10 \sim 13 \mu m$）、超细棉（$\phi 0.1 \sim 4 \mu m$）以及中级纤维棉（$\phi 15 \sim 25 \mu m$）三种。超细玻璃棉是常用的吸声材料，它具有不燃、容重小、防蛀、耐蚀、耐热、抗冻、隔热等优点。通过改进配方制作的超细玻璃棉，还可以具有防火、防水和防潮等特点。

矿渣棉具有导热系数小、防火、耐蚀、廉价等特点。

岩棉价格低廉、隔热、耐高温（最高可承受700℃的高温），且易于成形。

2）泡沫塑料类

用作吸声材料的泡沫塑料有脲醛泡沫塑料、氨基甲酸酯泡沫塑料、聚氨酯泡沫塑料、乳胶海绵、泡沫橡胶等。这类材料的优点是容重小（10~40kg/m³）、防潮、富有弹性、易于安装、导热系数小等；缺点是易老化，耐火性差，其中的脲醛泡沫塑料强度差，易破碎。

3）有机纤维类

这类材料是使用棉、麻等植物纤维来吸声。例如，纺织厂的飞花及棉麻下脚料、棉絮、海草、椰衣、棕丝等制品。其突出的特点是成本低。

4）吸声建筑材料

目前，在建筑行业中还常使用各种具有微孔的泡沫吸声砖、泡沫混凝土等材料进行吸声处理。

**2. 多孔材料的吸声机理**

多孔材料必须具备两个条件：一是孔隙大，二是孔与孔之间要连通，仅仅孔隙大是不能构成多孔吸声材料的。

对于多孔性吸收材料，当声波入射到多孔材料表面后，一部分声波从多孔材料表面反射，另一部分声波透入多孔材料，这部分声波进入多孔材料后，引起材料的细孔和狭缝中的空气振动，使一部分声能由于小孔的摩擦和黏滞阻力而转化为热能。声波在刚性壁上反射后经过吸声材料回到表面时，又进一步衰减。声波经过如此一往一复衰减很大，因此只有小部分的能量重新回到空气中，大部分则被吸收掉。

在设计选材时，一定要区分吸声材料、隔声材料之间的差别。这两类材料的结构是完全不同的。如前所述，多孔吸声材料一是多孔，二是孔与孔之间连通，三是互相连通的孔与外界连通。隔声材料是无孔材料，如苯类和一部分聚氯乙烯以及加气混凝土等便是这一类材料，其隔声、隔热性能好，吸声性能差。

**3. 影响多孔性吸声材料吸声系数的因素**

从理论和试验两方面分析得知，影响多孔性吸声材料吸声系数的主要因素有：

1）材料的厚度

大量的试验证明：材料的厚度决定了吸声系数的大小和范围。增大厚度可以增大吸声系数，尤其对中低频噪声增大更为明显，对同一种材料，密度小，厚度大，$\alpha$ 值大，密度大，厚度小，$\alpha$ 值小。对超细玻璃棉，不同密度、不同厚度时，测

定的吸声系数 $\alpha$ 值如图 5－25 所示,其中曲线 1 对应密度 26.5kg/m³、厚度 25mm,曲线 2 对应密度 14.3kg/m³、厚度 50mm,曲线 3 对应密度 27.5kg/m³,厚度 50mm。

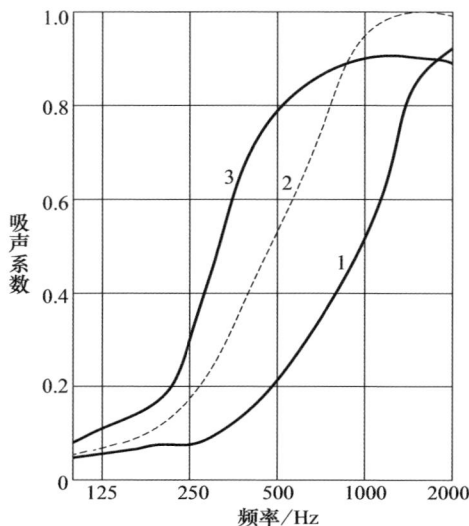

图 5－25　超细玻璃棉不同密度和厚度的吸声系数

此外,随着材料厚度增加,对各个频率的 $\alpha$ 值也增加。但到一定频率时,再增加厚度,对低频的吸声明显,而对高频吸声保持不变。同一种材料的密度和不同厚度的吸声系数见图 5－26 所示。

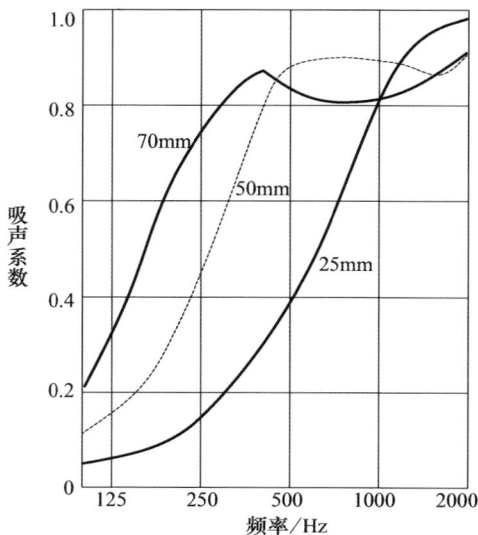

图 5－26　不同厚度的吸声系数

2）材料的密度

材料的密度大小对不同频率的吸声系数是有明显影响的。在一般情况下，密实、密度大的材料，低频吸声系数大，高频小；相反，松软、密度小的材料，低频吸声差，而高频吸声好。

3）主要吸声参数之间的关系

对多孔性吸声材料的主要吸声参数，有必要搞清相互之间的关系。从吸声理论上，用流阻 $R_f$、空隙率 $q$ 和结构因子 $s$ 确定了材料的吸声系数。同一种纤维材料密度越大，孔隙率越小，流阻越大。由于流阻值的大小是很难预测的，使用时也不易控制，孔隙率和结构因子也与产品加工工艺有关。基于上述种种原因，在工程上用材料的厚度、密度和纤维的粗细来控制材料的吸声特性是现实的，也是能够做到的。

4）湿度和温度

湿度对多孔性材料的影响十分明显。随着孔隙内含水量加大，孔隙被堵塞，将首先从高频开始，降低 $\alpha$ 值。一些含水量较小的防潮超细玻璃棉毡，可适用于湿度较大的地下环境。温度对多孔性吸声材料也有一定影响，温度下降时，低频吸声增加；温度上升时，低频吸声下降。吸声系数 $\alpha$ 与温度的关系如图 5 - 27 所示。

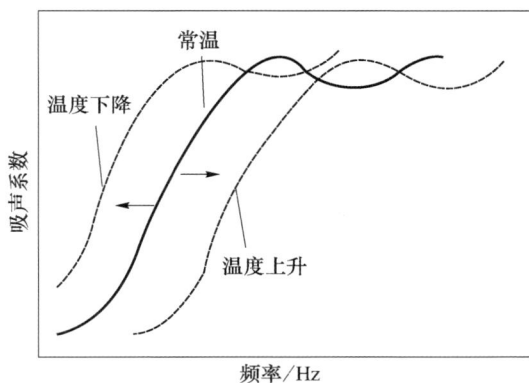

图 5 - 27　温度变化对多孔材料吸声特性的影响

5）材料饰面

在工程设计中，为了保护吸声材料不至飞散，常在呈松散状材料的表面加一层罩面，如多种金属格网、玻璃丝布、塑料薄膜（厚度在 $0.05mm$ 以下）以及穿孔率大于 20% 的多种穿孔板。对于一些成型的多孔材料为原料的板材，如木丝板、软质纤维板等，为了美观而进行表面粉饰时，则应特别注意宜采用水质涂料进行喷涂，保证材料表面的孔隙不被堵塞。

### 4. 常用的吸声材料的吸声系数

常用吸声材料的吸声系数用驻波管法进行测定,其值见表 5-7~表 5-9。

表 5-7　吸声材料的吸声系数

| 材料名称 | 密度/(kg/m³) | 厚度/cm | 倍频带中心频率/Hz | | | | | |
| --- | --- | --- | --- | --- | --- | --- | --- | --- |
| | | | 125 | 250 | 500 | 1k | 2k | 4k |
| | | | 吸声系数 α | | | | | |
| 超细玻璃棉 | 25 | 2.5 | 0.02 | 0.07 | 0.22 | 0.59 | 0.94 | 0.94 |
| | | 5 | 0.05 | 0.24 | 0.72 | 0.97 | 0.90 | 0.98 |
| | | 10 | 0.11 | 0.85 | 0.88 | 0.83 | 0.93 | 0.97 |
| 矿渣棉 | 240 | 6 | 0.25 | 0.55 | 0.78 | 0.75 | 0.87 | 0.91 |
| 毛毡 | 370 | 5 | 0.11 | 0.30 | 0.50 | 0.50 | 0.50 | 0.52 |
| 聚氨酯 | 30 | 3 | – | 0.08 | 0.13 | 0.25 | 0.56 | 0.77 |
| 泡沫塑料 | 45 | 4 | 0.10 | 0.19 | 0.36 | 0.70 | 0.75 | 0.80 |
| 微孔砖 | 450 | 4 | 0.09 | 0.29 | 0.64 | 0.72 | 0.72 | 0.86 |
| | 620 | 5.5 | 0.20 | 0.40 | 0.60 | 0.52 | 0.65 | 0.62 |
| 膨胀珍珠岩 | 360 | 10 | 0.36 | 0.39 | 0.44 | 0.50 | 0.55 | 0.55 |

表 5-8　建筑材料吸声系数

| 建筑材料 | 倍频带中心频率/Hz | | | | | |
| --- | --- | --- | --- | --- | --- | --- |
| | 125 | 250 | 500 | 1k | 2k | 4k |
| | 吸声系数 α | | | | | |
| 未上釉的砖 | 0.03 | 0.03 | 0.03 | 0.04 | 0.05 | 0.07 |
| 未上釉的砖、涂漆的砖 | 0.01 | 0.01 | 0.02 | 0.02 | 0.02 | 0.03 |
| 混凝土块 | 0.36 | 0.44 | 0.31 | 0.29 | 0.39 | 0.25 |
| 混凝土块涂漆 | 0.10 | 0.05 | 0.06 | 0.07 | 0.09 | 0.08 |
| 矿渣棉 | 0.25 | 0.55 | 0.78 | 0.75 | 0.87 | 0.91 |
| 毛毡 | 0.11 | 0.30 | 0.50 | 0.50 | 0.50 | 0.52 |
| 聚氨酯 | – | 0.08 | 0.13 | 0.25 | 0.56 | 0.77 |
| 泡沫塑料 | 0.10 | 0.19 | 0.36 | 0.70 | 0.75 | 0.80 |
| 混凝土 | 0.01 | 0.01 | 0.015 | 0.02 | 0.02 | 0.02 |
| 木料 | 0.15 | 0.11 | 0.10 | 0.07 | 0.06 | 0.07 |
| 普通窗门玻璃 | 0.35 | 0.25 | 0.13 | 0.12 | 0.07 | 0.04 |
| 灰泥 | 0.013 | 0.015 | 0.02 | 0.03 | 0.04 | 0.05 |
| 层夹板 | 0.28 | 0.22 | 0.17 | 0.09 | 0.10 | 0.11 |

（续）

| 建筑材料 | 倍频带中心频率/Hz | | | | | |
|---|---|---|---|---|---|---|
| | 125 | 250 | 500 | 1k | 2k | 4k |
| | 吸声系数 α | | | | | |
| 瓦 | 0.02 | 0.03 | 0.03 | 0.03 | 0.03 | 0.02 |
| 0.3kg/m³ 玻璃纤维 | 0.48 | 0.82 | 0.97 | 0.99 | 0.90 | 0.86 |
| 轻钢结构底层抹灰墙面 | 0.16 | 0.12 | 0.10 | 0.10 | 0.10 | 0.10 |
| 大理石 | 0.01 | 0.01 | 0.02 | 0.02 | 0.02 | 0.03 |
| 玻璃窗 | 0.15 | 0.10 | 0.08 | 0.08 | 0.07 | 0.05 |

表 5-9 常用建筑材料吸声系数

| 材料名称 | 材料厚度/cm | 空气层厚度/cm | 倍频带中心频率/Hz | | | | | |
|---|---|---|---|---|---|---|---|---|
| | | | 125 | 250 | 500 | 1k | 2k | 4k |
| | | | 吸声系数 α | | | | | |
| 刨花板 | 2.5 | 0 | 0.18 | 0.14 | 0.29 | 0.48 | 0.74 | 0.84 |
| | | 5 | 0.18 | 0.18 | 0.50 | 0.48 | 0.58 | 0.86 |
| 三合板 | 0.3 | 5 | 0.21 | 0.73 | 0.21 | 0.19 | 0.08 | 0.12 |
| | | 10 | 0.59 | 0.38 | 0.18 | 0.05 | 0.04 | 0.08 |
| 细木丝板 | 1.6 | 0 | 0.04 | 0.11 | 0.20 | 0.21 | 0.60 | 0.68 |
| | | 5 | 0.29 | 0.17 | 0.73 | 0.68 | 0.81 | 0.83 |
| 甘蔗板 | 1.3 | 0 | 0.06 | 0.12 | 0.28 | 0.38 | 0.54 | 0.18 |
| | | 3 | 0.28 | 0.40 | 0.33 | 0.32 | 0.37 | 0.26 |
| 木质纤维板 | 1.1 | 0 | 0.06 | 0.15 | 0.28 | 0.30 | 0.33 | 0.31 |
| | | 5 | 0.22 | 0.30 | 0.34 | 0.32 | 0.41 | 0.42 |
| 泡沫水泥 | 5 | 0 | 0.32 | 0.39 | 0.48 | 0.49 | 0.47 | 0.54 |
| | | 5 | 0.42 | 0.40 | 0.43 | 0.48 | 0.49 | 0.55 |

## 5.5.3 吸声结构

### 1. 多孔材料背后留空腔

多孔材料背后留有一定厚度的空腔，即材料与刚性壁之间有一定距离时，形成空气层，则它的吸声系数有所提高。采用这种办法可以代替用增加材料厚度来提高低频的吸收的方法，从而可以节省大量材料。对于中频噪声，一般推荐多孔材料离开刚性壁 70～100mm；对于低频，其距离可以增大到 200～300mm。背后空腔对多孔吸声材料特性的影响如图 5-28 所示，常用的吸声材料加背后空腔的结构及吸声系数见表 5-10。

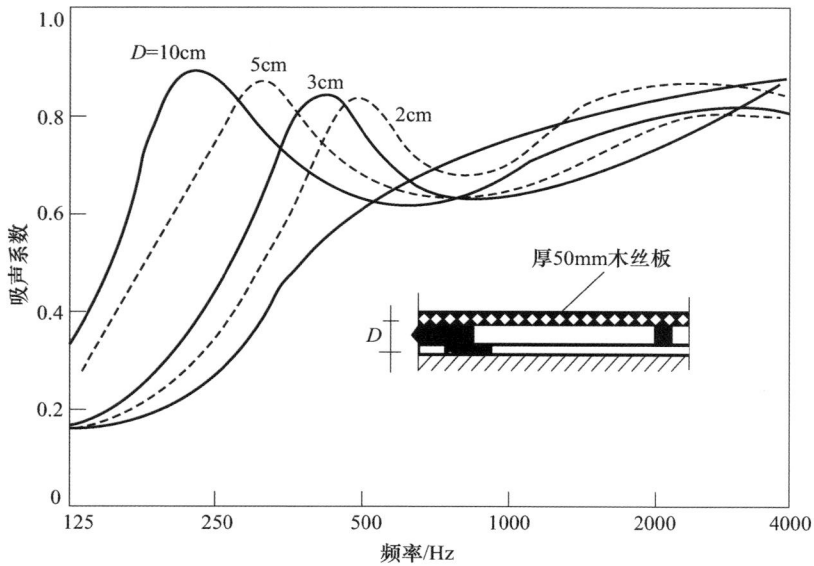

图 5-28　背后空腔对多孔吸声材料吸声特性的影响

表 5-10　全频带吸声材料的吸声系数

| 种类 | 材料规格 /mm | 空腔厚度 /mm | 频率/Hz | | | | | | 说明 |
|---|---|---|---|---|---|---|---|---|---|
| | | | 125 | 250 | 500 | 1k | 2k | 4k | |
| | | | 吸声系数 $\alpha$ | | | | | | |
| 多孔材料 | 玻璃棉,50 | 300 | 0.80 | 0.85 | 0.90 | 0.85 | 0.80 | 0.85 | |
| | 玻璃棉,25 | 300 | 0.75 | 0.80 | 0.75 | 0.75 | 0.80 | 0.90 | |
| | 水泥刨花板,50 | 180 | 0.65 | 0.70 | 0.50 | 0.75 | 0.75 | 0.70 | |
| | 水泥木丝板,50 | | | | | | | | |
| 穿孔板 + 多孔材料 | 玻璃棉,25 ($\phi6 \sim 15$) | 300 | 0.50 | 0.70 | 0.50 | 0.65 | 0.70 | 0.60 | 板厚 4~6mm |
| | | 500 | 0.85 | 0.70 | 0.75 | 0.80 | 0.75 | 0.50 | |
| | 玻璃棉,25 ($\phi8 \sim 16$) | 300 | 0.75 | 0.85 | 0.75 | 0.70 | 0.65 | 0.65 | 板厚 4~6mm |
| | 玻璃棉,25 ($\phi9 \sim 16$) | 300 | 0.55 | 0.85 | 0.65 | 0.80 | 0.85 | 0.75 | 板厚 5~6mm |
| | | 500 | 0.85 | 0.70 | 0.80 | 0.90 | 0.80 | 0.07 | |
| 穿孔 金属板 + 多孔材料 | 玻璃棉,25 ($\phi0.8 \sim 1.5$) | 300~500 | 0.65 | 0.65 | 0.75 | 0.70 | 0.75 | 0.90 | 板厚 0.5~1mm |
| | 玻璃棉,25 ($\phi5 \sim 11.5$) | 300~500 | 0.55 | 0.75 | 0.70 | 0.75 | 0.75 | 0.75 | 板厚 0.5~1mm |
| | 玻璃棉,25 ($\phi5 \sim 14.5$) | 300~500 | 0.50 | 0.55 | 0.60 | 0.65 | 0.70 | 0.45 | 板厚 0.5~1mm |

**2. 薄膜、薄板共振吸声结构**

为了使低频有足够的吸收,常用薄膜和薄板状结构。这些薄膜或薄板离开墙或天花板有一定距离,形成一个空气层,有时在其中全部填充纤维状吸声材料,以提高其吸声性能。

1)薄膜共振吸声结构

薄膜共振吸声结构的吸声原理及特性如图 5 - 29 所示。在低频范围内可以看做一个自由度的振动系统,该系统的质量由膜(或板)本身质量确定,而系统的弹性则取决于膜(或板)后空气层的弹性和膜本身的弹性。这种系统具有一定的共振频率,当入射声波频率与结构的共振频率一致时,将发生共振,膜(或板)产生较大的弯曲变形,在变形过程中,由于克服材料内部摩擦阻力,使入射声波变为热能消耗掉。在工程中,需要实际确定共振频率,即

$$f_s = \frac{600}{\sqrt{mD}} \qquad\qquad (5-54)$$

式中　$m$——膜的面密度($\text{kg/m}^2$);

　　　$D$——空气层的厚度(cm)。

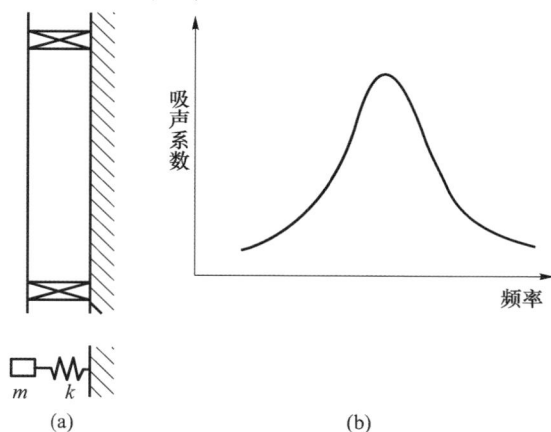

图 5 - 29　薄膜共振吸声结构的吸声原理及特性

工程中,常用的膜类材料做成的结构,其固有频率为 $200 \sim 1000\text{Hz}$,最高吸声系数为 $0.3 \sim 0.4$,一般将其作为低频吸声结构。

2)薄板共振吸声结构

将木质板、三合板一类板材装在框架上,板后形成空腔,构成一个振动系统,其吸声原理与薄膜相同。区别在于膜具有弹性,而板则具有刚度。

薄板共振吸声结构的共振频率为

$$f_s = \frac{1}{2\pi}\sqrt{\frac{1.4 \times 10^7}{mD} + \frac{k}{m}} \qquad\qquad (5-55)$$

式中　$m$——板的面密度($kg/m^2$)；

　　　$D$——板后空气层的厚度($cm$)；

　　　$k$——在施工状态下刚度因数，与板的弹性、底层构造及安装方法有关，对
于一般施工状态，$k = 1 \sim 3 \times 10^6 kg(m^2 \cdot s)$。

从式(5-55)可以看出，板越厚，$k$值越大。当 $D > 100cm$ 时，空气层的弹性
可以忽略，$k$ 值起主要作用。在工程中，一般的板结构 $f_s$ 在 $80 \sim 300Hz$ 之间，为
低频吸声结构，其 $\alpha$ 为 $0.2 \sim 0.50$，当板后填充吸声材料时，可增加板振动阻尼
提高吸声效果。常用板共振吸声结构的吸声系数见表5-11。

表5-11　常用板共振吸声结构的吸声系数

| $f/Hz$ 材料与结构 | 频率/Hz | | | | | |
|---|---|---|---|---|---|---|
| | 125 | 250 | 500 | 1k | 2k | 4k |
| | 吸声系数 $\alpha$ | | | | | |
| 草纸板：板厚20mm，空气层厚50mm，框架间距450mm×450mm | 0.15 | 0.49 | 0.41 | 0.38 | 0.51 | 0.64 |
| 草纸板：板厚20mm，空气层100mm，框架间距450mm×450mm | 0.50 | 0.48 | 0.34 | 0.32 | 0.49 | 0.60 |
| 木丝板：板厚30mm，空气层厚50mm，框架间距450mm×450mm | 0.05 | 0.30 | 0.81 | 0.63 | 0.70 | 0.91 |
| 木丝板：板厚30mm，空气层厚100mm，框架间距450mm×450mm | 0.09 | 0.36 | 0.62 | 0.53 | 0.71 | 0.89 |
| 刨花压榨板：板厚15mm，空气层厚50mm，框架间距450mm×450mm | 0.35 | 0.27 | 0.20 | 0.15 | 0.25 | 0.39 |
| 三合板：空气层厚50mm，框架间距450mm×450mm | 0.21 | 0.73 | 0.21 | 0.19 | 0.08 | 0.12 |
| 三合板：空气层厚100mm，框架间距450mm×450mm | 0.59 | 0.38 | 0.18 | 0.05 | 0.04 | 0.08 |
| 五合板：空气层厚50mm，框架间距450mm×450mm | 0.08 | 0.52 | 0.17 | 0.08 | 0.11 | 0.19 |
| 五合板：空气层厚100mm，框架间距450mm×450mm | 0.41 | 0.30 | 0.14 | 0.05 | 0.10 | 0.16 |
| 穿孔三合板：孔径5mm，孔距40mm，空气层厚100mm | 0.37 | 0.54 | 0.30 | 0.08 | 0.11 | 0.19 |
| 穿孔三合板：孔径5mm，孔距40mm，空气层厚100mm，板子内侧贴一层玻璃布 | 0.28 | 0.70 | 0.51 | 0.20 | 0.16 | 0.23 |
| 穿孔五合板：孔径5mm，孔距25mm，空气层厚50mm | 0.01 | 0.25 | 0.54 | 0.30 | 0.16 | 0.19 |
| 穿孔五合板：孔径5mm，孔距25mm，空气层厚50mm，板内填矿渣棉(密度8kg/m³) | 0.23 | 0.60 | 0.86 | 0.47 | 0.26 | 0.27 |
| 穿孔五合板：孔径5mm，孔距25mm，空气层厚100mm | 0.09 | 0.45 | 0.48 | 0.18 | 0.19 | 0.25 |
| 穿孔五合板：孔径5mm，孔距25mm，空气层厚100mm，板内填矿渣棉(密度8kg/m³) | 0.20 | 0.99 | 0.61 | 0.32 | 0.23 | 0.59 |

常用穿孔板共振吸声结构是在金属的或非金属的硬质板上穿孔，在其背后

设置空腔形成。穿孔板的吸声结构可以看成由许多个单位共振腔并联而成。在设计穿孔板吸声结构时,需要进行共振频率的计算,共振频率为

$$f_s = \frac{c}{2\pi}\sqrt{\frac{p}{L_e D}} \qquad (5-56)$$

式中　$p$——穿孔率;

　　　　$C$——空气中声速(m/s);

　　　　$D$——穿孔板后腔的厚度(cm);

　　　　$L_e$——穿孔板的有效厚度(cm),当孔径 $d$ 大于孔板厚 $t$ 时,则有

$$L_e = t + 0.8d \qquad (5-57)$$

当空腔内贴多孔吸声材料时,则有

$$L_e = t + 1.2d \qquad (5-58)$$

为了增加吸收频带宽度和提高吸声性能,最好在穿孔板后的空腔内填充多孔吸声材料。填充方法以紧贴穿孔板为最佳。穿孔板的共振频率,可按式(5-56)计算,也可按图 5-30 查取。

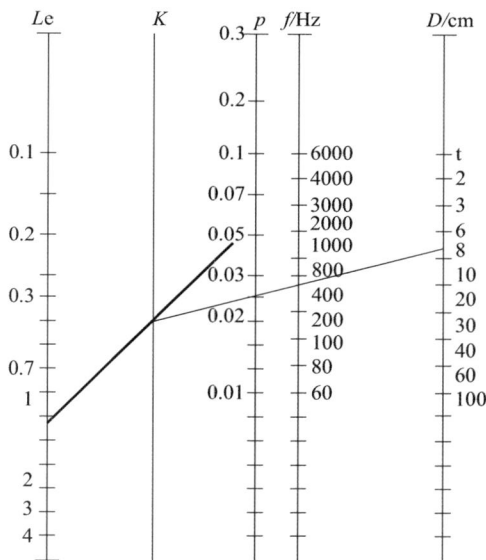

图 5-30　穿孔板吸声结构计算用列线图

微穿孔板的吸声结构是一种板厚和孔径为 1mm 以下,穿孔率为 1% ~ 3% 的微穿孔板和空腔形成的复合吸声结构。因为微穿孔板孔细而稀,比穿孔板声阻大得多,声质量小得多,因而在吸声系数和吸声带宽方面都比穿孔板的吸声结构好很多,多层微穿孔板组合吸声结构更是可以在吸收峰值和作用带宽等方面得到进一步提升。微穿孔板吸声结构的吸声性能与孔径、板厚、穿孔率、腔深以

及两个腔深之比(对于双层结构而言)等因素有关。微穿孔板吸声结构的吸声系数列于表 5 - 12 ~ 表 5 - 14。

表 5 - 12　双层微穿孔板吸声性能(管测法)

(孔径 0.8mm,板厚 $l$ = 0.8mm)

| 穿孔率[①]/% | 2.5, 1 | | | | | 2, 1 | 3, 1 |
|---|---|---|---|---|---|---|---|
| 内、外腔深/cm | $D_1 = 3$<br>$D_2 = 7$ | $D_1 = 4$<br>$D_2 = 6$ | $D_1 = 6$<br>$D_2 = 5$ | $D_1 = 4$<br>$D_2 = 16$ | $D_1 = 8$<br>$D_2 = 12$ | $D_1 = 8$<br>$D_2 = 12$ | $D_1 = 8$<br>$D_2 = 12$ |
| 频率/Hz | 吸声系数/% | | | | | | |
| 100 | 25 | 18 | 17 | 47 | 45 | 44 | 37 |
| 125 | 26 | 21 | 18 | 58 | 53 | 48 | 40 |
| 160 | 43 | 32 | 29 | 77 | 77 | 75 | 62 |
| 200 | 60 | 53 | 50 | 95 | 86 | 86 | 81 |
| 250 | 71 | 72 | 69 | 99 | 88 | 97 | 92 |
| 320 | 86 | 90 | 88 | 93 | 93 | 99.2 | 99.5 |
| 400 | 83 | 94.5 | 96.5 | 78 | 96 | 97 | 99 |
| 500 | 92 | 94 | 96.5 | 54 | 84 | 93 | 95 |
| 630 | 70 | 68 | 74 | 51 | 86 | 93 | 90 |
| 800 | 53 | 60 | 74 | 75 | 99 | 96 | 88 |
| 1000 | 65 | 84 | 99 | 86 | 80 | 64 | 66 |
| 1250 | 94 | 90 | 70 | 42 | 41 | 41 | 50 |
| 1600 | 65 | 48 | 38 | 36 | 30 | 30 | 25 |
| 2000 | 35 | 30 | 24 | 22 | 18 | 15 | 17 |

注:① 第一个数为第一层穿孔板的穿孔率,第二个数为第二层穿孔板的穿孔率

表 5 - 13　双层微穿孔板吸声性能(管测法)

(孔径 0.8mm,板厚 $l$ = 0.8mm)

| 穿孔率/% | 2.5, 2 | | | 5, 3 | 6, 2 | | 3, 2 | 4, 2 |
|---|---|---|---|---|---|---|---|---|
| 内、外腔深/cm | $D_1 = 3$<br>$D_2 = 1$ | $D_1 = 2$<br>$D_2 = 2$ | $D_1 = 1$<br>$D_2 = 3$ | $D_1 = 2$<br>$D_2 = 1$ | $D_1 = 1.5$<br>$D_2 = 1.5$ | $D_1 = 2$<br>$D_2 = 1$ | $D_1 = 1$<br>$D_2 = 2$ | $D_1 = 1.5$<br>$D_2 = 1.5$ |
| 频率/Hz | 吸声系数/% | | | | | | | |
| 800 | 89 | 85 | 88 | 27 | 63 | 49 | 84 | 76 |
| 1000 | 99 | 93 | 88 | 55 | 93 | 78 | 98 | 99 |
| 1250 | 76 | 65 | 52 | 61 | 91 | 98 | 70 | 84 |
| 1600 | 58 | 65 | 40 | 71 | 63 | 85 | 45 | 61 |
| 2000 | 75 | 97 | 65 | 54 | 70 | 90 | 54 | 80 |

（续）

| 穿孔率/% | 2.5，2 | | | 5，3 | 6，2 | | 3，2 | 4，2 |
|---|---|---|---|---|---|---|---|---|
| 内、外腔深/cm | $D_1 = 3$<br>$D_2 = 1$ | $D_1 = 2$<br>$D_2 = 2$ | $D_1 = 1$<br>$D_2 = 3$ | $D_1 = 2$<br>$D_2 = 1$ | $D_1 = 1.5$<br>$D_2 = 1.5$ | $D_1 = 2$<br>$D_2 = 1$ | $D_1 = 1$<br>$D_2 = 2$ | $D_1 = 1.5$<br>$D_2 = 1.5$ |
| 频率/Hz | 吸声系数/% | | | | | | | |
| 2500 | 50 | 58 | 95 | 70 | 84 | 78 | 70 | 89 |
| 3200 | 26 | 35 | 69 | 95 | 57 | 47 | 97 | 46 |
| 4000 | 18 | 24 | 34 | 45 | 32 | 30 | 47 | 26 |
| 5000 | 14 | 28 | 33 | 22 | 18 | 15 | 26 | 16 |
| 注：① 第一个数为第一层穿孔板的穿孔率，第二个数为第二层穿孔板的穿孔率 | | | | | | | | |

表 5 - 14 微穿孔板吸声性能（混响室法）

（孔径 0.8mm，板厚 $l = 0.8$mm）

| 穿孔率/% | 1 | 2 | | 2，1 | | 2，1 |
|---|---|---|---|---|---|---|
| 内、外腔深/cm | $D_1 - D_2$ | | | $D_1 = 10$<br>$D_2 = 10$ | $D_1 = 5$<br>$D_2 = 10$ | $D_1 = 8$<br>$D_2 = 12$ |
| | 20 | 15 | 20 | | | |
| 频率/Hz | 吸声系数/% | | | | | |
| 100 | 26 | 12.3 | 11.9 | 23.8 | 18.6 | 41 |
| 125 | 28 | 18 | 18.5 | 28.5 | 25 | 41 |
| 160 | 35 | 19 | 25.9 | 32 | 31 | 46 |
| 200 | 51 | 30 | 30.2 | 64 | 50 | 82.5 |
| 250 | 67 | 43 | 49.6 | 79 | 79 | 91 |
| 320 | 77 | 96 | 55.2 | 71.5 | 79.5 | 68.5 |
| 400 | 71 | 81 | 53.8 | 67 | 61.5 | 58 |
| 500 | 52 | 87 | 45.3 | 70 | 67 | 61 |
| 630 | 34 | 52 | 40.5 | 79 | 60 | 54 |
| 800 | 31 | 36 | 27.3 | 73.9 | 57.2 | 60 |
| 1000 | 42 | 31.5 | 35.4 | 63.7 | 63.2 | 60.5 |
| 1250 | 37 | 28.9 | 38.6 | 43.4 | 63.2 | 60 |
| 1600 | 28 | 40 | 35.4 | 41.8 | 53.2 | 44.5 |
| 2000 | 40 | 33.3 | 35.7 | 41.3 | 45.5 | 31 |
| 2500 | 25 | 33 | 1 | 42 | 38.2 | 46.5 |
| 3200 | 27 | 35 | 32.9 | 39 | 36.4 | 32 |
| 4000 | 30 | 34 | 18.6 | 42.2 | 37.8 | 30 |
| 5000 | 25 | 32 | 35.7 | 28.2 | 25.7 | 22.6 |
| 注：① 第一个数为第一层穿孔板的穿孔率，第二个数为第二层穿孔板的穿孔率 | | | | | | |

## 5.5.4 风扇降噪设计

风洞轴流风扇的噪声问题一般通过表面吸收、设置消声器和噪声隔离三种方式加以抑制。

**1. 表面吸收**

风扇气流通道复杂,可以在通道壁面、支撑片、止旋片表面进行吸声处理。这一做法在离心风扇降噪设计过程中较常使用。离心风机中的噪声主要在狭窄的蜗壳内,与气流一起沿着其壁面传播,而且蜗壳的形状相对较为规则,进行降噪设计较为简便。在风洞轴流风扇中进行吸声处理的难度较大:一是转子叶尖与当地壳体表面间隙对于风扇效率的影响较大,需要精确控制,不利于设置吸收表面;二是气流通道较宽,且沿气流方向能够铺设吸声表面的长度有限。在实际工程应用中,可以利用这种方法针对个别窄带频率,如叶片通过频率的一、二阶谐频进行降噪处理。

**2. 设置消声器**

在以风扇为驱动动力的风洞中,设置消声器是一种非常高效且常用的降噪设计方法,在基本不改变风洞流道设计的基础上,将消声器与风洞特征部段进行组合设计,例如在风洞拐角段,在导流片内部填充吸声材料制成拐角消声器;利用风扇尾锥与对应位置管道壁设计的尾罩消声器等。其特点是降噪空间相对宽松,可以提供更大的降噪量。而且由于处于高速气流内部,因此需要充分考虑材料的耐用性——通过合理的结构形式,做好吸声材料的防护,或者直接采用全金属结构的微穿孔板吸声结构(图5-31)。

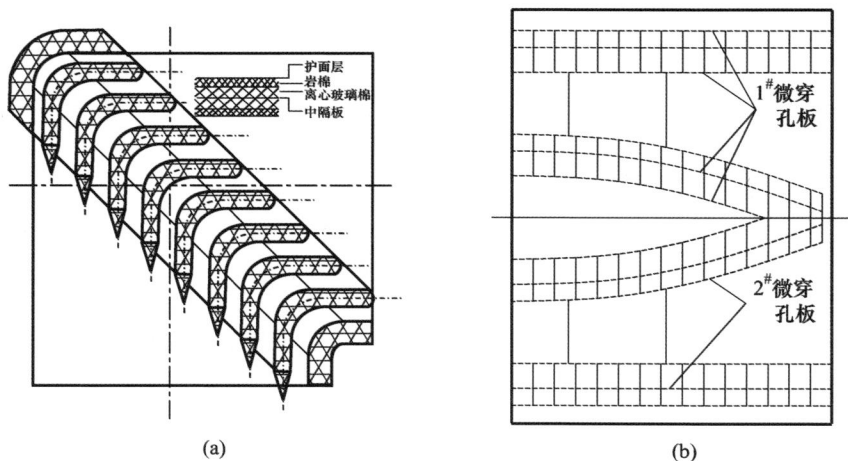

(a)

(b)

图5-31 风洞典型消声器

(a)风洞拐角消声器;(b)尾罩消声器。

护面层
岩棉
离心玻璃棉
中隔板

1#微穿孔板

2#微穿孔板

### 3. 噪声隔离

上述表面吸收和设置消声器主要针对风洞回路内传播的噪声,有时风扇向外部空间辐射的噪声也需要处理,例如风洞临近办公区、生活区,强噪声可能会对周围人的活动造成影响,需要采用隔离的方式抑制噪声传播。常用的方法有:

(1)隔声罩或隔声间。对于尺寸较小且周围敏感部位较多的风扇设备可以采用这种方式,采用密实的单层或双层结构将整个风扇段罩起来,从而彻底阻断噪声对周围环境的影响。

(2)隔声屏。一般说来隔声屏是放在噪声源和受声点之间的一种隔声结构,对于大型风扇设施可以采用大型树木绿化带作为隔声屏。

## 5.6 风扇噪声测量

为了研究和控制风洞轴流式风扇噪声,必须对其噪声进行测量与分析。现代电子技术的发展提供了测量分析的可能性,根据不同的测量目的和要求,合理选择不同的测量仪器和相应的测量方法。

### 5.6.1 声学测量系统的组成

随着噪声测量技术的发展,噪声测量仪器由一般的声级计、频谱分析仪发展到实时分析仪、智能信号数据采集处理分析系统,测量手段也发展到用计算机控制的自动测量代替逐点测量。不管其如何复杂和先进,总的说来,噪声测量仪器可以归纳为接收设备、中间设备和读出设备三部分,如图 5 - 32 所示。

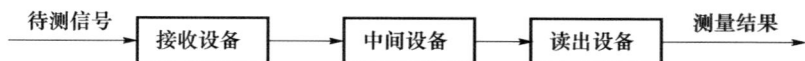

图 5 - 32 噪声测量系统

### 1. 接收设备

噪声测量系统中的接收设备是传声器。传声器是将声信号转换为相应的电信号的电声换能器。由于所用换能原理或元件不同,有多种类型的传声器,如电容式(静电)、压电式(晶体、陶瓷)、动圈式、驻极体等。一个理想的声学测量用的传声器应有如下特性:自由场电压灵敏度高、频响特性宽、动态范围大、体积小,而且性能不随温度、气压、湿度等环境条件变化。轴流风扇噪声测量一般选用电容传声器,它具有理想传声器所要求的各种特性。

电容传声器主要由紧靠着的后极板和绷紧的金属膜片组成,后极板和膜片互相绝缘,构成一个以空气为介质的电容器(图 5 - 33)。当声波作用在膜片上时,使膜片与后极板间距发生变化,电容也随之变化,这就产生一个交变电压信号输到前置放大器。电容传声器的开路输出电压与极化电压及膜片的位移成正比,与膜片和后极板间的静态距离成反比。极化电压和静态距离可以保持恒定,只要膜片的位移振幅与频率无关,则传声器的输出可具有平直的频率响应。要达到这一点,只要把膜片设计在弹性控制状态,即将膜片的固有频率设计在远超过工作频率范围,就可使膜片的位移振幅与频率无关。

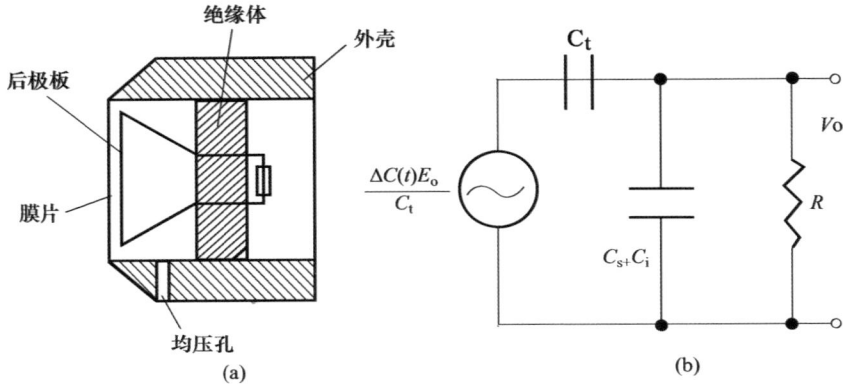

图 5 – 33　电容传声器

(a)电容传声器剖面图;(b)电容传声器工作电路。

电容传声器具有频率范围宽、频率响应平直、灵敏度变化小、长时间稳定性好等优点,多用于精密声级计中。缺点是内阻高,需要用阻抗变换器与后面的衰减器和放大器匹配,而且要加极化电压才能正常工作。另外,其膜片容易损坏,故使用时要特别小心。

必须注意,当传声器置于声场中进行测量时,在作用声波的波长与传声器大小可比拟的情况下,传声器会对声场产生干扰并且有指向性。在声波正入射时,此干扰是由于声波入射到传声器上产生反射和衍射所造成的,因而使作用于传声器膜片上的实际声压不同于自由场声压,存在一个声压增量。实际作用于膜片的声压随波长的减小而增加,极端情况下可为自由场声压的 2 倍。这种反射效应与声波的波长、声波的入射方向、传声器的尺寸和形状有关。当波长大于传声器的尺寸(10 倍以上)时,这种效应可以忽略不计。因此,传声器的尺寸与测量的关系很大,是选择传声器时应考虑的重要因素之一,选用尺寸在频率范围满足测量基本要求的传声器。另外,在满足上述前提条件下,尽量选用大尺寸的传声器,以得到较大输出。

此外,传声器灵敏度随声波入射方向的变化而不同,这种特性称为传声器的指向性。对于不同类型的声场,传声器灵敏度频响特性也不相同。正对声源测量时,高频率的衍射现象使膜片上有效声压加大(在一定频率可达 10dB)。利用此现象,使传声器频率响应平直,这就是声强型传声器。声压型传声器则不利用这种衍射现象,使用时要使声传播方向与膜片平行,在混响场中测量时最好用小型传声器。

**2. 中间设备**

中间设备的主要作用有四种:①将传声器输出的微弱信号转变成能推动读出设备的信号;②将信号由时间域转变到频率域;③将模拟信号转变为数字信号;④信号处理。实现这些作用的中间设备的种类很多,本书只介绍实现前两种作用的设备——放大器和频率分析仪。A/D 转换、信号处理的资料很多,读者可自行查阅。

1)放大器。

由传声器接收来的信号一般是很微弱的,因此在对信号进行各种处理前必须放大。放大器的选择主要考虑能与传声器及其后处理、分析或读出设备匹配,也就是说能使接收到的信号最有效和不失真地传输,因此要求放大器具有频带宽、动态范围大、非线性失真小、噪声低、稳定性好等性能。放大器的种类很多,声学测量中用的放大器配备有前置放大器输入,为电容传声器的前置放大器提供电源。另外,还设有符合国际标准的 A、B 频率计权特性。所以,它既可以用来测量电压,也可配用电容传声器后成为实验室用的精密声级计。

2)频率分析仪

在噪声测量中,只测量噪声的强度往往是不够的,因为这个数据是各种声音的平均结果。为了更好地了解噪声的特性,需要知道声压级与频率之间的函数关系,也就是说,需要将通常的时间域中的数据转变为频率域中的数据。完成这种转变的设备就是频率分析仪(或称频谱分析仪)。

频率分析仪分为两类,一类是恒定带宽的分析仪,另一类是恒定百分比带宽的分析仪。恒定带宽分析仪用一固定滤波器,信号用外差法将频率移到滤波器的中心频率,因此带宽与信号频率无关。噪声测量一般用恒定百分比带宽的分析仪,其滤波器的带宽是中心频率的一个恒定百分比值,带宽随中心频率的增加而增大,即高频时的带宽比低频时宽。对于测量无规噪声或振动,这种分析仪特别有用。常用的有倍频程和 1/3 倍频程频谱仪。倍频程分析仪中,每一带宽通过频程的上限截止频率等于下限截止频率的 2 倍;在 1/3 倍频带分析仪中,上、下限截止频率的比值为 $\sqrt[3]{2}$,中心频率是上、下限频率的几何中值。滤波器通带的准确频率见表 5 – 15。

表 5 – 15　滤波器通带的准确频率　　　　　单位:Hz

| 通带号数 | 标称中心频率 | 1/3 倍频程滤波器带通 | 倍频程滤波器带通 | 通带号数 | 标称中心频率 | 1/3 倍频程滤波器带通 | 倍频程滤波器带通 |
|---|---|---|---|---|---|---|---|
| 14 | 20 | 17. 8 ~ 22. 4 | | 29 | 800 | 708 ~ 891 | 708 ~ 1410 |
| 15 | 25 | 22. 4 ~ 28. 2 | 22. 4 ~ 44. 7 | 30 | 1000 | 891 ~ 1120 | |
| 16 | 31. 5 | 28. 2 ~ 35. 5 | | 31 | 1250 | 1120 ~ 1410 | |
| 17 | 40 | 35. 5 ~ 44. 7 | | 32 | 1600 | 1410 ~ 1780 | 1410 ~ 2820 |
| 18 | 50 | 44. 7 ~ 56. 2 | 44. 7 ~ 89. 1 | 33 | 2000 | 1780 ~ 2240 | |
| 19 | 63 | 562 ~ 70. 8 | | 34 | 2500 | 2240 ~ 2820 | |
| 20 | 80 | 70. 8 ~ 89. 1 | | 35 | 3050 | 2820 ~ 3550 | 2820 ~ 5620 |
| 21 | 100 | 89. 1 ~ 112 | 89. 1 ~ 178 | 36 | 4000 | 3550 ~ 4470 | |
| 22 | 125 | 112 ~ 141 | | 37 | 5000 | 4470 ~ 5620 | |
| 23 | 160 | 141 ~ 178 | | 38 | 6300 | 5620 ~ 7080 | 5620 ~ 11200 |
| 24 | 200 | 178 ~ 224 | 178 ~ 355 | 39 | 8000 | 7080 ~ 8910 | |
| 25 | 250 | 224 ~ 282 | | 40 | 10000 | 8910 ~ 11200 | |
| 26 | 315 | 282 ~ 355 | | 41 | 12500 | 11200 ~ 14100 | 11200 ~ 22400 |
| 27 | 400 | 355 ~ 447 | 355 ~ 708 | 42 | 16000 | 14100 ~ 17800 | |
| 28 | 500 | 447 ~ 562 | | 43 | 20000 | 17800 ~ 22400 | |
| | 630 | 562 ~ 708 | | | | | |

上述的分析仪都是扫频式的,即被分析的信号在某一时刻只通过一个滤波器,故这种分析是逐个频率逐点分析的,只适用于分析稳定的连续噪声。用这种分析测量瞬时噪声时,必须先用记录器将信号记录下来,然后连续重放,使形成一个连续的信号再进行分析。近年发展的实时频率分析仪,能在它整个分析范围内的所有频率中同时供给平行分析,也就是说,将一个需要分析的信号同时进入所有的滤波器,分析得到的数据,同时输出至读出设备,以即时的速度在一屏幕上显示出整个频谱图。此显示不断地获得更新,使受测信号发生的强度和频谱变化,可在发生的当时得到观察。另外,还有采用快速傅里叶变换(FFT)技术的数字频率分析仪,计算出频率分量,进而为信号提供恒定带宽、窄带分析或比例带宽分析。它适用于分析连续和瞬态信号,能显示出被测信号的即时频谱和平均频谱,同时能显示它们的时间函数。

**3. 读出设备**

读出设备的作用是让观察者得到测量结果。读出设备的形式很多,常用的有将输出的数据以指针指示或数字显示的方式直接读出,或者是输出几何图形。

## 5.6.2 常用测量仪器

**1. 声级计**

声级计是声学测量中常用的基本仪器,是按照一定的频率计权和时间计权测量声音的声压级的仪器,用于环境噪声、机器噪声、车辆噪声、室内噪声以及其他各种噪声测量。按国际电工委员会 ICE651 号标准,声级计可分作 O 型、I 型、II 型及III型等四种型号,见表 5-16。

表 5-16 声级计的分类

| 类型 | 精密声级计 | | 普通声级计 | |
|---|---|---|---|---|
| | O 型 | I 型 | II 型 | III型 |
| 精度/dB | ±0.4 | ±0.7 | ±1 | =1.5 |
| 用途 | 实验室标准仪器 | 声学研究 | 现场测量 | 监测普查 |

另外,声级计的一个显著特征是高度集成,在一个简单的便携单元里集成传声器、放大器、衰减器、滤波器、检波器和指示器,给测量带来了很大便利。在对包括轴流风扇在内的高速气流噪声进行测定时,还需要防风罩和鼻锥,以消除气流流动对测量结果的影响。

1)防风罩

在风洞管道内部,传声器边缘上会产生风噪声,随着流速的升高,风噪声也逐渐增强,当风噪声接近或者大于被测噪声时,就不能进行测量。防风罩是一种多孔的泡沫塑料或尼龙细网做成的圆球,将其套在传声器头上,可以抑制风噪声。

2)鼻锥

按照国家相关标准,风速 6m/s 以下时需要使用防风罩,大于此风速,即使使用防风罩也起不到应有的作用,风洞管道内部气流速度几乎都超过防风罩6m/s 的使用限值,这时就需要另外一种声级计常用附件——鼻锥。鼻锥具有流线型的外形,尤其适宜于固定风向和固定风速的风洞管道气流噪声的测量。使用时,将传声器的保护罩取下,用鼻锥替换。

多通道噪声采集系统是在单一声级计基础上的扩展,可以同时获得多点的噪声数据,大大节省测试工作量,同时可以利用多个传声器组成麦克风阵列开展声源定位技术研究。风洞中一般采用多通道噪声采集系统,如图 5-34 所示。

**2. 声强仪**

声强中某点的声强,是指在该点所研究的方向上,单位时间内通过与指定方面垂直的单位面积的声能量的平均值,是一个矢量。实际应用中,它等于某一点瞬时声压和相应的瞬时质点速度乘积的平均值,即

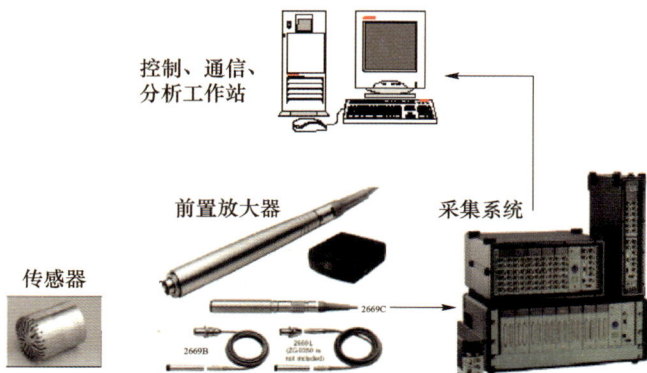

图 5-34　多通道噪声采集系统

$$I_i = \frac{1}{T}\int_0^T p_i(t)v_i(t)\,dt = \overline{p_i(t)v_i(t)}$$

式中　$p_i(t)$——第 $i$ 个测点位置处的瞬时声压；

$v_i(t)$——声波在第 $i$ 个测点处的瞬时速度在声传播方向上的分量；

$T$——声波传声周期。

　　声压是可以直接使用声压传感器测得。声强的测量要复杂一些，常用的方法是使用两个特性一致的声压传声器组成声强仪的传感器，两个性能一致的声压传声器相距 $\Delta r$，当 $\Delta r = \lambda$（声波的波长）时，在声传播方面的压力梯度近似等于两个传声器测得的声压相减除以 $\Delta r$；两个传声器连线中点的声压值 $\bar{p}$ 近似等于 $(p_A + p_B)/2$。因此声强为

$$I_i = \frac{1}{2\rho_0 \Delta r}(p_A + p_B)\int(p_A + p_B)\,dt$$

　　由于声强是一个矢量，因此声强测量可用来鉴别声源和判定它的方位，画出声源附近声能流动的路线，研究材料吸声系数随入射角度的变化，不需要特殊声学环境，甚至在背景噪声较高的情况下，只要将包围声源的包络面上的声强矢量做积分，就能求出声源的声功率。特别是在现场进行测试工作时，可以大大简化解决问题的过程。

　　目前常用的声强仪有如下三类：

　　（1）小型声强计。它只给出线性或 A 计权的单值结果，其技术基础基本上是模拟式的。

　　（2）双通道快速傅里叶分析仪。通过互功率谱计算声强。

　　（3）利用数字滤波技术，由两个具有归一化 1/3 倍频程滤波器的双路数字滤波器组获得声强数据图谱。

## 5.6.3　风扇进出口噪声的测量

### 1. 仪器的选用

目前,国内风扇制造厂生产的轴流式风扇型号较多,A 声级动态变化范围 50～140dB,测试条件也不同,而且南北各省的温度、湿度变化范围也较大,因此要根据噪声控制工程、产品质量检验及具体工作环境的实际情况正确地选用所需要的测量仪器。

### 2. 准备工作与仪器校准

测量前,应尽可能了解被测对象的噪声级范围、性质及测试环境,来决定是否选用特殊规格的传声器,是否需要安装长电缆,对仪器或测试人员是需要采取何种保护措施等。检查所需要携带仪器、附件、记录表格是否齐全;然后应对声级计通电校准,装上传声器用校准声源按规定进行校准。如果用长电缆,则必须装上电缆校准。

### 3. 测量安排

在无规入射的声场中,测量可用压强响应传声器或带无规入射修正器的自由场响应传声器,其方向不受限制。若确知声源传声方向,则对自由场传声器应采取 0° 入射,对压强响应传声器则采取 90° 入射。

### 4. 进出口噪声测量内容

对于风洞轴流式风扇进口或出口噪声以及风扇机壳,需要测量以 63Hz、125Hz、250Hz、500Hz、1kHz、2kHz、4kHz、8kHz 为中心频率的 8 个倍频带的声压级以总声压级。

### 5. 测量结果整理

在现场测定工作中,还应注意好以下测试条件的记录:

（1）风洞运行工况,包括电机转速、试验段风速、传声器安装位置的温度等;

（2）传声器安装的具体位置;

（3）是否有障碍物遮挡;

（4）传声器、采集系统参数。

### 6. 风扇进出口测点位置

风扇段噪声测量有气流核心测量和洞壁测量两种方式。气流核心测量时需要用鼻锥,用以消除风噪声对测量结果的影响,同时设计稳固且不会对声场产生干扰的支架。洞壁测量时,传感器表面与风洞壁面平齐,对有屏蔽需求的传声器设计绝缘的安装套筒。

# 第6章　风扇内流场数值模拟

数值模拟工作主要是利用商业软件 Fluent 完成的,该软件于 1983 年推出,可以处理结构网格和非结构网格,具有良好的操作性和完善的前后处理软件包,同时也可以纳入 Patran、Ansys、I – DEAS、Gridgen 以及 ICEM CFD 等专门生成网格的软件。Fluent 具备灵活的非结构化网格和基于求解精度的自适应网格以及成熟的物理模型,在层流、转捩、湍流、传热、化学反应、多相流等领域内均得到了广泛应用。Fluent 采用了多种求解方法和多重网格加速收敛技术,可以达到较好的收敛精度,满足工程设计的需求。

## 6.1　数值方法

### 6.1.1　控制方程

流体流动受到物理守恒定律的支配,基本的守恒定律包括质量守恒定律、动量守恒定律和能量守恒定律。如果流动处于湍流状态,系统还要遵守附加的湍流输运方程。控制方程是这些守恒定律的数学描述,对于没有热交换的流体,控制方程主要包括质量守恒方程和动量守恒方程。

任何流动都必须满足质量守恒定律,该定律可描述为单位时间内流体微元体中质量的增加等于同一时间间隔内流入和流出该微元体的净质量的变化。按照这一定律,可以得出质量守恒方程:

$$\frac{\partial \rho}{\partial t} + \frac{\partial}{\partial x_i}(\rho u_i) = 0 \qquad (i = 1, 2, 3) \qquad (6-1)$$

若流体不可压,密度 $\rho$ 为常数,式(6 – 1)变为

$$\frac{\partial u_i}{\partial x_i} = 0 \qquad (6-2)$$

动量守恒定律可描述为微元体中流体的动量对时间的变化率等于外界作用在该微元体上的各种力之和。该定律实际上是牛顿第二定律。按照这一定律,可得出动量守恒方程:

$$\frac{\partial}{\partial t}(\rho u_i) + \frac{\partial}{\partial x_j}(\rho u_i u_j) = -\frac{\partial p}{\partial x_i} + \frac{\partial \tau_{ij}}{\partial x_j} + F_i \qquad (i = 1,2,3) \qquad (6-3)$$

式中:$p$ 为静压;$F_i$ 为重力体积力和其他体积力,还可以包括其他模型源项或者用户自定义源项;$\tau_{ij}$ 为应力张量,且有

$$\tau_{ij} = \mu\left(\frac{\partial u_i}{\partial x_j} + \frac{\partial u_j}{\partial x_i}\right) \qquad (6-4)$$

其中:$\mu$ 为动力黏性系数。

对于风扇段黏性气体内流,在定常假设的前提下可以去掉式(6-3)中的时间导数项,且可以忽略体积力项;定义运动黏性系数 $\nu = \mu/\rho$,那么式(6-3)改写为

$$\frac{\partial}{\partial x_j}(u_i u_j) = -\frac{1}{\rho}\frac{\partial p}{\partial x_i} + \frac{\partial}{\partial x_j}\left[\nu\left(\frac{\partial u_i}{\partial x_j} + \frac{\partial u_j}{\partial x_i}\right)\right] \qquad (6-5)$$

一般认为,非稳态的连续方程和 N-S 方程对于湍流瞬时运动都是实用的。但是 N-S 方程的非线性使得用解析的方法精确描述全部细节极端困难。由于从工程应用的观点来看,重要的是湍流所引起的平均流场变化,是整体的效果。所以产生了 Reynolds 平均法,即为了考察湍流的脉动性,把湍流运动看作由两个流动叠加而成,一是时间平均流动,二是瞬时脉动流动。这样 N-S 方程中的流动变量表示为

$$u = \bar{u} + u', \quad p = \bar{p} + p' \qquad (6-6)$$

式中:上标"‾"代表对时间的平均;上标" ′ "代表脉动值。

使用笛卡儿坐标系,湍流时均控制方程(RANS)如下:

$$\frac{\partial}{\partial t}(\rho u_i) + \frac{\partial}{\partial x_j}(\rho u_i u_j) = -\frac{\partial p}{\partial x_i} + \frac{\partial}{\partial x_j}\left[\mu\left(\frac{\partial u_i}{\partial x_j} + \frac{\partial u_j}{\partial x_i}\right)\right] + \frac{\partial}{\partial x_j}(-\rho \overline{u_i' u_j'}) + F_i$$

$$(i,j = 1,2,3) \qquad (6-7)$$

式中:$-\rho \overline{u_i' u_j'}$ 为雷诺应力项。

若忽略体积力,则定常不可压缩流体的 RANS 方程可表示为

$$\frac{\partial}{\partial x_j}(\rho u_i u_j) = -\frac{\partial p}{\partial x_j} + \frac{\partial}{\partial x_j}\left[\mu\left(\frac{\partial u_i}{\partial x_j} + \frac{\partial u_j}{\partial x_i}\right)\right] + \frac{\partial}{\partial x_j}(-\rho \overline{u_i' u_j'}) \qquad (6-8)$$

在式(6-2)和式(6-8)对应的四个方程中,未知量除了有三个速度分量和一个压力之外,还有一个雷诺应力项(含有 6 个未知分量)。未知量个数大于 4 个,方程组不封闭。为使方程组封闭,必须找出这些附加项之间的关系,由此产生了多种适合于不同流动特性的湍流模拟。实际上,雷诺应力的确定是 RANS 方程湍流计算的核心问题。

## 6.1.2 求解方法

将控制方程离散后形成的代数方程组通常不能直接求解,必须对离散方程进行某种调整,对速度、压力等未知量的求解顺序及方式进行特殊处理。对应流场数值解法可分为分离式解法和耦合式解法。基于有限体积法的各种流行的流场数值解法中,工程上应用最广泛的流场计算方法是压力耦合方程组的半隐式方法(Simple 算法)及其各种改进的算法,主要有 Simplec。Fluent 软件也提供这些算法。由于各种改进算法均以 Simple 算法为基础,这里将简单介绍 Simple 算法及 Simplec 算法。

Simple 算法是一种基于交错网格的压力修正法,它由 Patanka 与 Spalding 于1972 年提出。该方法的基本思想:对于给定的压力场(它可以是假定的值或上次迭代计算所得的结果),求解离散形式的动量方程,得出速度场。因为压力场是假定的或不精确的,这样得到的速度场一般不满足连续方程,因此,必须对给定的压力场加以修正。

Simplec 算法与 Simple 算法的思路基本一致,仅速度修正方法上有所改进,加快了收敛的速度。Simplec 算法只用压力修正值来修正速度,另外构建一个更加有效的压力方程来产生"正确"的压力场。由于该算法在推导离散化压力方程时没有省略任何项,因此得到的压力场与速度场相适应。所以 Simplec 算法的计算量比 Simple 算法高出 30% 左右,但较快的收敛速度使得计算时间减少30% ~50%。

## 6.1.3 计算域与网格生成

网格的划分是 CFD 和其他数值模拟技术的重要组成部分之一。网格品质的好坏直接影响计算精度和收敛时间,而且这种影响在多数情况下是决定性的,因此,网格的生成和划分技术在数值模拟工作中受到高度重视。

网格的数量也直接影响计算结果的精度和计算资源。一般地,越密的网格带来计算精度也越高,但同时要求的计算资源较高。

图 6-1 中的曲线 1 表示计算精度随网格数量变化而变化的一般曲线。曲线 2 表示计算时间随网格数量变化而变化的一般曲线。可以看出,在一定范围内增加网格的数量可以明显提高计算精度,但是当网格数量过大时,计算精度的提高非常有限,而此时计算时间的增加则是不能忍受的。因此过密和过稀的网格都要避免。过密的网格会导致计算量的大幅增加,对计算资源要求高,计算时间也比较长。而过稀的网格得到的结果往往不够精确或者是错误的。

高质量的网格是保证数值模拟成功的首要条件。划分网格时一般要求网格质量能达到某些指标要求,如网格的正交性、相邻网格的面积比、第一层网格高

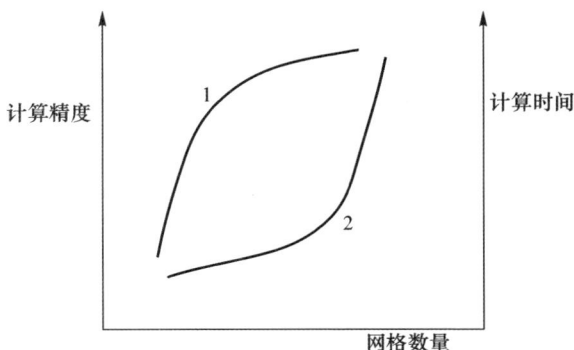

图 6 - 1 计算精度和计算时间随网格数量的变化

度等。由于不同的湍流模型在对近壁区的处理不同,因此要求的第一层网格高度也不同。在流场的关键区域,应尽量保证足够高质量的网格。

Fluent 在三维问题中可以使用四面体、六面体、金字塔型以及楔形单元,或者两种单元的混合。网格类型的选择依赖于具体的问题。风扇的流场具有流场结构复杂和固壁壁面较多两个特点。风扇的转子和止旋片是流场的核心区域,气流在风扇系统的转子和止旋片部分流动复杂,为了更准确地捕捉流场在这个区域的特征,需要保证这个区域网格的质量。在动叶和止旋片周围采用 C 型网格,能保证网格有不错的正交性。而在非核心区域的气流特征变化相对较小,如果采用过密的网格将浪费计算资源和时间。所以采用了拼接网格的方法,拼接面两边的网格数比例控制在 1.5 左右。

## 6.1.4 计算参数及边界条件

求解控制方程时,为了构造定解问题,必须要确定相关变量的边界条件。为此,需要考虑边界位置的选取并确定边界条件的形式,同时边界条件不要过约束也不要欠约束。因此在 CFD 模拟中,提供符合物理事实且适定的边界条件非常重要。

边界条件可分为物理边界条件和人工边界条件。物理边界是由问题的性质决定的,例如,流体力学中的外流问题的固体壁面和内流问题的进出口边界的物理性质很明确,或可通过试验测量得到,所以物理边界条件的设定比较直观。人工边界是针对无限或者半无限区域,或数值模拟中感兴趣区域而人为引入的,其选取带有任意性和经验性,条件的设定往往更多的是从数学上考虑,如适定性或无反射。

基本的边界条件有流动入口条件、流动出口条件、壁面条件、对称边界、周期性边界等。

  针对风扇流场中桨叶旋转如何实现的问题,Fluent 中有几个处理旋转机械流动问题的模型可供选择,分别为旋转坐标系(RRF)模型、多重参考系坐标(MRF)模型、混合平面(MP)模型、滑移网格(SM)模型。其中,RRF 模型仅适用于不考虑止旋片影响的模型,其思想是在视动叶为静止的旋转坐标系中进行定常计算。MP 模型是另一种用定常方法计算动叶和止旋片相互影响下的流场的模型,它在不同流动区域之间的交界面上进行了一定的周向平均,消除了流动本身的非定常性。SM 模型是采用滑移网格技术进行流场的非定常计算的模型,计算得到的流场最接近实际的流动,但这种模型要耗费巨大的资源和时间。

  MRF 模型的基本思想是把风扇内流场简化为动叶在某一位置的瞬时流场,将非定常问题用定常方法计算。动叶区域的网格在计算时保持静止,在惯性坐标系中以作用的科氏力和离心力进行定常计算;而止旋片区域是在惯性坐标系里进行定常计算。在这两个区域的交界面处交换惯性坐标系下的流体参数,保证了交界面的连续性,达到了用定常计算来研究非定常问题的目的。

  在旋转坐标系中,运动方程为

$$\frac{\partial \boldsymbol{V}_r}{\partial t} + \boldsymbol{V}_r \cdot \nabla \boldsymbol{V}_r + 2\boldsymbol{\Omega} \times \boldsymbol{V}_r + \boldsymbol{\Omega} \times \boldsymbol{\Omega} \times \boldsymbol{r} + \frac{\partial \boldsymbol{\Omega}}{\partial t} \times \boldsymbol{r} = -\frac{1}{\rho} \nabla p + \frac{1}{\rho} \nabla \cdot \boldsymbol{\tau} + \boldsymbol{f}$$

$$(6-9)$$

式中:$\boldsymbol{V}_r$ 为相对速度矢量;$\boldsymbol{\Omega}$ 为旋转坐标系的旋转角速度;$\boldsymbol{r}$ 为质点在旋转坐标系中的位置矢量;$\boldsymbol{\tau}$ 为黏性应力张量;$\rho$ 为流体密度;$\boldsymbol{f}$ 为单位质量力。

  应用 MRF 时,交界面处交换的数据主要为速度矢量,其两侧的速度被设定成连续的,在旋转坐标系中,绝对速度为:

$$\boldsymbol{V} = \boldsymbol{V}_r + \boldsymbol{\Omega} \times \boldsymbol{r} + \boldsymbol{V}_t \qquad (6-10)$$

式中:$\boldsymbol{V}$ 为绝对速度矢量;$\boldsymbol{V}_t$ 为旋转坐标系的平动速度矢量,在本问题中 $\boldsymbol{V}_t = 0$。

  利用简单的几何关系将旋转坐标系中的相对速度转化为惯性坐标系里的绝对速度,在交界面上将计算得到的速度值直接应用在另一子区域的速度边界条件。

  MP 模型同样是把非定常流动简化为定常流动,其基本思想:定子区域和转子区域分别进行定常计算,两区域在交界面上的重合面组成"混合平面",在"混合平面"上转子区域将计算得到的总压、速度、湍动能、湍流耗散率作周向平均后传递给定子区域。而定子区域将计算得到的静压在周向平均后传递给转子区域,这样同样也达到了用定常计算来研究非定常问题的目的。

  SM 模型是非定常计算模型,其基本思想:在某一时间步,定子区域和转子区域分别计算各自流场,通过交界面传递流动参数;随着时间的推进,转子区域的网格随着转子一起转动,而定子区域的网格则静止不动,此时在两区域交界面上的网格出现了相对滑移。在每一新的时间步长内,按两区域网格在交界面上的节点求取新的交界面,通过新交界面上的通量传递,实现每一时间步内两区域流场的耦合。

由于 MRF 模型和 MP 模型均为定常计算,因此计算时间相比于 SM 模型要少得多。MRF 模型计算机理最简单,达到收敛所需的时间最少。MP 模型由于要在不同区域的交界面上做周向平均,并且在"混合平面"上出现的回流严重影响了计算的收敛,因此 MP 模型计算的时间比 MRF 模型要多。SM 模型为非定常计算,不仅计算时间要远多于前两种模型,由于每个时间步的数据需要储存,因此还需要大量的硬盘存储空间。

本书数值模拟的风扇模型包含动叶和止旋片,因此可以将流动区域分为两个区域,其中在含动叶的区域里采用 MRF 模型,其余区域选用静态域,进行定常计算。

## 6.2 风扇性能预测

20 世纪 40 年代,电子计算机的诞生使得复杂非线性偏微分方程组的数值求解逐渐成为可能,从而引起了人们对数值求解流体力学问题的浓厚兴趣。在日新月异的计算机技术的强有力推动下,计算流体力学获得了突飞猛进的发展。到 80 年代,计算流体力学在离散方法、网格生成、求解方法等各方面已基本成熟,针对各种具体流动情况而发展起来的不同的湍流模型,也为各种工程问题的解决发挥越来越大的作用,作为计算流体力学的重要组成部分,风扇数值模拟技术已经进入了全三维定常黏性数值模拟阶段;在过去的 20 年中,风扇 CFD 技术进一步发展到全三维非定常黏性数值模拟阶段。

从数值模拟角度来讲,风扇涉及的技术环节主要包括动叶旋转的处理和其他如固壁条件、湍流模型、网格划分等常规流场数值模拟的技术内容。

随着计算技术的发展,计算机性能的提高,计算方法的不断改进,运用 CFD 方法对风扇内部流场进行数值模拟,为研究与设计提供指导,已成为一种重要的技术手段。CFD 可以在一定程度上取代试验,减少试验周期,降低成本,而且便于优化设计。通过改变几何参数或气动参数,可以方便地进行多次数值模拟,以获得较好的风扇性能。

风扇内的流动是极为复杂的,如图 6 - 2 所示。静叶构型会显著影响动叶尾迹和叶尖涡的发展,从而对风扇性能和气动噪声带来影响。叶顶间隙中分离时产生的涡流与边界层相互作用形成重要的噪声源,增大动、静叶片间距,有利于叶尖涡的衰减,可以降低动、静叶片之间的干涉噪声。

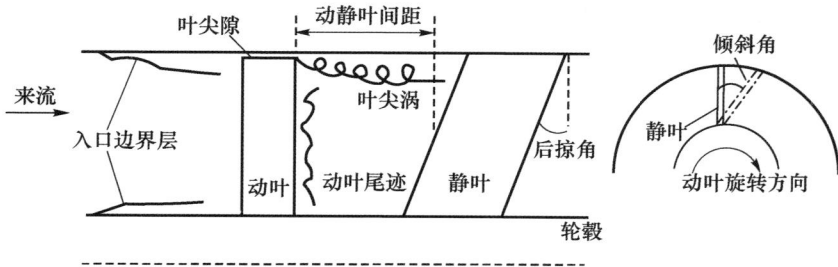

图 6-2 流场构型

## 6.2.1 风扇内的流动模拟

现以中国空气动力研究与发展中心 0.55m×0.4m 航空声学风洞的风扇段为例说明风扇内的流动状态。该风扇段上、下游分别布置方变圆过渡段和圆变方过渡段,其长度都为 400mm(对应 0.44 风扇段水力直径)。风扇段总长为 2.7m(含上、下游过渡段)。在对风扇段进行建模时,以风扇段流向为 $z$ 轴,水平方向为 $y$ 轴,按右手坐标系法则设定 $x$ 轴建立坐标系,将风扇段入口处整流罩顶点设定为坐标原点。方圆过渡段的长度为 410mm,在方圆过渡段前增加了 590mm 作为入口段,以模拟上游管道。在风扇段出口处,圆变方过渡的长度为 300mm,之后增加的平直段,以模拟风扇段后的下游管道。

为保证计算精度,在数值模拟过程中,采用结构网格。进出口流动条件根据 0.55m×0.4m 航空声学风洞测试结果给定。湍流场计算采用 $k-\omega$ 模型。为了保证能够在目前的计算条件下有效处理数据,对不同的网格数量进行了对比,分别为 532 万、288 万、186 万,最终选择 532 万网格进行计算。

下面给出了动、静叶片间距为 355mm,静叶片无后掠/扭转的工况下某风扇的流动状态。图 6-3 给出了风扇段沿轴向的压力分布。从图上可以看到,在入口段,压力分布是较为均匀的,在支撑片附近流动更为均匀,在动叶附近,流动变化剧烈,因此压力分布变化很大,经过静叶片后,流动恢复为均匀的流动。图 6-4 给出了动叶与静叶后的周向速度分布。可以看到,经过静叶的止旋作用后,静叶后的周向速度基本消除,目前的动、静叶片设定较为合理。为了解风扇段出口处的速度分布,图 6-5 给出了风扇段出口的周向速度云图。从图上可以看到,中心处的旋转速度还未彻底消除,这可能会对扩散段的性能有一定影响。图 6-6 给出了风扇段沿径向 $R=400$mm 处截面的压力分布云图。从图中可以看到,风扇段出口的压力分布是较为均匀的,同时也看到,整流罩的截尾对流动有一定的影响。图 6-7 给出了动、静叶片处的流动细节。可以看到,在动叶叶尖处流动未发生明显分离,图中局部放大图轴向速度分布云图也可以看到。图6-8~图6-11给出了叶片表面的压力分布图,从图中可以看到,叶片上的压力分布较为均匀,在动叶的背风面靠近叶尖处,存在一处较小的低压区域,可能会诱导分离。图6-12给出了沿$y$轴方向某截面的压力分布云图。从图中可以看出,出口处的压力分布非常均匀。

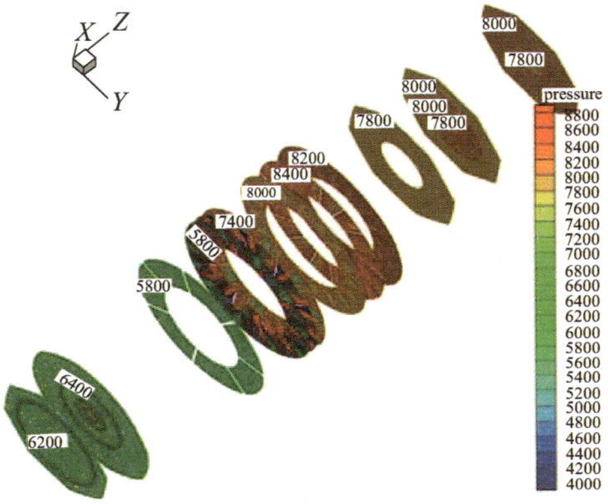

图6-3 风扇段沿轴向不同
截面压力分布云图

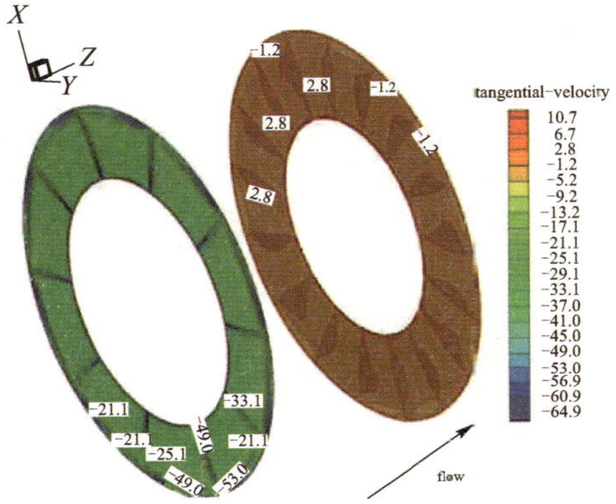

图6-4 动叶后与静叶后的
周向速度云图

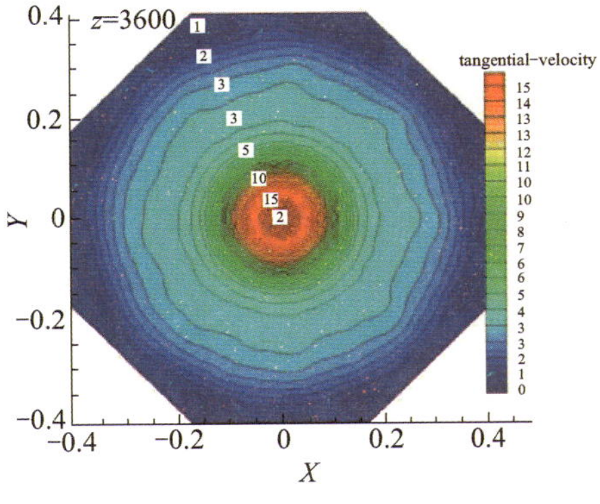

图6-5 风扇段出口
处周向速度云图

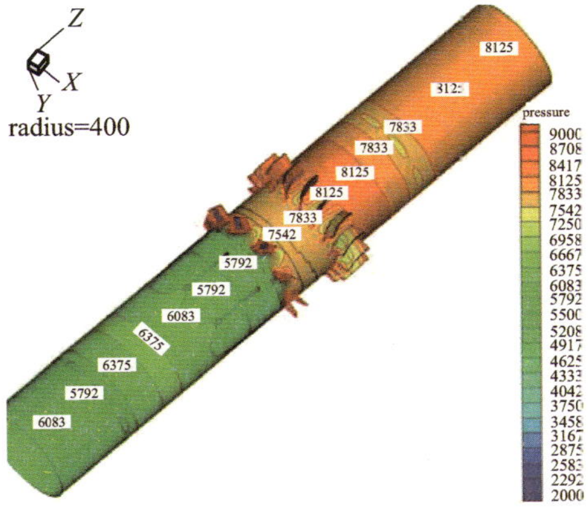

图6-6 沿径向截面
压力分布云图($R=400$mm)

为了解动叶叶尖处的流动状态,图6-13给出了某片动叶处的速度矢量图,从图上可以看到,在叶尖处流动变化较大。从图6-14给出的涡量云图可以看到,在叶尖处产生了叶尖涡,这是噪声源之一。增大动、静叶片间距,有利于叶尖涡的衰减,可以降低噪声。

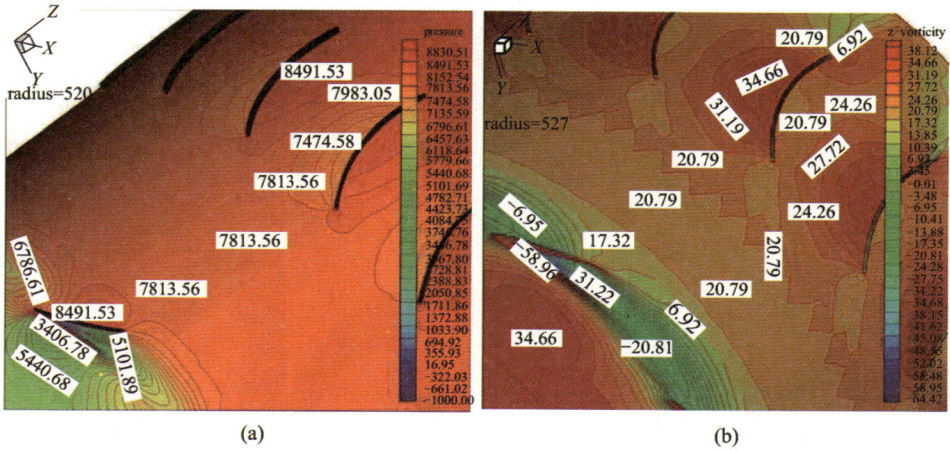
图 6-7　沿径向截面压力分布云图（R=520mm）

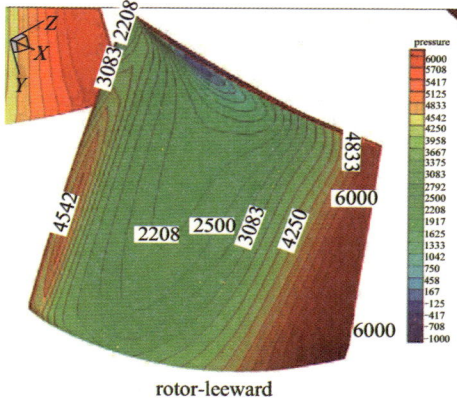
图 6-8　动叶片背风面压力分布云图

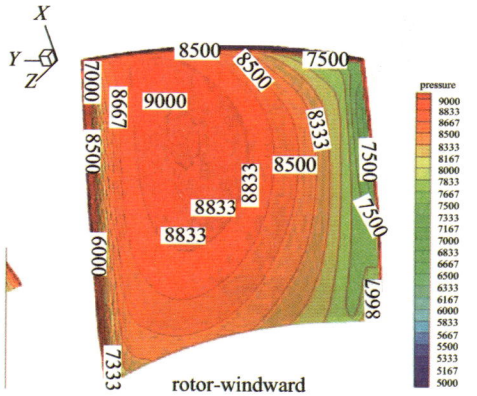
图 6-9　动叶片迎风面压力分布云图

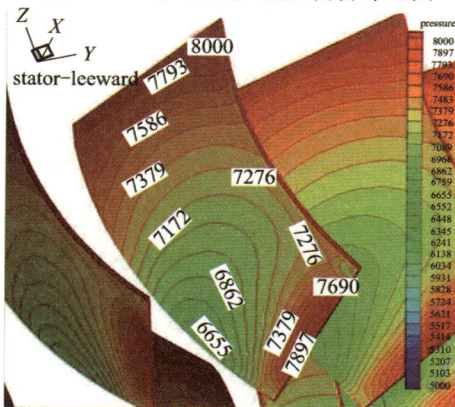
图 6-10　静叶片背风面压力分布云图

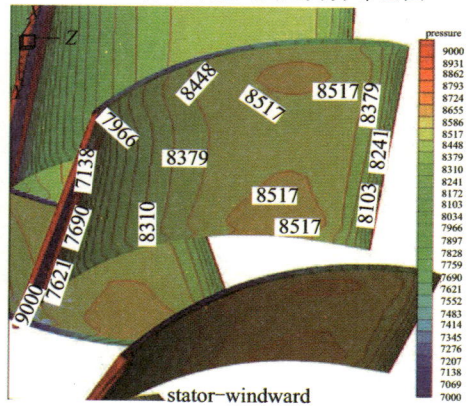
图 6-11　静叶片迎风面压力分布云图

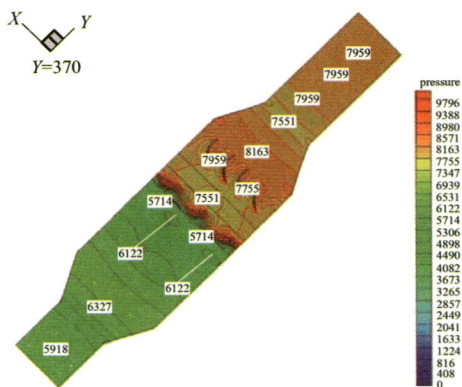

图 6 – 12　沿 y 向某截面的压力分布云图

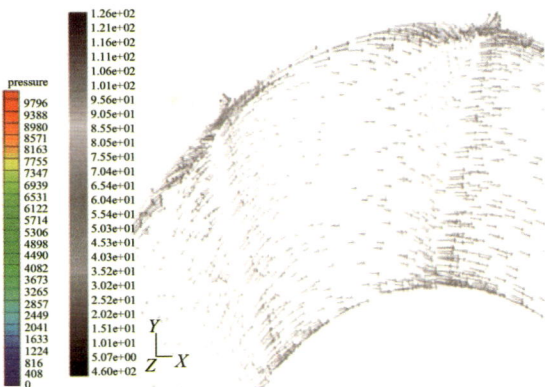

图 6 – 13　动叶处的速度矢量图

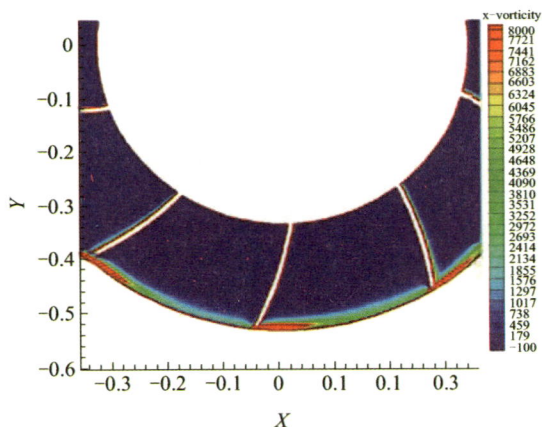

图 6 – 14　动叶处的涡量云图

## 6.2.2　风扇内部的流场分析

表 6 – 1 给出了风扇段压升的模拟结果与试验结果,这里的压升指的是正八角形入口至正八角形出口的总压升高值。从表中可以看到,计算结果与试验值较为吻合,这说明采用的数值方法是较为可靠的。计算得到的风扇段效率比实测值略低,这可能是计算结果中静叶损失较大的原因。

表 6 – 1　数值模拟结果与试验结果

|  | 压升/Pa | 动叶效率/% | 风扇效率/% | 静叶压力损失/Pa |
|---|---|---|---|---|
| CFD | 1654 | 87.1 | 70.0 | 259 |
| EXP | 1765 | 85.0 | 72.0 | 100[①] |
| ①为工程预测值 | | | | |

图 6 – 15 给出了风扇段出口轴向速度分布。可以看到,数值模拟结果和试验值分布趋势比较吻合,中心速度偏低是由中心体尾流影响所致。计算与试验的偏差可能是由于在当前计算中,风扇段入口采用均匀速度入口,而实际入口速度并不均匀所导致。

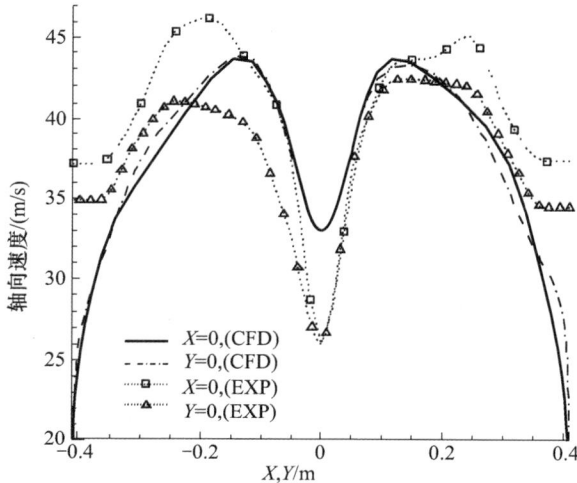

图 6 – 15　风扇段出口速度分布

目前,风扇工程设计方法已经较为成熟,基本能满足工程需求,由于风扇性能对风洞的能耗与试验段背景噪声有重要影响,国内外一直致力于风扇的优化设计研究。为提高风扇性能,必须对流场结构有充分的认识。几十年来,对风扇等旋转机械的数值模拟有了长足的发展,为优化研究提供了有力的支撑。在国内,陈乃兴研究了低速风扇的性能,刘飞等对来流条件对风扇内流场的影响进行数值模拟,谢军龙对风扇叶尖涡的流动情况进行了 PIV 试验与数值模拟;在国外,Rao 首先采用全三维 N – S 方程求解了单级的非定常流动,至今国外已进行了大量的风扇数值模拟研究,如 Amano 比较了不同湍流模型对动叶 – 静叶级间流动的模拟能力等。

## 6.2.3　动、静叶片间距对风扇性能的影响

在改变动、静叶片间距时,保证其他参数完全相同。图 6 – 16 给出了相同转速下动、静叶片间距对风扇段压升的影响。从图中看到,随着动、静叶片间距的增大,风扇所能提供的压升在逐渐减小。

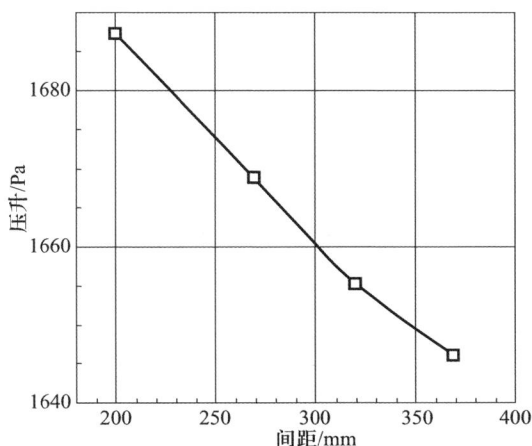

图 6 – 16　不同间距时的压升

## 6.2.4　静叶片后掠对风扇性能的影响

图 6 – 17 是不同后掠角的压升。由图可以看到,静叶片后掠对风扇性能的影响较小。静叶片倾斜时,越靠近叶尖,动叶片与静叶片之间的距离越大,而叶根处保持不变,因此对风扇性能影响较小。

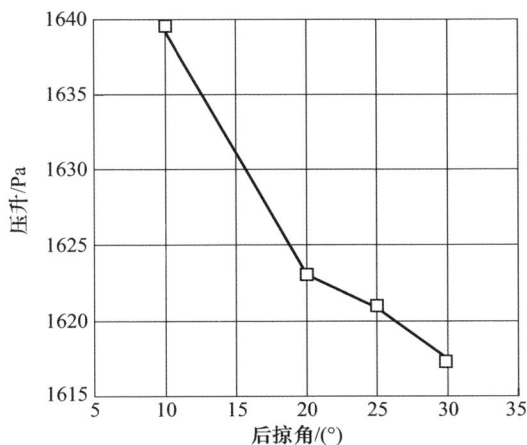

图 6 – 17　不同后掠角时的压升

## 6.2.5　静叶片倾斜对风扇性能的影响

静叶片倾斜对风扇性能的影响是比较大的,如图 6 – 18 所示。静叶片倾斜时,静叶片与动叶片的轴向间距沿着整个径向是不变的,动、静叶片的干涉相位产生偏移,因此对风扇压升性能有较大影响。

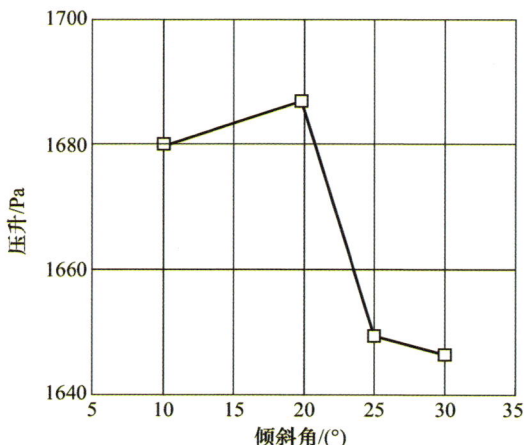

图 6-18  不同倾斜角时的压升

## 6.3  风扇气流噪声的数值模拟

在声学风洞中,相对于效率,同时要关心的是风扇的噪声水平。一般情况下,提高风扇效率的同时可以降低噪声。国外对低噪声风扇的设计方法进行了详细研究,形成了较为成熟的理论。Schulten 采用理论分析方法先后完成了静叶片后掠、增大动、静叶片间距的降噪效果研究,Woodward 通过试验研究了静叶后掠与倾斜、增大动、静叶片间距的降噪效果,而 Agboola 则采用数值模拟完成了静叶片后掠的流场特性分析。

总的来说,风扇噪声可分为机械噪声和气动噪声两个部分。机械噪声主要与风洞洞体结构相关,因此低噪声风扇技术的研究重点集中在风扇气动噪声的控制上。气动噪声强度最大,是风扇系统的主要噪声源,按产生的机理可分为旋转噪声(也称离散噪声)和涡流噪声(也称宽带噪声)。

旋转噪声是由旋转的叶片周期性地打击空气质点而引起空气压力脉动所造成的,其频率为叶片每秒冲击空气质点的次数,因此它与叶片数量和转速有关。旋转噪声的强度与圆周速度的 5~6 次方成正比,当圆周速度增大 1 倍时,声压级将增加 15~18dB。风扇转子和静叶片的气动力干扰所产生的噪声也称为旋转噪声。在流动过程中,转子叶片的尾流周期性地撞击到静叶片上,在叶片上产生压力波动从而形成噪声,这种噪声主要与静叶片位置和几何形状有关。

涡流噪声是风扇旋转时,高速气流在叶片表面上和叶顶间隙中分离时产生的涡流与边界层相互作用所造成。涡流分离时会产生压缩和稀疏波,其频率取决于转子叶片与气流的相对速度。因为沿径向绕叶片各截面流过的气流具有不同的速度,且从叶片根部到尖部的速度呈连续变化,所以以转子叶片旋转所产生的涡流噪声呈现明显的连续谱分布。涡流噪声的强度与气流相对速度的 8 次方成正比。

风扇气动噪声是旋转噪声与涡流噪声相互叠加的结果。噪声的强度主要由气流相对叶片的速度决定。因此,风扇的转速应尽可能低。

气动设计时,通过参数匹配能够保证风扇来流的均匀性和稳定性,避免叶片表面流动分离,能有效地降低旋转噪声和涡流噪声,如动、静叶片片数目、动叶片叶尖与洞壁间的间隙、叶型参数、叶片弦长、对应不同状态的风扇转速等。因此,进行声学优化时,主要是根据气动设计结果,优化动、静叶片片之间的间距(决定静叶片位置),并使静叶片后掠/扭转(决定静叶片几何形状),降低动、静叶片片之间的干涉噪声。特别要注意的是,在降低气动噪声的情况下,保证风扇性能不受影响或影响很小,风扇性能受影响时,要找到降噪和性能的最优匹配参数。

另外,由于风扇的来流品质对涡流噪声的影响很大,在进行声学优化给定入口条件时,应该尽可能使用试验所测定的来流特性(包括三维速度分布和总压分布)。

## 6.3.1 气动噪声模拟方法

噪声分析是在求解流场的基础上对流场变量进行统计,使用半经验公式和 Lighthill 的声学近似理论得到的。使用该方法不需要求解风扇段的瞬时流场,仍采用前面的定常计算方法,因此只能求解得到当地声压对总声压的贡献,无法得到不同频率噪声的贡献。使用的公式为

$$L_P = 10\lg\left(\frac{b\rho_0 k^{2.5}\varepsilon a_0}{P_{ref}}\right) \qquad (6-11)$$

式中: $L_P$ 为声功率,(dB); $b$ 为常数, $b = 0.566$; $\rho_0$ 为平均密度; $k$ 为湍动能; $\varepsilon$ 为湍流耗散率; $a_0$ 为当地声速; $P_{ref}$ 为声压参考值, $P_{ref} = 10^{-12}\,\mathrm{W/m^3}$。

## 6.3.2 动、静叶片间距的影响

以中国空气动力研究与发展中心 $0.55\mathrm{m} \times 0.4\mathrm{m}$ 航空声学风洞的风扇段为例,前面已对该风扇段进行了叙述,这里不再赘述。当动、静叶片之间的距离增大时,从动叶片流出的气流有更大的衰减空间,这样有利于降低动、静叶片之间的干涉噪声,图 6-19 给出了不同间距下的相对噪声。从图上可以看到,当叶片间距增大时,有利于降低噪声水平;但是当距离增大时,降噪的效果减弱。

图 6-20 给出了风扇段出口截面处的切向速度分布。可以看到,当间距增大时,出口处的旋转速度增加,这在增大动、静叶片间距时也需要考虑;否则,风

扇出口气流的均匀性和稳定性会受到影响。

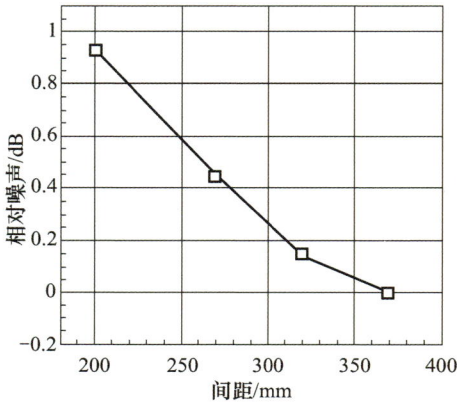

图 6 - 19　不同间距时
静叶处的相对噪声

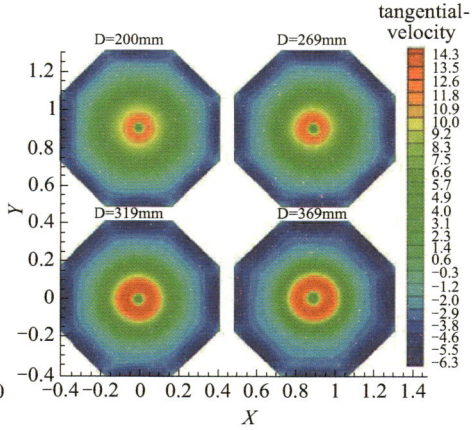

图 6 - 20　不同间距时出口
截面处切向速度

### 6.3.3　静叶片后掠的影响

当静叶后掠时,在叶根处动、静叶片距离基本保持不变(对于动、静叶片间距保持不变,究竟是以叶根、叶尖还是沿径向的某一位置为基准,选择很重要),但是由于静叶片的后掠,使得动叶叶尖涡有了更大的衰减空间。图 6 - 21 给出了不同后掠角时的相对噪声。图 6 - 22 给出了出口处某站位上的切向速度分布。从图中可以看到,当后掠角增大时,出口速度均匀性有所提高,并且中心部位的旋转速度基本消除。

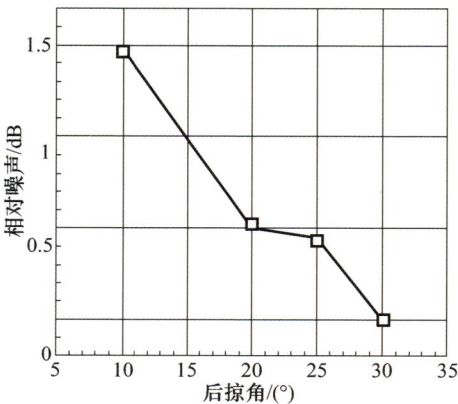

图 6 - 21　静叶片后掠的相对噪声

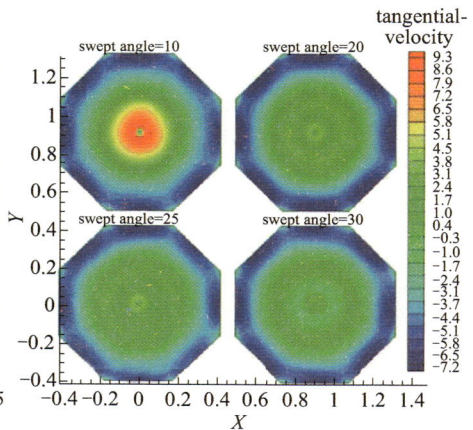

图 6 - 22　不同后掠角时出口
截面处切向速度

## 6.3.4 静叶片倾斜的影响

图 6-23 给出静叶倾斜时的相对噪声。可以看到,在静叶倾斜时,流动情况较为复杂,在倾斜角度较小时(<25°),降噪效果较好,当倾斜角增大到 30° 时,噪声略有增加,但相比初始状态仍有较好的降噪效果。就降噪量而言,与前面两种情况相比,静叶片倾斜的降噪量是最大的,因此静叶片倾斜最适于降噪的优化处理。在静叶片倾斜时,其对出口速度的影响如图 6-24 所示。从图上可以看到,随着倾斜角的增大,出口的旋转速度也在增加。

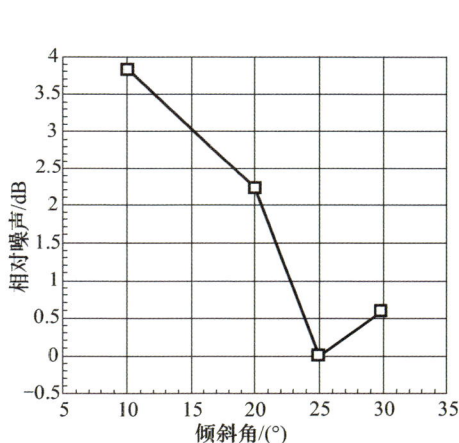

图 6-23 静叶倾斜的相对噪声

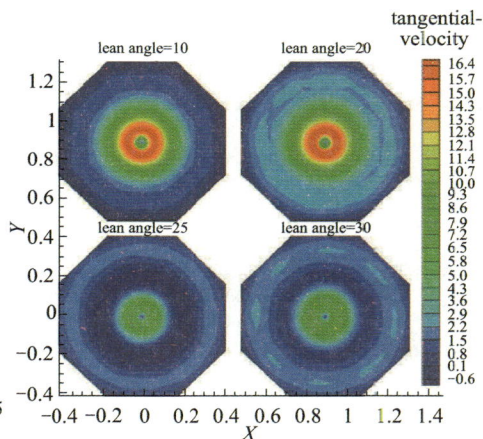

图 6-24 不同倾斜角时出口截面处切向速度

# 第7章 风扇性能试验及测试

## 7.1 力学性能试验

风扇在完成加工制造后,需要首先开展机械运转试验,确保风扇系统运行正常,特别是对旋转部件的动态考核。

### 7.1.1 转子机械运转检查

作为风扇的核心部件,叶片强度及加工质量直接决定着风扇能否正常运行和系统安全,因此在其通电试机前以及在机械系统的检修周期内需要对叶片进行检查。最简单而有效的办法是肉眼观察,在 10 倍以上的放大镜下用肉眼检查叶片有无裂纹及伤痕。如果用这种方法检查不出叶片的伤痕时,还可用着色探伤、磁粉探伤、荧光粉探伤等方法。其中着色探伤方法最方便,费用也少,使用广泛。

**1. 着色探伤**

叶片擦净积垢后,将需要检查部位涂上红色渗透液,渗透液由质量分数为 1% 的苏丹红溶解于质量分数为 60% 的煤油、10% 的松节油、30% 的水和酸中酯混合液中,片刻后,用清洁纱布擦净,再涂上白色显像液(质量分数为 5% 的锌白拌匀于质量分数为 30% 的胶棉液,然后加入质量分数为 20% 的苯、质量分数为 50% 的丙酮稀释),待干燥后,如有裂纹即会在白色底色上显示出明显红色纹路。

**2. 磁粉探伤**

将风扇转子绕上电线,通入直流电使转子产生磁场。各个叶片顶部成为一个磁极,然后涂上铁粉。如果叶片有裂纹,在裂纹的缺口处产生两个不同的极性,因而将铁粉吸住。这样可检查出叶片的伤痕。

**3. 荧光粉探伤**

将叶片涂上荧光粉,然后擦去。将转子移动到暗室中查看,有裂纹处,荧光粉擦不掉而会发光。

另外还有一些常规的检查项目:

(1) 清理与检修机壳,如有漏气之处,必须堵漏;

（2）机壳有内破损的衬板,必须更换已磨损的衬板,或焊补与更换部分衬板;

（3）检查主轴是否弯曲和轴颈是否磨损或划伤,弯曲少的要校直,弯曲大的必须更换;

（4）修理转子、补焊叶片,必要时更换损坏的转子或叶片;

（5）检查与清理轴承;

（6）清理并检查轴承的冷却系统,如水（风）管有堵塞或破裂现象,要清理或检修好;

（7）检查联轴器的装配情况;

（8）检查联轴器、轴流风扇与电动机旋转中心的共线情况;

（9）检修轴的防护装置;

（10）检查电动机、启动开关等电器设备有无损坏并检修好;

（11）检查地基有无损坏并修补好;

（12）涂刷风扇外壳的防护油漆。

风洞轴流风扇通常采用转子直接安装在电动机轴上的连接方式,称为直联传动,电动机与转子一起做运转试验。为了运转安全起见,需要提前对电动机进行三次试运转:第一次启动,达到全速（额定转速）即停车,检查电动机的转向是否正确,有无异常声音;第二次运转 5 ~ 10min,停机检查电流电压指示值、电动机转子及轴承温度、电刷及电环的磨损情况;第三次连续运转 8h,全面检查合格后即可。

在试运转过程中,油温应控制在 30 ~ 40℃ 范围内。对装有变速器的风扇,电动机试运转合格后应复核电动机与变速器齿轮轴的同轴度。核对符合要求,即可以进行变速器的试运转。

要保证轴流式风扇的安全运行,除结构合理,制作和安装质量符合要求外,还要保证所有的运行工况点都不会落在不稳定工况区内。为此,必须适当地选择运行参数,采用合理的调节方法和启动措施:

（1）动叶片可调轴流风扇的参数选择,应使额定工况点位于最高效率区的中心,保证满负荷时高效运行,低负荷时也不致进入不稳定区。

（2）两台风扇并联运行时,应避免"抢风"现象。

（3）由于轴流风扇所消耗的功率在动叶片安装角不变的情况下,小风量比大风量耗功小,因此,为了缩短启动时间和保护电动机,应将风扇的动叶角度、转速和前导叶角度调到最小。

## 7.1.2　机械不平衡试验

为了保证风扇在运转中振动不超过允许值,在风扇安装或检修后,一般进行平衡检查。当转子上留有不平衡质量时,在运转时,转子就会产生由于不平衡质量引起的扰动力,失去平衡而产生强烈振动,严重时会使叶片脱落,打穿机壳,飞出伤人甚至损坏整个机组。转子有静不平衡、动不平衡和静动混合不平衡三种。

**1. 静不平衡**

静不平衡是由于材质厚薄不均匀、加工误差等原因的影响,转子的质量中心移至轴心线外 $O'$,如图 7-1 所示,图中 $O$ 为转子的轴心,两者之间有一距离 $r$。当转子静止时,由于受地心引力的作用。质心必然朝最低位置转向。此时若无轴承摩擦等阻力存在,转子不可能在其位置停留或保持静止。引起静不平衡的质量,可利用在其同一平面内与轴心线相对称的位置上试加一质量的方法消除。

**2. 动不平衡**

转子旋转,若转子的不平衡质量造成两个相对方向的离心力,并且其位置不在于转子中心线相垂直的同一平面上时,产生的振动现象,称为动不平衡。动不平衡是在静平衡检查后,转子的轴心线和转子的质心虽然重合,但并未使转子的每一段重心达到完全对称而引起的,如图 7-2 中 $O_1$、$O_2$ 为转子的轴心线,两点相距为 $L$,不平衡质量 $G_1$ 位于 $O_1$ 的上方,距轴心为 $r_1$ 处,转动后产生的离心力为 $F_1 = \left(\dfrac{G_1}{g}\right)\omega^2 r_1$,不平衡质量 $G_2$ 位于 $O_2$ 的下方,距轴心为 $r_2$ 处,转动面产生的离心力 $F_2 = \left(\dfrac{G_2}{g}\right)\omega^2 r_2$。当 $F_1$ 与 $F_2$,即两个不平衡质量产生的离心力恰好相平衡时,不会构成静不平衡。但是,当转子运转以后,$F_1$ 和 $F_2$ 将以一力偶的形式出现,作用于转子的轴承上而引起振动。对于动不平衡,只有采用再加两个重量,以其产生的力偶来抵消引起振动的力偶,转子才会保持在运转工况下的平衡,即动平衡。

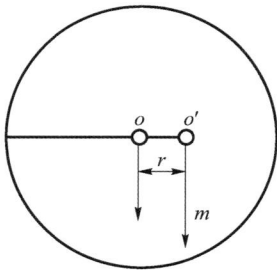

图 7-1 转子的静不平衡 　　　　　图 7-2 转子的动不平衡

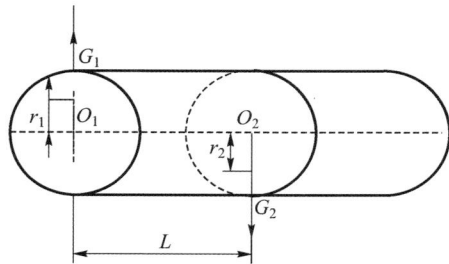

**3. 动、静混合不平衡**

如果上述两种不平衡情况同时存在,转子就会产生动、静混合不平衡,实际上转子一般都存在这种不平衡现象。消除这种不平衡现象必须在进行静平衡校正后再校正动平衡。

## 7.2 性能试验测试方法及测量装置

为验证风扇的气动性能是否与设计值一致,需要在风扇加工、安装后进行风扇的热力性能试验。由于风洞轴流风扇作为风洞的动力系统,与常规轴流风扇相比,一般具有低压大流量、直径大和功率高等特点,因此风洞轴流风扇的热力性能测试和常规轴流风扇的性能测试不同,不安装在专门的风扇测试平台上测试得到较为宽泛的性能包络线和失速线,而是直接安装在风洞回路上,以风洞的典型工作状态为测试工况,获得风扇的热力性能测试结果。本节所介绍的风洞轴流风扇测试项目,都是与计算风扇的气动效率有关。

### 7.2.1 温度测试

对于低速风洞的轴流风扇,如忽略气体的压缩效应,气流在通过轴流风扇后,其轴向速度不发生变化。风扇通过旋转的桨叶对气流做功,使得气流获得压升的过程实质上是风洞内部气流静压、动压增加的过程,在此过程中,气流的温度会增加。为掌握气流通过风扇后的温度变化,可通过测试风扇入口及出口的温度来达到目的。

气流温度的测量一般在接触式和非接触式两种方式。接触式测量的测温敏感元件需要和气流接触,当达到热平衡后,两者的温度相同。常用的接触式测温仪器有水银温度计、酒精温度计、热电偶和热电阻等。非接触式测温是根据热辐射原理,测温元件不需要与气流接触,如红外测温。对于低速风洞及其轴流风扇,一般采用接触式的测温方式。

气流的静温测量必须使得测温敏感元件与气流一起运动,达到两者相对速度为零的状态,此时测出的气流温度才是严格意义上的气流静温。在低速风洞中,一般将温度测量元件固定在待测部段上,因此测量元件感受到的温度 $T_m$ 不是气流的静温,由于测量元件上边界层的阻滞效应,$T_m$ 是略大于气流的静温 $T$,但是小于气流的总温 $T_0$。

$$\frac{T_0}{T} = (1 + 0.2Ma^2) \qquad (7-1)$$

式　$T_0$——气流总温(K);

　　$T$——气流静温(K);

　　$Ma$——气流马赫数。

式(7-1)给出了空气总温与静温之间的关系。对于低速风洞的风扇段,其入口和出口的气流速度较低,马赫数在0.1左右,因此可将温度测量元件测的气流温度视为气流的总温。在进行风扇段温度测量时,可直接将热电偶安装在洞体内部,测出的数据直接作为总温使用。

## 7.2.2 压力测试

压力测试是风扇气动性能测试的重点,只有获取了准确的压力数据,才能计算风扇的压升,进而确定风扇的运行效率。对风洞轴流风扇而言,压力测试分为静压测试和总压测试两种。

**1. 静压测试**

静压 $p$ 是流体流动过程中作用在流场法线方向上的压强,通常是在被测位置的壁面、模型表面,沿气流法线方向开一小孔来感受当地静压,如图 7-3 所示。气流中的静压一般用静压管来测量,标准的低速静压管头部呈半球形,在距顶端 3~8 倍直径的管壁上开静压孔或者感压槽,静压管的轴线在安装时保证与气流方向一致,如图 7-4 所示,静压管的另一端接压力测试仪器。

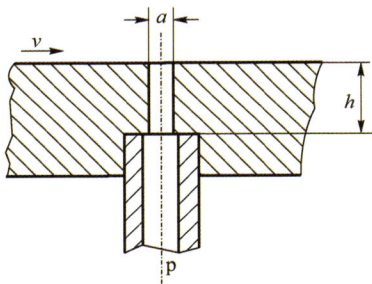

图 7-3  壁面静压测试          图 7-4  气流静压测试

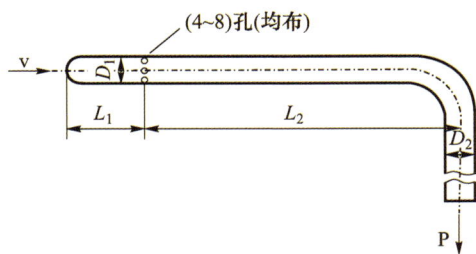

风洞轴流风扇的静压测试,主要测试其壁面静压,而不是测试风扇洞体内部的气流静压。壁面静压孔的开设有如下要求:

(1)静压孔内径 $d_0$ 不宜太小,否则很容易被杂物、水珠堵塞,导致测量静压时反应不灵敏,影响测试的准确性。孔径过大,会导致测量时的误差增大。通常,$d_0 = 1 \sim 2\text{mm}$。

(2)孔的深度 $h$ 与孔径 $d_0$ 的比值一般为 $\dfrac{h}{d_0} \geqslant 2 \sim 3$。

(3)静压孔应垂直于当地洞体内壁面,与洞体内壁交接处必须光滑无毛刺。

风扇的静压测试主要是针对风扇桨叶入口和止旋片出口的两个截面(这两个截面面积相同),止旋片出口与桨叶入口的静压升可视为风扇桨叶的总压升,在风扇性能调试初期,桨叶的静压升可用于粗略估计风扇的桨叶效率。同时,由于静压测孔对风扇内部流动影响很小,在风扇调试后,止旋片出口与桨叶入口的静压升可设置一上限值,并入整个风洞的安全连锁系统,用于监控风扇的运行状况,当试验段模型阻力过大或是风洞回路异常导致回路损失增加到风扇接近失速线时,可反馈给风洞使用者,进行风扇停机、洞体检修的相关工作。

用于测量风扇静压的仪器有 U 形管压力计、微压计、压力变送器及电子扫描阀等,对于风洞调试及运行,一般采用压力变送器或者电子扫描阀,其测试数据通过网络传输至整个风洞的测量控制系统,风扇静压的测量精度一般选 0.1% 就能满足要求。

**2. 总压测试**

总压是流场中气流滞止到零时的压强。需要测量流场中某一点的总压时,可以在该点布置一根总压管(图 7-5),其输出端与静压测量类似,选用压力计或者是传感器。

最简单总压管是正对气流方向开口的圆管,管的另一端接压力计,气流在进入管口后不能流动而阻滞,因此压力计测到的压力就是管口的滞止压力,此压力等同于总压管感受到的气流总压。一般而言,风洞气流内部的气流方向与风洞洞体轴线一致,因此总压管在安装时,需要与风洞洞体轴线平行。

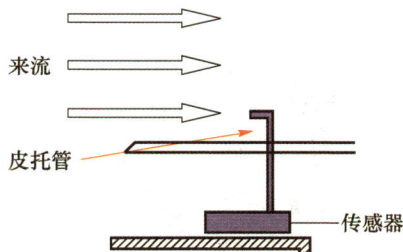

图 7-5 壁面单点总压测试

目前,回流式低速风洞的轴流风扇多布置在风洞第二拐角段的下游、风扇下游扩散段的上游,要掌握风扇的气动性能,需要获得风扇段入口、风扇桨叶入口、止旋片出口和风扇段出口四个位置的总压数据。由于风扇上游布置有拐角导流片及风扇整流罩,上述四个位置对应的截面压力沿风扇半径方向不均匀,单独测试某个截面中心位置的总压并不能代表此截面的等效总压,因此需要得到整个截面的压力数据来进行平均。通常采用总压排架(一排总压管)测试风扇段入口、桨叶入口、止旋片出口、风扇段出口四个截面横向及纵向的总压分布,继而通过面积平均来计算等效总压,将各个位置的等效总压计算出来后,就能得到相应的风扇段总压升及风扇桨叶总压升。总压排架(图 7-6、图 7-7)上的总压探针数目一般为单数,均匀分布,以便能够测的截面中心位置的气流总压。

由于风扇总压测试的测点多,一般在风洞调试时,选用模块化的电子扫描阀进行总压数据的采集。

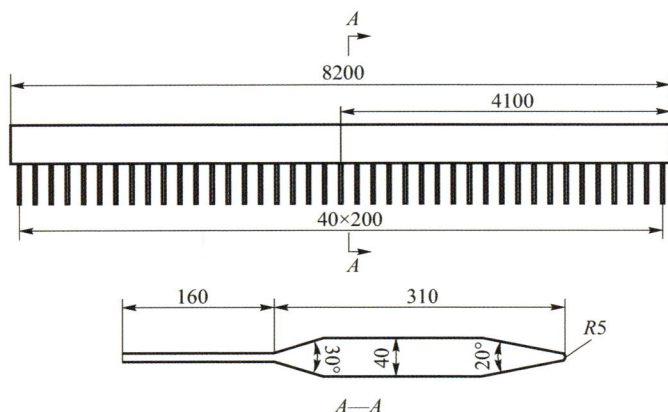

图 7 – 6  截面总压测量排架

图 7 – 7  某声学风洞风扇段出口总压排架

## 7.2.3  流量测试

流量分为质量流量和体积流量,均是体现和评估风扇气动性能的重要参数,风扇流量主要通过测量风扇内部气流轴向速度的方式来获取。比较简单的做法是在风扇段的入口截面的中心位置,布置一支皮托管正对气流,测试气流中心的总压及静压。图 7 – 8 给出了气流偏角对皮托测试数据的影响,可以看出气流偏角小于 4°时的测试误差基本可以忽略。对于风扇内部的低速流动,可视为不可压缩流,依据伯努利方程:

$$p_0 - p = 0.5\rho u^2 \qquad\qquad (7-2)$$

式中  $p_0$——气流总压(Pa);

$p$——气流静压(Pa);

242

$\rho$——气流密度($kg/m^3$)；

$u$——气流速度(m/s)。

由皮托管测试得到的总压及静压,根据式(7-2),可以算出风扇内部的轴向速度 $u$,结合风扇段入口的流道面积 $A$,可以计算得到风扇段的体积流量。

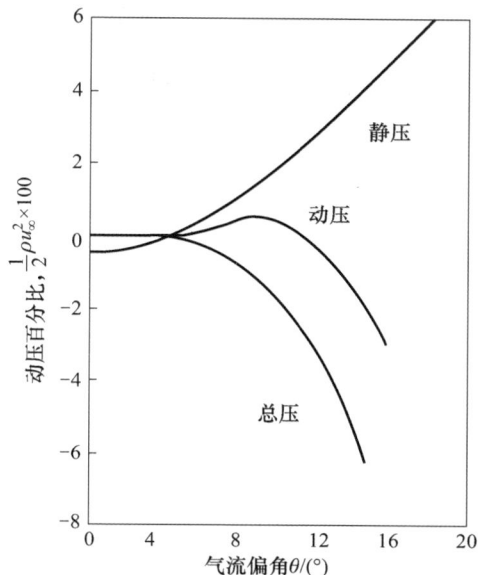

图 7-8　气流偏角对皮托管测试数据影响

7.1.2 节已经提到,风扇段入口及出口总压分布不均匀,其轴向速度沿桨叶半径方向存在差异,以风扇段入口的截面中心气流速度作为风扇段入口截面的平均速度来计算风扇段的体积流量与实际值有偏差。风洞运行时,试验段都有风速检测系统,能够很容易地计算出当地的体积流量和质量流量,因此,可以依据质量守恒,将试验段的质量流量视为风扇段的质量流量,在测得风扇段不同位置处静压后,再结合风扇段质量流量,计算得到风扇段内部的体积流量。

## 7.2.4　气流噪声

风洞轴流风扇气流噪声测试主要指风扇在既定的工作状态下,测试风扇段入口及风扇段出口噪声的频带声压级和总声压级,然后换算成风扇的声功率级,进而可画出声功率级、声压级与风扇流量的噪声特性曲线。当前常用于风洞风扇噪声测试的仪器为传声器,将传声器安装于风扇段指定位置的洞体壁面,其感压端与风扇内壁面平齐,为避免洞体的振动影响噪声测试数据,传声器与洞体之间应设置减震套筒。某传感器如图 7-9 所示。

在风扇噪声测试前,应对风扇内部及风扇上、下游的部段内部的杂物进行清

图 7-9  传声器

理,将类似于排架、总压探针的测试装置进行拆除,特别要注意清扫传声器附近的物件,以免额外的噪声计入了风扇的本体噪声。

## 7.2.5  转速测试

风扇性能测试的目的是掌握指定转速下风扇所产生的流量、压力、噪声、所耗功率及与效率之间的重要关系,因此转速的精确测量是获得风扇气动特性及风扇转速控制的重要条件。风扇转速测量的仪表和方法都很多,常用的是光电转速传感器、手持式数字转速表及转速编码器,这三种仪表具有精度高、误差小的特点。

**1. 光电转速传感器**

使用光电转速传感器测量转速时,要在被测的旋转轴表面涂上黑白相间的条纹(条纹数 m),然后使光电转速传感器照射有条纹的轴。光敏管受到每秒 $\pi m/60$ 的交变光线的照射,显示出的转速为

$$n = \frac{60x}{mt} \tag{7-3}$$

式中   $x$——白条纹反映在数字显示仪上的显示读数;

　　　　$t$——测量时间(s);

　　　　$m$——轴端的光量条纹数。

**2. 手持式数字转速表**

手持式数字转速表使用前,需要在被测风扇转轴上贴上专用的反射标记纸。贴前需要将转轴上的水、油及灰尘等擦净,并在光亮的轴表面涂上黑色涂料以免反光。然后按下电源开关将透光器射出的红色光线对正轴上的反射标志纸部位。转速表与转轴反射面的距离在 50~150mm 为宜。转速表每 1s 以数字显示一次转速。一般的手持式数字转速表有存储显示功能。当测量有危险或者测量过程中不易观看数字的情况下,可使用存储显示功能。

### 3. 转速编码器

对于风洞轴流风扇而言,转速控制精度要求高、工作空间密闭、尺寸大,适合于在电机轴安装转速编码器。编码器的工作原理与光电转速传感器类似,通过把光信号转换为电信号传输到风扇的控制系统,进行风扇转速的显示和控制。编码器安装于电动机非传动侧轴上,磁圈通过螺栓与电动机转子连接固定,编码器与电动机同轴运行。

德国 Johannes hubener giessen 公司的 MAG 系列重载式编码器如图 7 – 10 所示。该系列编码器优势:机械安装方便,可用于环境恶劣普通光电编码器无法安装的位置,抗冲击/振荡性强,温度范围宽,编码器安装轴颈大,并可根据需求特殊定制,高精度信号输出,分体安装形式,能够保证磁圈与扫描头发生轴向偏移时不影响信号输出。该编码器主要技术参数如下:

(1)供电电压:增量编码器/绝对值编码器,12 ~ 30V 直流电压。

(2)输出信号:一组 6 路 5000 脉冲/转增量脉冲信号(A +、A –、B +、B –、Z +、Z –)。

(3)输出电压范围:增量信号脉冲高度等于供电电源电压。

(4)输出类型:推挽式输出。

(5)分辨率:5000/转脉冲。

(6)温度范围: – 45 ~ + 85℃。

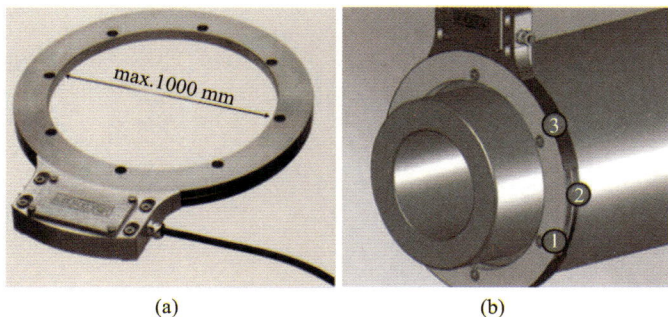

(a)                    (b)

图 7 – 10　转速编码器

## 7.2.6　功率测试

风扇的功率是指电机输出功率,是评估风扇运行能量损耗的直接参数,其定义为稳定状态下电机轴端的扭矩和转速的乘积,即

$$P = M\omega = \frac{M\pi n}{30} \qquad (7-4)$$

式中　$M$——扭矩(N·m);

$\omega$——角速度(rad/s)。

### 1. 扭矩法

扭矩法一般采用转矩转速传感器(如 JC 型)和转矩转速仪(如 JS 型)或者转矩转速功率仪(如 JSCS 型)配套使用,来进行风扇轴功率的测量。

以 JS – 2 数字转矩转速测量仪为例,它有两个窗口:一个显示转矩量(N·m),用四位十进制数字来表示其测量结果;另一个显示转速量(r/min)也用四位十进制的数字表示其结果。在后面板上装有转矩模拟电压输出插口和转速模拟电压输出插口,可送至记录仪器或者光电显示器对被测转矩的过渡过程进行记录和拍照。该仪器与其他自动装置配合,可实现转矩转速的自动化测量。

### 2. 电测法

用功率表直接测出风扇电机的输入功率 $P_W$,则电机的输出功率为

$$P_M = P_W \eta \tag{7-5}$$

式中　$\eta$——电动机效率。

实际中,可以用电压表、电流表、功率因素表测出相应数据后,计算电动机的输出功率,即

$$P_M = \sqrt{3}\eta EI\cos\phi \tag{7-6}$$

式中　$E$——电压表读数(V);

　　　$I$——电流表读数(A);

　　　$\cos\phi$——功率因数。

对于风洞轴流风扇,一般采用电测法测试风扇的功率,风扇的扭矩可以根据式(7-4)由测到的功率与风扇转速计算得到。

## 7.3　主要气动测试数据处理方法

### 7.3.1　风扇效率

风扇效率是考核风扇气动性能的关键参数,定义为

$$\eta_f = \frac{P_V}{P_M} \tag{7-7}$$

式中　$P_V$——风扇有效功率(W);

　　　$P_M$——风扇电动机输出功率(W)。

风扇效率分为风扇段效率和风扇级间效率。风扇段效率是将整个风扇段作为一个整体,包含风扇桨叶、止旋片、整流罩、支撑片等构件。风扇级间效率将风扇桨叶、止旋片作为一个整体,不包含风扇段其他构件压力损失所带来的效率影响。对于风洞轴流风扇而言,风扇段效率和风扇级间效率均是风扇气动性能考

核的重点。计算风扇段或者风扇级间效率,就是要计算式(7-7)中的风扇段有效功率或者风扇级有效功率。

**1. 风扇段有效功率**

风扇段有效功率一般不考虑风扇流道中的气体压缩性,计算公式为

$$P_{VS} = (P_{04} - P_{01})Q \tag{7-8}$$

式中　$P_{01}$——风扇段入口总压(Pa);

　　　$P_{04}$——风扇段出口总压(Pa);

　　　$Q$——风扇段体积流量($m^3/s$)。

**2. 风扇级有效功率**

风扇级有效功率指风扇叶片的做功功率,对于大尺寸的风洞轴流风扇,在计算需要考虑气体的压缩性,计算公式为

$$P_{Vb} = G \times 1004.5 \times T_{02} \times \left[ \left( \frac{P_{02}}{P_{03}} \right)^{\frac{2}{7}} \right] \tag{7-9}$$

式中　$G$——风扇质量流量($kg/m^3$);

　　　$T_{02}$——风扇桨叶入口总温(K);

　　　$P_{02}$——风扇桨叶入口总压(Pa);

　　　$P_{03}$——风扇止旋片出口总压(Pa)。

**3. 等效压力**

风扇四个轴向位置的总压 $P_{01}$、$P_{02}$、$P_{03}$ 和 $P_{04}$ 均为等效总压,而这四个截面的总压分布在风扇半径方向并不均匀,需要进行等效计算后,利用最终的等效总压值来进行风扇有效功率级效率的计算。常用的等效压力计算方法有面积平均法、能量守恒法和动量守恒法。面积平均法原理简单、计算过程便捷,适用于总压分布较为均匀的情况。能量守恒法假设截面上的静压分布均匀;但对于速度分布不均匀的截面,速度的不均匀性会导致压力损失计算的增加。动量守恒法假设一个等截面无限长的无动量损失的理想管道,流场将最终发展均匀,将最终均匀流场的总压作为等效总压,该方法能够有效解决截面速度、总压分布不均匀带来的等效总压计算误差;但是计算过程比较繁琐,在风扇调试中最常用的是动量守恒等效总压计算方法。

通过测试后,掌握了不同轴向位置对应的风扇截面总压分布,定义整个截面上的总压分布为 $h(x,y)$。

(1) 面积平均法

$$H_0 = \iint_D h(x,y) \, ds / \iint_D ds = \iint_D h(x,y) \, ds / A \tag{7-10}$$

式中　$H_0$——截面等效总压(Pa);

$A$——截面面积($\mathrm{m}^2$);

$D$——截面区域。

（2）动量守恒法

该方法假设一个等截面无限长的无动量损失的理想管道,流场将最终发展均匀,将最终均匀流场的总压作为等效总压。

由动量守恒得

$$F_\infty t + u_\infty m_\infty = Ft + \iint_D u\,\mathrm{d}m \qquad (7-11)$$

式中　$F$——气流方向的轴向力(N);

　　　$t$——流场发展的时间(s);

　　　$u$——气体流速(m/s);

　　　$m$——气体质量(kg);

　　　$D$——截面区域;

　　　$\infty$——无限长度发展后的均匀流场。

$$P_\infty At + u_\infty \rho u_\infty At = \iint_D Pt\,\mathrm{d}s + \iint_D \rho u^2 t\,\mathrm{d}s \qquad (7-12)$$

式中　$P$——静压(Pa);

　　　$\rho$——气体密度($\mathrm{kg/m}^3$);

　　　$A$——截面面积($\mathrm{m}^2$)。

假定截面上静压分布均匀,则

$$P_\infty + 2q_\infty = P + 2\iint_D q\,\mathrm{d}s/A \qquad (7-13)$$

式中　$q$——动压(Pa)。

所以

$$H_0 = P_\infty + q_\infty = P + 2\iint_D q\,\mathrm{d}s/A - q_\infty \qquad (7-14)$$

还需要计算截面的速度分布:速度分布通过流量守恒,假定截面静压 $P$ 迭代计算得到

$$Q_\mathrm{V} = \iint_D \sqrt{2\frac{h-P}{\rho}}\,\mathrm{d}s \qquad (7-15)$$

式中:$Q_\mathrm{V}$ 为体积流量,根据试验测得。

根据静压 $P$ 迭代,得到速度分布为

$$u = \sqrt{2\frac{h-P}{\rho}} \qquad (7-16)$$

3）能量守恒法

单元流线上，1、2 为不同位置，由能量守恒得

$$\left(\frac{P_1}{\rho g} + \frac{u_1^2}{2g}\right)u_1 \mathrm{d}s_1 = \left(\frac{P_2}{\rho g} + \frac{u_2^2}{2g}\right)u_2 \mathrm{d}s_2 + H_{\mathrm{L}} u_2 \mathrm{d}s_2 \qquad (7-17)$$

式中：$\Delta H = \rho g H_{\mathrm{L}}$ 为 1、2 之间的压力损失。

式（7-17）积分得

$$\iint_{D_1}\left(P_1 + \frac{\rho u_1^2}{2}\right)u_1 \mathrm{d}s_1 = \iint_{D_2}\left(P_2 + \frac{\rho u_2^2}{2}\right)u_2 \mathrm{d}s_2 + \iint_{D_2}\rho g H_{\mathrm{L}} u_2 \mathrm{d}s_2 \qquad (7-18)$$

假设截面上静压分布均匀，则可得

$$P_1 + \frac{1}{2}\rho u_0^2 \iint_{D_1}\left(\frac{u_1}{u_0}\right)^3 \mathrm{d}s_1/A_1 = P_2 + \frac{1}{2}\rho u_0^2 \iint_{D_2}\left(\frac{u_2}{u_0}\right)^3 \mathrm{d}s_2/A_2 + \Delta H \qquad (7-19)$$

等效总压为

$$H_{\mathrm{c}} = P + \frac{1}{2}\rho u_0^2 \alpha$$

式中

$$\alpha = \iint_D\left(\frac{u}{u_0}\right)^3 \mathrm{d}s/A \qquad (7-20)$$

$$\Delta H_{c-a} = \frac{1}{2}\rho u_0^2 \iint_D\left[\left(\frac{u}{u_0}\right)^3 - \left(\frac{u}{u_0}\right)^2\right]\mathrm{d}s/A \qquad (7-21)$$

### 7.3.2　噪声数据

风扇噪声的测试仪器一般选用麦克风传声器或脉动压力传感器，此类传感器感受的实际上是气流的脉动压力，通过快速傅里叶变换后，可以得到不同频率对应的脉动压力值。对于风洞轴流风扇的噪声数据，需要得到不同频率对应的声压级值，声压级与脉动压力的关系为

$$\mathrm{SPL} = 10\lg\frac{p^2}{p_0^2} = 10\lg\frac{p}{p_0} \qquad (7-22)$$

式中　SPL——声压级（dB）；

　　　$p$——不同频率对应的脉动压力（Pa）；

　　　$p_0$——基准压力，$p_0 = 2 \times 10^{-5}\mathrm{Pa}$。

现有的噪声测试系统自带数据处理软件，能够显示出不同状态下风扇噪声测试结果，图7-11 给出了某风扇前后截面的噪声声压级及频谱特性测试结果。一般而言，风扇出口截面的噪声水平高于风扇入口截面的噪声水平。随着频率

的逐渐增加,气流噪声的能量呈现出逐渐降低的趋势。

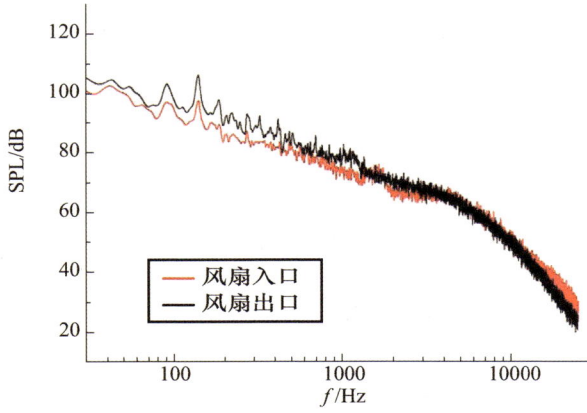

图 7 – 11  某风扇噪声测试结果

# 第8章　轴流风扇设计实例

## 8.1　设计实例一

### 8.1.1　设计要求

中国空气动力研究与发展中心某结冰引导风洞的风扇采用了自由涡风扇设计方法,此风扇属于高压升轴流风扇,风扇运转需要与风洞三个试验段匹配运行,三个试验段的最大风速主试验段 210m/s,次试验段 78m/s,高速试验段 256m/s。试验段面积分别为主试验段 0.06m²、次试验段 0.1536m²、高速试验段 0.03m²。工作环境压力约 $0.5 \times 10^5$Pa,风扇入口温度常温到 $-20$℃。依据风洞回路损失系数确定风扇压升。

通过分析,选取主试验段最大风速状态为风扇设计点,次试验段和高速试验段状态的实现通过变转速和桨距角进行匹配。设计输入条件如下:

（1）入口压力:50826Pa。

（2）气体温度:253.0K。

（3）压升:3200Pa。

（4）风扇段直径:650mm。

（5）风扇段体积流量:12.6m³/s。

（6）形式:单级轴流式。

### 8.1.2　设计主要过程和结果

**1. 设计过程**

1）桨毂半径

风扇通道环形面积的确定是综合考虑几个方面的因素,桨毂比 $x_b$（桨毂直径与桨叶直径比）的取值敏感地影响后面的设计。统计国内外大多已建设成的风洞风扇,其桨毂比一般为 0.50 ~ 0.75。$x_b$ 增大,环行通道内气流轴向速度增加,转子效率增大,叶片弦长减小,同时增大桨毂比会使整流罩的扩散损失迅速增大。应考虑不同桨毂比对转子效率、整流罩的扩散损失及叶片弦长的影响。这里除考虑以上因素外,还从降低风扇转速的角度考虑其匹配,使叶片各剖面的诱导旋转因子和前进比值处于较好范围。因为该风扇所需压升较常规单级风扇的做功能力要求更为严格,需要更高的轴向气流速度,通过反复试算后确定桨毂比 $x_b = 0.75$。

2）转子叶片翼型

为了提高风扇效率,宜采用具有较高的升阻比的翼型。同时薄翼型的升阻比虽然可以达到很高,但失速性能较差,一旦离开了设计工况,升力和效率会急剧下降,并不太适用于运行工况宽的风洞风扇。目前,国内正运转的风洞风扇大多采用原始的或修形所得 RAF 系列翼型、哥廷根翼型、圆弧 + C4 翼型等。其中平底的 RAF 系列翼型由于具有较好的工艺性和气动特性而被广泛采用。

因为该风洞压升高,负载大,适合于选择厚度较大、失速角大的 RAF 翼型,且选取略低于失速点攻角下的升阻力作为设计参数以满足所需做功能力。为减小叶片离心力和增加根部强度,保证叶片有足够的强度和刚度,叶片弦长和相对厚度必须满足一定的要求。这里相对厚度取值为根部 12.9%、尖部 10.3%。

3）桨叶片数目

对于给定的风扇压升、风扇转速,叶片数与叶片弦长的乘积是具有确定的值,叶片数与弦长成反比关系。若叶片数目过多,则弦长过小,会使运转 $Re$ 降低,阻力增大,影响风扇效率,桨叶数目太少,可能会引起气流的脉动。同时为增强叶片的二维效应,展弦比一般大于 2.0。由于该风扇系统要求的压升高,叶片负载大,综合以上因素,最终确定风扇转子叶片数为 27 片。

4）前导流片

由于风扇入口前是方变圆过渡段,在这里前导流片主要起导流和支撑的作用,使风扇入口气流与轴线平行。采用对称的 NACA0009 翼剖面,叶片厚度采用等绝对厚度。为了避免共振,通常前导流片的数目比风扇叶片数目多 1、少 1 或互质。从降低噪声和优化动叶与静叶数的匹配出发,前导流片片数取 23 片。

5）止旋片设计

止旋片的作用一方面是为了支撑电动机,另一方面是为了克服气流中剩余的旋转,将气流旋转动能转化为压力能。采用叶栅理论导出的圆弧中心剖面的设计方法。剖面采用圆弧中心线分布厚度 10% 的 C4 翼型。其剖面厚度分布坐标方程为

$$\pm y = \frac{t}{0.20}(0.3048x^{0.5} - 0.0914x - 0.8614x^2 + 2.1236x^3$$
$$- 2.9163x^4 + 1.9744x^5 - 0.5231x^6$$

$t = 0.1$ 为相对厚度,表示相对厚度 10%。C4 剖面前缘半径 $0.012C$,剖面后缘半径 $0.006C$,叶片数目 23。

6）整流罩设计

整流罩分前罩、柱段和尾罩。为了使气流流过风扇时有较好的流动状态,整流罩的设计是必要的,目前大多数前罩和尾罩都采用常规流线型旋成本经验公式计算:

当 $0 \leqslant \dfrac{x}{L} \leqslant 0.4$ 时,有

$$\left(\frac{x}{L} - 0.4\right)^2 + 0.16\left(\frac{r}{R_b}\right)^2 = 0.16$$

当 $0.4 \leqslant \dfrac{x}{L} \leqslant 1.0$ 时,有

$$\left(\frac{x}{L} - 0.4\right)^2 + 0.0679\left(\frac{r}{R_b}\right)^2 + 0.2921\frac{r}{R_b} = 0.36$$

该风扇头罩采用半球形,尾罩采用上述流线体。为了防止气流分离,整流罩尾罩当量扩开角一般为 $6° \sim 10°$,尾罩当量扩开角取 $8°$。

**2. 主要设计结果**

该风洞采用了转子 + 止旋片的单级构型,压力选取约 10% 设计裕度,通过反复迭代计算,使得桨叶的前进比和旋转系数处于相对较佳的参数范围,设计状态下的性能参数见表 8 – 1。风扇段总体气动尺寸如图 8 – 1 所示。

表 8 – 1 主要设计参数结果(设计点)

| $D$/mm | $Q$ ($m^3/s$) | $\Delta P_0$/Pa | $V_1$/(m/s) | $N$ r/min | $V_{tip}$ /(m/s) | $B$ | $T$/N | Power /kW | $\eta_t$ | $K_{th}$ |
|---|---|---|---|---|---|---|---|---|---|---|
| 650 | 12.6 | 4500 | 86.79 | 4000 | 161.45 | 27 | 463 | 50.1 | 0.83 | 1.77 |
| $x_r$ | $r$/m | $D_T$/N | $D_X$/N | $CL$ | $C$/m | $\Phi$/(°) | $\xi$/(°) | $\sigma$ | $\lambda$ | $\varepsilon$ |
| 0.75 | 0.244 | 156.94 | 218.393 | 1.276 | 0.0537 | 40.31 | 50.31 | 0.88 | 0.60 | 0.99 |
| 0.80 | 0.26 | 179.77 | 218.275 | 1.228 | 0.0521 | 37.11 | 46.11 | 0.82 | 0.56 | 0.93 |
| 0.85 | 0.276 | 202.32 | 217.811 | 1.181 | 0.0507 | 34.36 | 42.36 | 0.76 | 0.53 | 0.87 |
| 0.90 | 0.292 | 222.26 | 218.451 | 1.181 | 0.0476 | 32.06 | 40.06 | 0.69 | 0.50 | 0.83 |
| 0.95 | 0.309 | 241.82 | 219.093 | 1.174 | 0.0452 | 30.02 | 38.02 | 0.62 | 0.47 | 0.78 |
| 1.00 | 0.325 | 261.06 | 219.738 | 1.174 | 0.0427 | 28.26 | 36.26 | 0.56 | 0.45 | 0.75 |

最终确定的风扇各零部件主要设计参数如下:

(1)轴功率和额定转速:主试验段,轴功率约 57kW,风扇转速 4000r/min;高速试验段,轴功率 70kW,风扇转速 6000r/min。

(2)转子叶片:采用 RAF – 6D 翼型剖面,叶片数 $B = 27$ 片。根弦 54.76mm,尖弦 43.58mm。主试验段叶片根弦安装角 50.32°。高速试验段时叶片根弦安装角 35.48°。转子叶片参数见表 8 – 2。

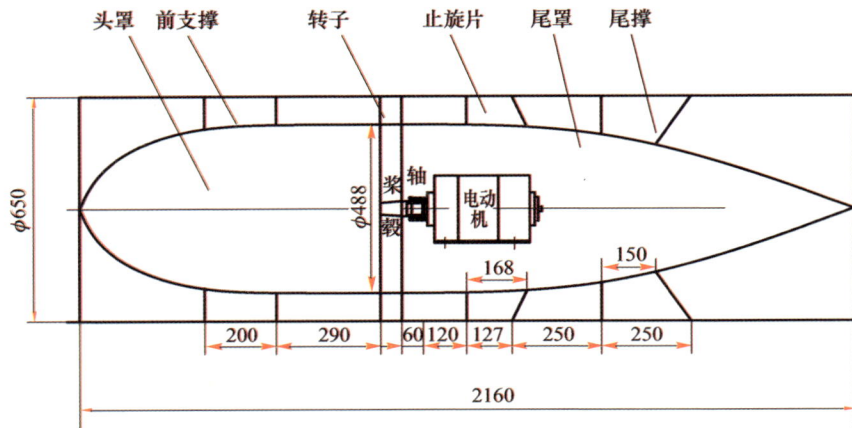

图 8 – 1　风扇段总体气动轮廓

表 8 – 2　转子叶片参数

| $\bar{x}$ | 0.75 | 0.80 | 0.85 | 0.90 | 0.95 | 1.0 |
|---|---|---|---|---|---|---|
| $C$/mm | 54.76 | 53.12 | 51.75 | 48.69 | 46.01 | 43.58 |
| $\beta$/(°) | 50.32 | 46.11 | 42.36 | 40.07 | 38.02 | 36.30 |

（3）前支撑片：采用 NACA009 对称翼剖面，平面形状为矩形，径向等相对厚度 12% 弦长，共 23 片，弦长 200mm。

（4）止旋片：采用厚度为 10% 弦长的 C4 翼型，共 23 片。根部弦长 168mm，尖部弦长 127mm。风扇止旋片前端面位于同一径向轴线上。止旋片参数见表 8 – 3。

表 8 – 3　止旋片参数

| $\bar{x}$ | 0.75 | 0.80 | 0.85 | 0.90 | 0.95 | 1.0 |
|---|---|---|---|---|---|---|
| $C_S$/mm | 168.0 | 159.8 | 151.6 | 143.4 | 135.2 | 127.0 |
| $\theta$/(°) | 55.0 | 53.6 | 52.2 | 50.8 | 49.4 | 48.0 |
| $\xi$/(°) | 18.0 | 17.0 | 16.0 | 15.0 | 14.0 | 13.0 |

（5）尾支撑片：采用 NACA0015 对称翼型，平面形状为梯形，径向等相对厚度 15% 弦长，根部弦长 150mm，尖部弦长 250mm。

（6）整流体：总长 2160mm（包括柱段），最大外径 488mm，顺气流方向依次为头罩、柱段及尾罩。

（7）设计点状态载荷：风扇转矩 150N·m，转子叶片总推力 1060N，转子单个叶片推力 65N，转子单个叶片切向力 65N，头罩/尾罩轴向受力约 350N。

## 8.1.3　性能测试结果

该结冰引导风洞风扇如图 8 – 2 所示，性能测试结果见表 8 – 4，可以看出风扇测试结果的压升、功率、效率等参数与预测值基本一致。另外,在三种不同雷诺数运行工况下的风扇总效率测试结果(图 8 - 3)对比表明,随着运行雷诺数的增加,呈现效率增大的趋势。

图 8 - 2　结冰引导风洞风扇

表 8 - 4　性能测试结果

| 试验段速度/(m/s) | 总温/K | 入口压力/Pa | 压升/Pa | 轴功率/kW |
|---|---|---|---|---|
| 100 | 256 | 41194 | 838 | 6.1 |
| 123 | 256 | 42454 | 1265 | 10.8 |
| 147 | 256 | 43994 | 1785 | 17.7 |
| 173 | 256 | 46208 | 2485 | 28.2 |
| 200 | 255 | 49293 | 3410 | 43.6 |
| 215 | 255 | 51108 | 4020 | 53.4 |

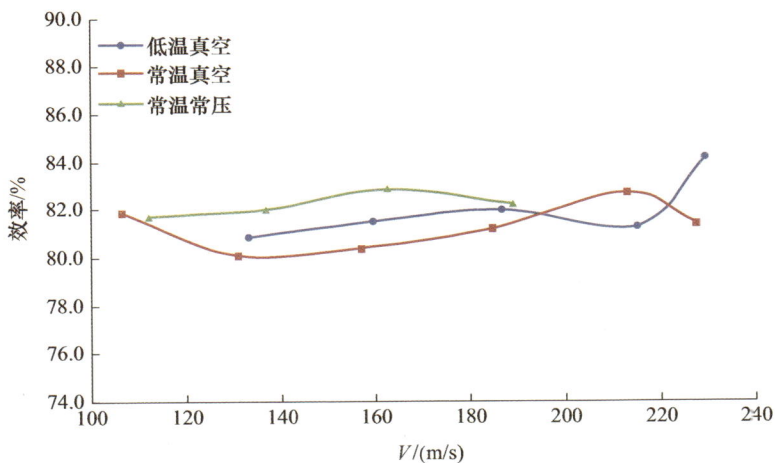

图 8 - 3　风扇总效率

## 8.2 设计实例二

### 8.2.1 设计要求

中国空气动力研究与发展中心某声学引导风洞的风扇采用了任意涡风扇设计方法,此风扇属于低压升大流量风扇,风扇运转需要满足风洞运行的闭口及开口试验段工况。其具体设计指标:压升 2900Pa,流量 28.6m³/s(闭口试验段、风速 130m/s);压升 2820Pa,流量 22m³/s(开口试验段、风速 100m/s)。

此风扇在满足指标的情况下,需要尽可能的有较高的气动效率及较低的风扇噪声,而对于低压大流量风扇,在其气动性能包络线内,压升越高,其实测的气动效率也越大。为满足闭口试验段及开口试验段的速度指标,设计时选取闭口试验段风速 130m/s 对应的压升、流量作为风扇的设计点指标。

### 8.2.2 设计主要过程

根据任意涡风扇设计方法的特点,在风扇设计前期对声学引导风洞风扇段的入口速度分布进行了详细的测试,拟合分布如下:

$$\frac{U_1}{U} = -0.47\frac{X}{R} + 1.384 \tag{8-1}$$

风扇直径 0.9m 确定后,由于风扇电动机内置,且为提供较高的风扇叶片效率,风扇桨毂比取为 0.6,风扇额定转速选择为 3600r/min,此时对应叶尖马赫数为 0.499,平均位置弦长为 0.106m,风扇叶片数目为 10 片。

经过反复调整,最终确定的旋转系数分布方式如下:

$$\varepsilon_x = -0.22x + 0.433 \tag{8-2}$$

旋转系数选择上式的分布方式可以获得较好的风扇出口及止旋片出口速度分布;同时对于声学引导风洞的开口及闭口试验段而言,其叶片径向升力系数较小(叶片的升力系数由根部向尖部递增,且最大升力系数为 0.91,大大低于叶型的失速升力系数 1.4),避免了风扇运行过程中桨叶出现流动分离现象。图 8-4 给出了风扇入口、风扇出口及止旋片出口的速度分布。图 8-5 给出了风扇设计点及非设计点的升力系数分布。

表 8-5 给出了风扇桨叶的具体设计计算过程。表 8-6 给出了风扇止旋片设计点的具体设计计算过程。为消除 1 阶模态的旋转噪声,止旋片选取为 17 片,径向弦长无变化,取为 0.185m。考虑到止旋片各位置安装角差别较小,同时选取 NACA4415 叶型(图 8-6)作为止旋片截面叶型,设计时升力系数有较大裕量,因此为便于结构制作,确定止旋片径向无扭转,选取一平均安装角 81.3° 作

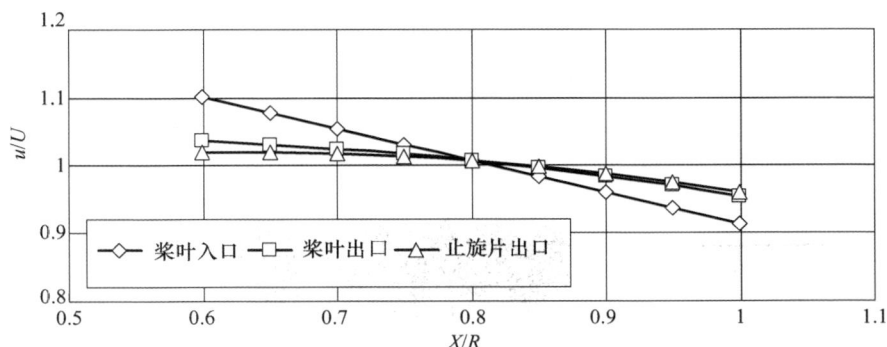

图8-4 风扇入口/出口及止旋片出口的速度分布

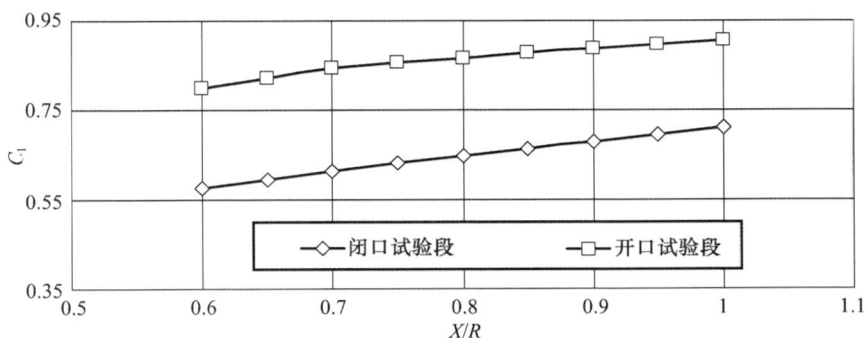

图8-5 风扇两个工况下的升力系数分布

为止旋片的安装角。

表8-5 风扇设计点桨叶具体设计计算过程

| $x_r$ | 0.60 | 0.65 | 0.70 | 0.75 | 0.80 | 0.85 | 0.90 | 0.95 | 1.00 |
|---|---|---|---|---|---|---|---|---|---|
| $\varepsilon$ | 0.3545 | 0.3435 | 0.3325 | 0.3215 | 0.3105 | 0.2995 | 0.2885 | 0.2775 | 0.2665 |
| $\lambda$ | 0.6901 | 0.6370 | 0.5915 | 0.5521 | 0.5176 | 0.4871 | 0.4601 | 0.4359 | 0.4141 |
| $u_1/U$ | 1.1020 | 1.0785 | 1.0550 | 1.0315 | 1.0080 | 0.9845 | 0.9610 | 0.9375 | 0.9140 |
| $u_2/U$ | 1.0377 | 1.0319 | 1.0252 | 1.0173 | 1.0080 | 0.9972 | 0.9848 | 0.9706 | 0.9543 |
| $u_3/U$ | 1.0208 | 1.0207 | 1.0186 | 1.0143 | 1.0080 | 0.9995 | 0.9889 | 0.9759 | 0.9606 |
| $\lambda_{12}$ | 0.7383 | 0.6722 | 0.6152 | 0.5655 | 0.5217 | 0.4827 | 0.4476 | 0.4158 | 0.3868 |
| $\varepsilon_{12}$ | 0.3313 | 0.3255 | 0.3197 | 0.3138 | 0.3080 | 0.3022 | 0.2965 | 0.2908 | 0.2852 |
| $1-0.5\lambda_{12}\varepsilon_{12}$ | 0.8777 | 0.8906 | 0.9017 | 0.9113 | 0.9197 | 0.9271 | 0.9336 | 0.9395 | 0.9448 |
| $\tan\phi$ | 0.8412 | 0.7548 | 0.6823 | 0.6206 | 0.5673 | 0.5207 | 0.4794 | 0.4426 | 0.4094 |

（续）

| $\phi/(°)$ | 40.07 | 37.04 | 34.31 | 31.82 | 29.57 | 27.50 | 25.61 | 23.87 | 22.26 |
|---|---|---|---|---|---|---|---|---|---|
| $C_l\sigma$ | 0.4266 | 0.3922 | 0.3603 | 0.3310 | 0.3040 | 0.2791 | 0.2564 | 0.2354 | 0.2161 |
| $C_lc$ | 0.0724 | 0.0721 | 0.0713 | 0.0702 | 0.0688 | 0.0671 | 0.0652 | 0.0632 | 0.0611 |
| $c/m$ | 0.126 | 0.121 | 0.116 | 0.111 | 0.106 | 0.101 | 0.096 | 0.091 | 0.086 |
| $C_l$ | 0.5740 | 0.5960 | 0.6150 | 0.6320 | 0.6490 | 0.6640 | 0.6800 | 0.6950 | 0.7110 |
| $\xi/(°)$ | 38.06 | 35.24 | 32.69 | 30.37 | 28.27 | 26.36 | 24.62 | 23.02 | 21.57 |

表 8-6　风扇止旋片设计点具体设计计算过程

| $x$ | 0.60 | 0.65 | 0.70 | 0.75 | 0.80 | 0.85 | 0.90 | 0.95 | 1.00 |
|---|---|---|---|---|---|---|---|---|---|
| $w_v/U$ | 1.044 | 1.041 | 1.035 | 1.028 | 1.020 | 1.010 | 0.983 | 0.983 | 0.967 |
| $w_r/w_v$ | 1.591 | 1.683 | 1.782 | 1.889 | 2.003 | 2.126 | 2.256 | 2.398 | 2.551 |
| $C_{lv}c_v$ | 0.677 | 0.714 | 0.748 | 0.779 | 0.811 | 0.839 | 0.866 | 0.892 | 0.917 |
| $c_v/m$ | 0.185 | 0.185 | 0.185 | 0.185 | 0.185 | 0.185 | 0.185 | 0.185 | 0.185 |
| $C_{lv}$ | 0.366 | 0.386 | 0.404 | 0.421 | 0.438 | 0.453 | 0.468 | 0.482 | 0.496 |
| $\alpha/\alpha_0/(°)$ | 3.497 | 3.689 | 3.864 | 4.027 | 4.187 | 4.332 | 4.477 | 4.609 | 4.741 |
| $\alpha/(°)$ | -0.50 | -0.31 | -0.14 | 0.03 | 0.19 | 0.33 | 0.48 | 0.61 | 0.74 |
| $\tan\varphi_v$ | 5.808 | 5.976 | 6.147 | 6.321 | 6.494 | 6.667 | 6.842 | 7.017 | 7.188 |
| $\varphi_v/(°)$ | 80.23 | 80.5 | 80.76 | 81.01 | 81.25 | 81.47 | 81.69 | 81.89 | 82.08 |
| $\xi_v/(°)$ | 79.73 | 80.19 | 80.62 | 81.04 | 81.43 | 81.80 | 82.16 | 82.50 | 82.82 |

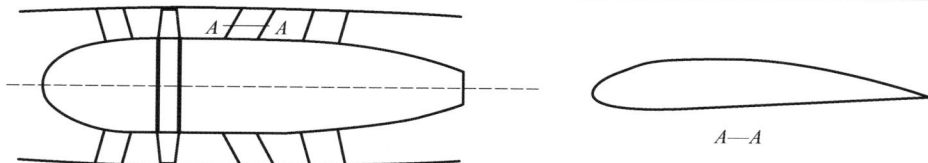

图 8-6　风扇止旋片叶型剖面图

由于该风扇用于声学风洞,在声学设计上采取了国内外有效的风扇噪声抑制措施。针对风扇的气动噪声,通过限制风扇叶尖的最大升力系数(风扇气动及声学设计点工况的最大升力系数分别是 0.71、0.91,远小于叶片的失速升力系数 1.4),降低了因叶片失速而增加的叶尖涡流噪声;通过调整叶片载荷,使径向各个截面的载荷均匀分布,优化叶片轴向速度分布,减小径向静压梯度,降低因风扇表面边界层流动区域内部气流紊乱而带来的边界层湍流噪声;通过优化动、静叶片数目匹配,动、静叶片间距优化,静叶片后掠,支撑片前掠等方式,抑制叶片干涉噪声。针对风扇的机械噪声,采用低噪声电动机;为减小风扇电动机高速运转时散热而带来的风冷鼓风机的噪声影响,将风扇电动机与整流罩前罩做成一体,利用风洞回路内部气流流动对电动机进行冷却而不需安装风冷鼓风机。

设计完成的风扇段总长 2.7m,风扇直径 0.9m,桨毂比 0.6。额定转速 3600r/min,额定功率 110kW,由前支撑片、转子、止旋片、尾支撑片及整流罩等部件组成,入口和出口分别为一正八边变圆过渡段和一圆变正八边过渡段。风扇转子叶片采用 Gö797 叶型,10 片,根部弦长 126mm。止旋片采用 NACA4415 叶型,17 片,整体后掠 20°,弦长 185mm。风扇前支撑片采用 NACA0012 叶型,17 片,弦长 130mm;尾支撑片采用 NACA0015 叶型,9 片,弦长 200mm;前、尾支撑片均平行于气流放置,分别前掠和后掠 15°。整流罩最大外径 540mm,顺气流方向依次由头罩、柱段、尾罩构成。头罩总长 640mm,由一个半椭圆体和一个平直段构成。柱段总长 130mm。尾罩由尾罩平直段和尾罩型面段构成。尾罩平直段总长为 480mm;其下游为尾罩型面段,长 1100mm,其尾部截面圆直径为 180mm,风扇段气动轮廓如图 8 -7 所示。风扇段安装在风洞回路如图 8 -8 所示。表 8 -7 ~ 表 8 -10 分别给出了风扇桨叶、止旋片、前支撑片及尾支撑片的总体设计结果。

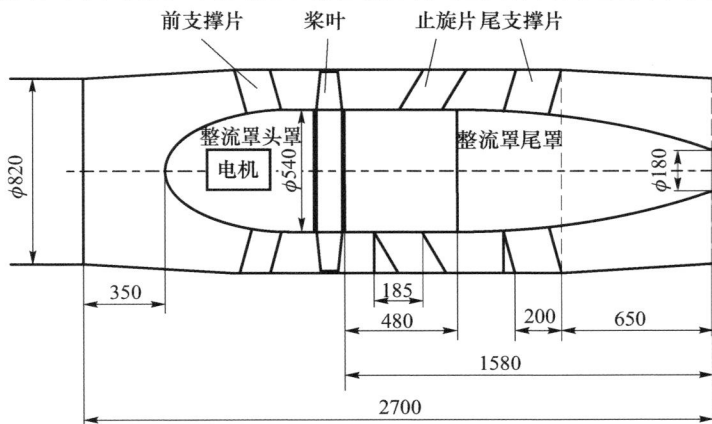

图 8 -7  基于任意涡方法设计的声学引导风洞风扇气动轮廓图

表 8 -7  桨叶设计参数

| $x/R$ | 0.6 | 0.65 | 0.7 | 0.75 | 0.8 | 0.85 | 0.9 | 0.95 | 1.0 |
|---|---|---|---|---|---|---|---|---|---|
| 弦长 $C_r$/mm | 126 | 121 | 116 | 111 | 106 | 101 | 96 | 91 | 86 |
| 安装角 $\beta$/(°) | 38.06 | 35.24 | 32.69 | 30.37 | 28.27 | 26.36 | 24.62 | 23.02 | 21.57 |

表 8 -8  止旋片参数

| $x/R$ | 0.6 | 0.65 | 0.7 | 0.75 | 0.8 | 0.85 | 0.9 | 0.95 | 1.0 |
|---|---|---|---|---|---|---|---|---|---|
| 弦长 $C_v$/mm | 185 | 185 | 185 | 185 | 185 | 185 | 185 | 185 | 185 |
| 安装角 $\beta$/(°) | 81.30 | | | | | | | | |

(a)　　　　　　　　　　　　(b)

图 8 - 8　风扇转子及风扇段

表 8 - 9　前支撑片参数

| $x/R$ | 0.6 | 0.65 | 0.7 | 0.75 | 0.8 | 0.85 | 0.9 | 0.95 | 1.0 |
|---|---|---|---|---|---|---|---|---|---|
| 弦长 $C_q$/mm | | | | | 130 | | | | |
| 厚度/mm | | | | | 15.6 | | | | |

表 8 - 10　尾支撑片参数

| $x/R$ | 0.6 | 0.65 | 0.7 | 0.75 | 0.8 | 0.85 | 0.9 | 0.95 | 1.0 |
|---|---|---|---|---|---|---|---|---|---|
| 弦长 $C_w$/mm | | | | | 200 | | | | |
| 厚度/mm | | | | | 30 | | | | |

## 8.2.3　性能测试结果

　　经调试,该风扇在不同运行工况的气动效率预测值与实测值吻合较好,气动效率均在 83% 以上。在气动设计点效率为 83.9%(闭口试验段 130m/s),声学设计点的效率为 86%(开口试验段 80m/s),非设计点工况点的效率分别为 87%(开口试验段 100m/s)。在开口试验段 80m/s 时,风扇入口噪声为 123dB(A),出口噪声为 120dB(A)。气动性能及噪声的测试结果如图 8 - 9 和图 8 - 10 所示。

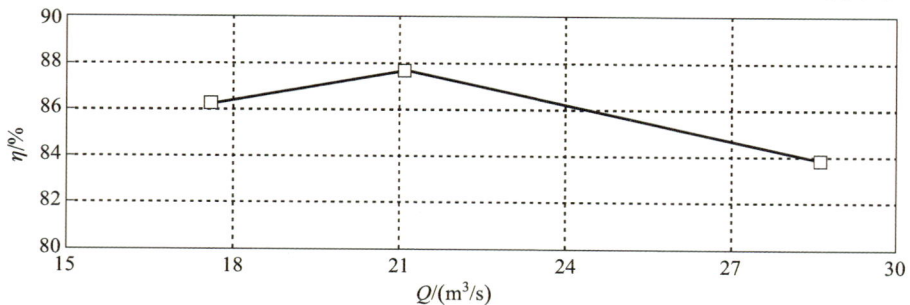

图 8 - 9　风扇气动性能曲线

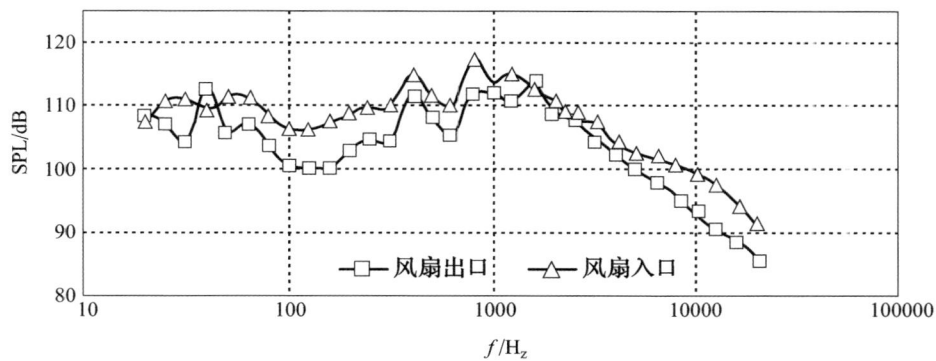

图 8 – 10    风扇入口及出口噪声 1/3 倍频程

# 第9章 轴流式风扇设计新技术

随着社会的进步和现代科技的不断发展,各领域对轴流式风扇的性能要求也越来越高,常规的设计方法得到的风扇性能往往不能完全满足相关技术指标的要求。风扇设计工程师也在不断探索新的设计理论和设计技术。近年来,随着计算机领域的高速发展,CFD 数值方法在轴流式风扇设计中的应用越来越广泛。基于 CFD 数值方法,人们可以更方便地对轴流风扇中的复杂流动机理进行研究,优化设计参数,提出了许多能够提高风扇性能、降低风扇噪声的新技术和新方法。本章对目前轴流风扇设计中常用的典型新技术和新方法进行了阐述,主要包括不等距叶片设计技术、叶片弯扭设计技术、叶片反设计方法及叶片自动优化设计方法。

## 9.1 不等距叶片设计技术

不等距叶片设计即叶片的周向非均匀分布,是一种降低单频噪声的方法。早在 1967 年,Lowson 就提出了采用周向随机布置叶片的方式以降低叶轮离散噪声的思想。随后 Mellin 也采用了该技术来降低风机的噪声,同时还推导了计算不等距叶片离散噪声的公式。1986 年孙晓峰根据 BLH(Blade Loading Harmonics)理论推导出了非均匀叶片风扇的噪声传播方程,并解释了降噪的机理;他还认为叶片间距可以在较大的范围内变化而不会对风扇性能造成影响。非均匀分布叶片不仅消除了均匀叶片引起的压力不稳定,还减弱了动、静叶之间干扰产生的共振噪声。崔承勋将该方法应用于矿用风机的设计,分析了叶片数量对降噪效果的影响,认为叶片数量为奇数时,非均匀分布叶片的降噪效果要优于叶片数为偶数时的效果。Lewy 理论研究了开式叶轮采用不等距叶片布置对噪声的影响,认为不等距叶片并不能改变风扇噪声的总声压级,但可以改变风扇的频谱特性,降低叶片通过频率的噪声强度,使噪声向低频段和高频段移动,从而降低噪声的 A 声压级。

虽然对于不等距叶片布置方式的研究开始较早,但一直未形成较为合理的设计方法,大多数采用简单的动平衡约束和性能约束的方法。不等距叶片的设计方法,如早期 Mellin 提出的根据试验得到的噪声频谱特性进行设计的方法,Lewy 提出的基于相移周期函数的数学分析方法,Ewald 提出的叶片角度调试法,以及 Cattanei 等提出试算方法等,这里只对叶片角度调制法做简单介绍。

针对叶片角度调制法,Fiagbedzi 进行全面的数学分析,Roger 从物理角度给出了详细分析。

叶片间距为

$$\theta'_i = \theta_i + \Delta\theta\sin(n\theta_i) \tag{9-1}$$

式中:$\theta_i$ 为叶片均匀分布时第 $i$ 个叶片的周向位置;$\theta'_i$ 为非均匀分布时第 $i$ 个叶片的周向位置;$\Delta\theta$ 为相对于均匀分布叶片的最大偏移角度(图 9-1),以第 $Z$ 个叶片的位置作为参考,$\theta_z = 0°$;$n$ 为调节周期,当 $n \geq 2$ 时,风扇叶片自动处于平衡状态。

从式(9-1)可知,$\Delta\theta$ 越大,表明叶片分布的非均匀性越大,因此对于 $\Delta\theta$ 的选取需要合理考虑叶片间的流动特性和气动噪声。

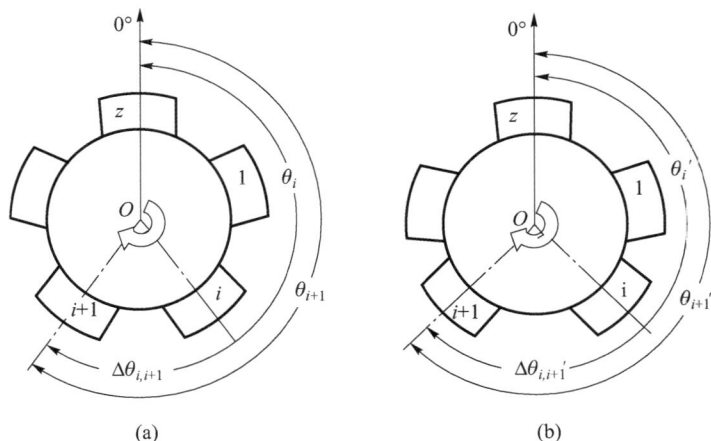

图 9-1　不等距叶片

研究表明,随着 $\Delta\theta$ 的增大,风扇出口静压先增大再减小,如图 9-2 所示。根据经验,4% 的静压降幅是可以接受的最大降幅(该标准可根据实际情况进行调整),因此 $\Delta\theta \leq 22°$ 能够满足要求。风扇效率随着 $\Delta\theta$ 的增大而降低,同样以 4% 的效率降幅作为标准,则需要 $\Delta\theta \leq 8°$。

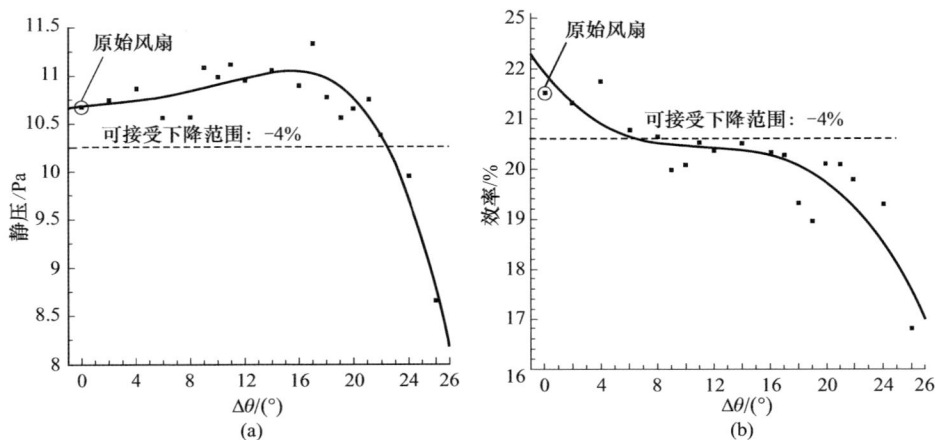

图 9 - 2　风扇静压和效率随 $\Delta\theta$ 的变化
(a)静压；(b)效率。

## 9.2　叶片弯掠技术

　　轴流风扇的叶片设计时，首先对各基元级的二维叶型进行设计，然后将各基元级的重心沿径向进行积叠形成三维叶型。随着对轴流风扇性能和噪声要求的提高，积叠线不再是简单的沿径向方向的直线，产生了叶片弯掠设计技术。

　　叶片弯掠技术，即基元级的积叠方式不再是径向积叠，积叠线可以在轴向、周向、弦长方向或垂直于弦长方向上倾斜或弯曲，如图 9 - 3 所示。积叠线沿叶片弦长方向或风扇轴向的倾斜一般称作掠，向上游倾斜称为前掠，向下游倾斜为后掠。积叠线沿圆周向方向或垂直于弦长方向的倾斜称为倾或弯。弯曲方向与旋转方向一致称为前倾或前倾，弯曲方向与旋转方向不一致后倾或后弯。实际应用中，叶片积叠线并非总是保持直线倾斜，也可以是圆弧线、曲线等形式。大多数应用中并没有严格区分各个方向倾斜的称谓，设计中也经常采用弯和掠相结合的叶片，因此通常都称为弯掠叶片。

　　弯掠技术最早用于飞机机翼，用来提高机翼的气动性能。后掠机翼已成为现代飞机最主要的特点之一，主要用来减小高马赫数下的激波损失；近年来前掠机翼技术也得到了较大的发展，并且在俄罗斯 SU - 37 战机上得到了成功的应用，前掠机翼可以减小机翼的阻力，且能够防止低速下翼尖发生失速。在透平机械领域，弯掠技术最先应用于航空发动机的压气机，目前仍是该领域研究的热点。国内外多个研究机构对航空发动机中弯掠技术进行了大量的研究，证实了弯掠叶片对端壁流动有着显著的影响，在提高效率、扩大稳定工况范围、降低噪

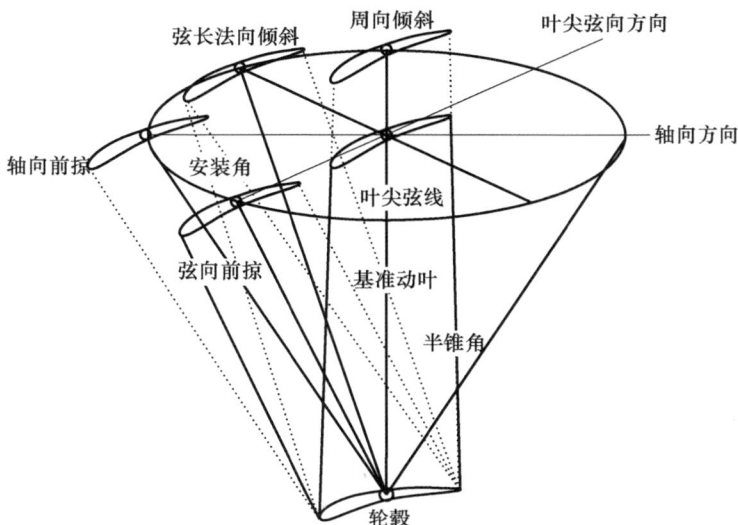

图 9 – 3 叶片弯掠

声等方面具有显著的效果。尤其是对于大展弦比叶片,叶片弯掠引起的端壁效应有可能扩展至中径处,对性能的影响效果更为显著。

在工业叶轮机械领域,弯掠叶片在轴流风扇行业已得到较为广泛的应用。大量数据表明,叶片采用前弯前掠的技术能够有效提高轴流风扇的性能,而后弯后掠叶片会降低风扇的性能。

前掠叶片能够减小叶尖载荷,增大叶根载荷,尤其在叶尖部分,载荷的减小意味着间隙流动的减弱,从而使叶型能够适应更大范围的来流冲角。然而,弯掠叶片对流动损失的影响存在不同的观点,一些研究结果显示前掠能够降低叶尖的流动损失,而另外一些研究认为前掠对叶片局部效率没有影响,甚至会产生恶化作用。但都一致认为前掠叶片对于降低二次流引起的损失具有明显的效果。通常在低流量工况下,这些边界层内的低速流体往往会导致流动分离的产生,采用前掠叶片能够降低流道内的径向流动速度,防止吸力面边界层内的低速流体向叶尖方向移动,而后掠叶片会增大径向流动速度,产生负面影响。此外,前掠叶片还能够增大风扇稳定运行范围,推迟失速的发生。

前弯叶片除了能够提高轴流风扇性能之外,还能够有效降低气动噪声,尤其是对于叶尖速度较高的风扇。但对于低速通风机,采用前弯叶片对噪声影响不大。研究表明,前弯叶片能够有效降低干涉噪声,叶片的弯角必须与前列叶栅黏性尾迹的谐波相匹配,以形成合适的相位差。对叶片弯角的实验研究表明,采用 C 型的叶片积叠线可以较好地形成有助于减少噪声谐波分量的相位差。在一些试验和数值研究中,采用前弯叶片后,风扇的压比提高 13% ,流量提高 5% ,

效率提高 3%，噪声降低 2 ~ 3dB。

　　弯掠叶片设计的关键是叶片积叠线的型线和弯掠的角度。常用的型线为直线形、圆弧形和双圆弧形。通过对不同的积叠线弯曲形状（沿周向方向）研究发现，采用直线 + 圆弧型积叠线具有最高的效率，如图 9 - 4 所示。

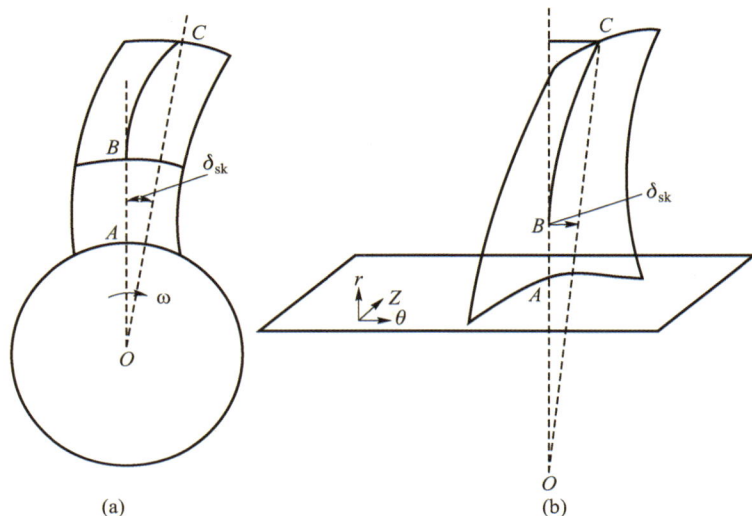

图 9 - 4　直线 + 圆弧形弯掠叶片

　　弯掠叶片在可控涡设计中能够更有效地发挥其优势。可控涡设计同任意涡设计一样，通过改变叶片环量的展向分布，达到提高风扇性能的目的。任意涡设计注重在叶片出口的速度分布均匀性，而可控涡设计以提高风扇特定的性能为目标，如增大流量或提高压比。但由于可控涡设计存在展向环量梯度，不可避免地增强了叶片吸力面边界层内流动沿展向的分量，使流动的三维流动效应增强，使叶片吸力面流动方向的距离增长，产生了额外的叶尖损失和二次流损失。当采用前弯叶片设计时，能够有效缩短叶片吸力面流动方向的距离，减小损失，同时不会对叶片的性能噪声影响。图 9 - 5 为采用可控涡方法设计的弯掠叶片。

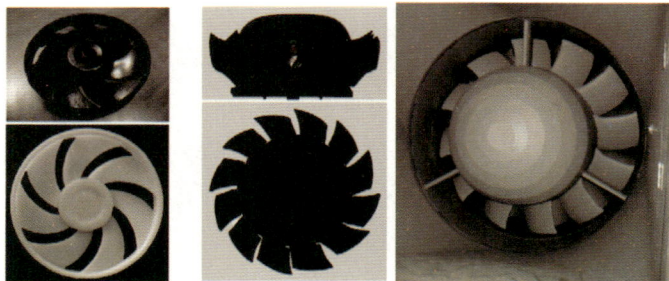

图 9 - 5　采用可控涡方法设计的弯掠叶片

## 9.3 叶片反设计方法

传统的轴流风扇设计中,叶片一般采用成熟的翼型或优化设计的翼型。成熟翼型一般具有大量的试验数据,各工况下气动性能、损失等均具有较为精确的试验数据,因此设计中采用成熟翼型可以保证设计结果的可靠性。随着轴流风扇的广泛应用,其运行工况越来越复杂,而且对效率的要求也越来越高,传统成熟的翼型已无法满足设计的需要,需要开发新的高性能翼型,可以采用优化设计方法对成熟翼型进行改进或设计全新的翼型。然而这种翼型由于缺乏试验数据,其气动性能多基于 CFD 数值结果,因此可靠性较差,若应用于系列机型,则需要大量的试验进行验证。这些设计方法均称为正设计,即已知物体几何形状求解其绕流的流场特性,是边界已知的问题。

在反设计方法中,首先需给定要设计的翼型表面对应的目标压力分布(或速度分布),然后通过求解空气动力学反问题来确定对应的翼型几何型面。这样的反问题是边界未知的非线性问题。从数学模型上讲,是事先指定绕流的流场特性(压力分布等)来求解物体的几何外形,是边界未知的问题。在数学上,人们对正设计问题具有更多研究,并积累了大量的经验方法,因而反方法都是将边界未知的问题转化为对边界已知的问题的迭代来求解。依据迭代方式的不同,可将反方法分为 Dirichiet 型边界条件的迭代方法和 Neumann 型边界条件的迭代方法两类。

在初始翼型表面给定目标压力分布作为边界条件,取代正问题中的壁面无滑移边界,即为 Dirichiet 型边界,这样将边界未知的问题转化为边界已知的问题。通过流场计算,将会出现壁面法向速度不为零的情况,此时根据计算结果对翼型进行修正,重复流场计算,直至壁面法向速度为零。这种方法称为纯反问题。该方法最早由 Tranen 提出,随后经过发展,但由于反设计过程的构造和求解较为复杂,且存在许多不足之处,因此逐渐被设计工程师冷落。

另一种方法是余量修正法,该方法通过利用已有的程序计算翼型表面的实际压力分布,并将该压力分布与目标压力分布之间的残差作为已知量,通过求解简单的反问题得到相应的几何修正量,然后迭代至残差趋近于零。这种方法克服了纯反问题设计中过程过于复杂的缺点,使人们能够将更多的计算资源用于流场的精确计算,充分利用了正问题成熟的数值计算资源。该方法逐渐演化出了 GM 方法、MGM、方法、Takanashi 方法、DISC 方法等。

反设计方法属于边界未知的非线性问题,目标压力分布的给定在很大程度上依赖于设计者的经验,容易出现解的不收敛或发散,从数学角度来看,其物理解的存在性和唯一性仍未得到有效的证明。

## 9.4　自动优化设计方法

　　轴流风扇二维叶型设计方法有正问题设计、反问题设计和自动优化设计。其中正问题设计和反问题设计都很大程度上依赖于工程设计人员的经验,正问题设计需要设计人员根据流场计算结果来修改叶型型面,反问题设计需要设计人员提供合理的叶片表面压力和速度分布。

　　自动优化设计方法是将数值最优化方法与传统的优化设计相结合,以某一空气动力学特性作为目标函数,如升阻比最大、阻力最小、效率最高等,在满足一定的约束条件下,采用 CFD 分析软件计算目标函数,再采用数值最优化方法,使目标函数取得极值。它克服了正问题和反问题设计中对设计人员经验的依赖性,在设计参数空间内,采用优化控制理论求出整个空间内目标函数的极值点,即最优设计。优化设计方法具有很大的灵活性,可以与正问题设计、反问题设计等相结合,以设计人员所期望的性能为目标函数进行优化,并按工程结构或工艺上的要求对几何型面提出各种约束,是最有发展潜力的设计方法之一。

　　自动优化设计最早由 Sanger 提出,实现了对静子可控扩散叶型的气动优化设计。近年来随着计算机和流场数值模拟技术的发展,自动优化设计技术得到了快速发展。自动优化方法涉及优化算法、流场数值计算方法、几何参数化等,由于篇幅限制,这里仅对自动优化设计进行简单的介绍。自动优化设计方法中的关键技术包括几何结构的参数化和数值最优化方法。

### 9.4.1　叶片参数化

　　优化设计的目的是修改叶片外形,以达到最佳气动性能。常规设计中需要依据设计人员的经验对叶片进行修改优化,但在自动优化设计中必须将叶片几何形状用一组设计参数表示,称为叶片参数化。叶片自动优化的实质是由表达叶片几何的设计参数所构成矢量空间,并在该空间内采用数值最优方法寻找最优的设计参数组合。

　　设计参数的数量关系到自动优化设计的效率。设计参数越多,叶片可变性越大,对应参数空间越大,最优解搜索的难度也越大。因此,叶片参数化需要使用较少的设计参数确定出可变性较大的叶片造型,以提高寻优效率。

　　轴流风扇叶片优化设计可分为二维叶型和三维叶型的优化设计。二维叶型较为简单,可以采用较少的参数得到较好的优化效果;三维叶型通常由若干个二维叶型采用沿径向按一定积叠规律叠加而成,而且要考虑积叠线、子午流道的优化,因此参数化后的设计参数数量将成倍增加,对应的三维叶型优化设计也将耗费更多的时间。本节将主要介绍二维叶型的参数化,对三维叶型参数化只做简单的介绍。

参数化方法可分为直接参数化和基于修改量的参数化方法两种。直接将叶型几何进行参数化描述。

（1）直接参数化：叶型生成方法一般是在叶型中弧线上叠加厚度分布构成叶型的吸力面和压力面（也称为包络造型法），因此采用这种方法需要分别将中弧线和叶型厚度分布参数化，也可以直接对叶型的吸力面和压力面进行参数化。

常用参数化方法是采用多项式，即

$$f(x) = \sum_{i=0}^{n} a_i x^i \qquad (9-2)$$

式中：$a_i$ 为待定系数，根据叶型几何形状确定：$x = x_1, f(x) = R_1, (x_1, R_1)$ 为叶型上的一点。对于不同几何特征，$(x_1, R_1)$ 的选取有不同的要求：对中弧线参数化，应包含最大挠度点；对叶型厚度参数化，应包含最大厚度点等。参数化中应尽可能使设计参数具有明确的物理意义，如叶型弦长、安装角、中弧线前后缘角度等，以方便合理设置参数空间范围，并生成合理的叶型。

除了多项式，还可以使用样条曲线、Bezier 曲线、Ferguson 曲线、双圆弧曲线等。

（2）基于修改量参数化方法：通过在初始叶型上叠加修改量来优化叶型，只需要对叠加的修改量进行参数化。与直接参数化方法类似，通常采用 Hicks - Henne 函数、Wagner 函数、Bezier 曲线、B 样条曲线等进行修改量的参数化。各个参数化方法具有其各自的优点，需要根据实际的翼型及预计的修改量，选择合适的方法。如采用 Hicks - Henne 函数进行参数化具有较好的灵活性和便利性，实现参数个数调整、修改位置等较为方便，但无法对叶型前后缘进行修改；采用 Bezier 曲线进行参数化可以将两个方向坐标（$X$ 坐标和 $Y$ 坐标）参数分开，有利于叶型局部的修改和各个位置不同程度的修改。

三维叶片结构复杂，其参数化一般分解为若干个二维曲线的参数化，如不同径向的二维叶型参数化、积叠线切向弯和前后掠参数化、子午流道参数化等。由于三维叶片的设计参数非常多，设计空间较大，全局搜索难度较大，可借鉴多重网格法思想，采用多层参数化方法，通过逐渐提高设计参数数量构造多层寻优空间，改善优化算法。

## 9.4.2　数值最优化方法

数值最优化方法即优化算法，主要包括遗传算法、单纯形法、梯度法等。遗传算法具有全局寻优能力，能够在参数空间内快速找到最优点，但优化过程中需要较多个体，每个个体均对应一次流场数值模拟，优化时间较长，尤其对于三维叶片的优化，三维流场计算需要耗费大量时间。梯度法基于目标函数与设计参数的梯度有关的特点,优化速度较快,但容易陷入局部最优。单纯形法介于遗传算法和梯度法之间,具有一定的全局寻优能力,流场计算次数少于遗传算法。实际应用中,应根据目标函数和设计参数空间的特点,选用不同的优化算法。

对于轴流风扇的叶片优化设计,设计参数多,寻优空间大,流动控制方程为非线性方程组,目标函数多具有多局部极值的特点,因此设计中多选用遗传算法,并辅助多台计算机或集群的并行计算,加快优化速度。本节将简单介绍遗传算法的基本思想。

遗传算法借鉴自然界生物的自然选择和遗传进化机制,使用群体搜索技术,通过对当前群体施加选择、交叉、变异等一系列遗传操作,产生新一代群体,经过优胜劣汰,逐步使群体进化到包含或接近最优解的状态。

遗传算法虽然具有较强的全局寻优能力,但其局部寻优能力较差,因此实际应用中,可将基本遗传算法进行改进,或结合其他优化方法构成混合算法,以提高算法的运行效果。

常见的改进遗传算法如下:

(1)小生境技术。通过比较群体中各个个体之间的距离,在预先指定的距离内,比较两者适应度的大小,对其中适应度较低的个体施加较强的罚函数,降低其适应度。该方法能够保证一定范围内只存在一个优良个体,维护了群体的多元性,使各个个体之间保持一定距离,可避免早熟,提高全局最优解的搜索能力。

(2)伪并行技术。将个体分解成几个子群体,在各个子群体内分别进行遗传操作,在适当的时候,各个进程之间交换部分个体。

(3)混合遗传算法。混合遗传算法是结合了单纯形法的遗传算法。单纯形法具有较好的局部搜索能力,遗传算法具有较强的全局搜索能力,两者均不需要目标函数关于设计变量的梯度信息,因此可以组合构成混合遗传算法,提高寻优效果。其实现思想:在遗传算法生成的一代个体中,根据单纯形法的顶点数量选取其中若干优质个体,取代遗传算法生成个体中的劣质个体,提高群体的整体质量,最终提高寻优效果。

270

# 第 10 章　风扇叶片设计叶型数据

## 10.1　转子叶片常用叶型气动性能

风扇桨叶选型对于风扇系统设计而言是最重要的工作之一,具体叶型的选择应根据风扇气动性能的具体要求而定,主要从运行效率、载荷、来流适应性及制造经济型等方面综合考虑。常规叶型一般选择特定的低速航空叶型,同时尽量选择升阻比高的叶型以提高运行效率。风扇桨叶叶型常见的有 RAF 叶型、CLARK – Y 叶型、Gottingen 叶型等。

### 10.1.1　RAF 叶型

RAF 叶型是英国皇家飞机工厂于第一次世界大战前后研制的,其中 RAF – 6E 和 RAF – 6D 叶型具备较好的气动性能,其翼剖面下表面为一直线,在风扇设计中运用广泛。叶剖面几何外形如图 10 – 1 所示。

RAF – 6 叶型几何参数见表 10 – 1。

表 10 – 1　RAF – 6 叶型几何参数

| $X = x/c/\%$ | $Y_上 = y_上/c/\%$ RAF – 6D | $Y_上 = y_上/c/\%$ RAF – 6E |
|:---:|:---:|:---:|
| 0 | 1.35 | 1.15 |
| 1.25 | 3.70 | 3.19 |
| 2.5 | 5.38 | 4.42 |
| 5.0 | 7.80 | 6.10 |
| 7.5 | 9.25 | 7.24 |
| 10 | 10.30 | 8.09 |
| 15 | 11.74 | 9.28 |
| 20 | 12.50 | 9.90 |
| 30 | 12.90 | 10.30 |
| 40 | 12.69 | 10.22 |
| 50 | 12.20 | 9.80 |
| 60 | 11.20 | 8.98 |
| 70 | 9.60 | 7.70 |
| 80 | 7.40 | 5.91 |
| 90 | 4.70 | 3.79 |

（续）

| $X=x/c/\%$ | $Y_上=y_上/c/\%$ RAF-6D | $Y_上=y_上/c/\%$ RAF-6E |
|:---:|:---:|:---:|
| 95 | 3.26 | 2.58 |
| 100 | 1.00 | 0.76 |
| $R_前=r_前/c/\%$ | 1.32 | 1.15 |
| $R_后=r_后/c/\%$ | 1.00 | 0.76 |

RAF-6E 和 RAF-6D 叶型的气动性能曲线分别如图 10-2 和图 10-3 所示。可以看出，RAF 系列翼型可以实现很高的升阻比，在高雷诺数下升阻比可达到 80。

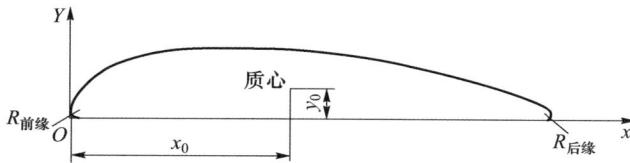

图 10-1 RAF-6E 叶剖面几何外形

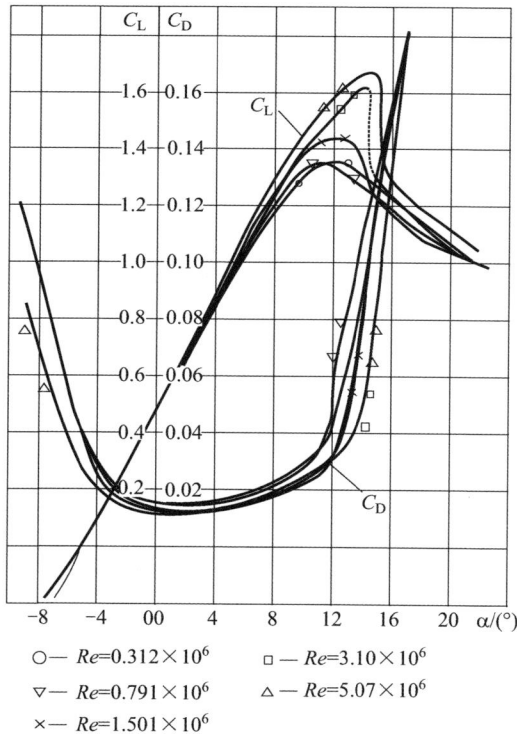

○— $Re=0.312\times10^6$     □— $Re=3.10\times10^6$

▽— $Re=0.791\times10^6$     △— $Re=5.07\times10^6$

×— $Re=1.501\times10^6$

图 10-2 RAF-6E 叶型气动性能曲线

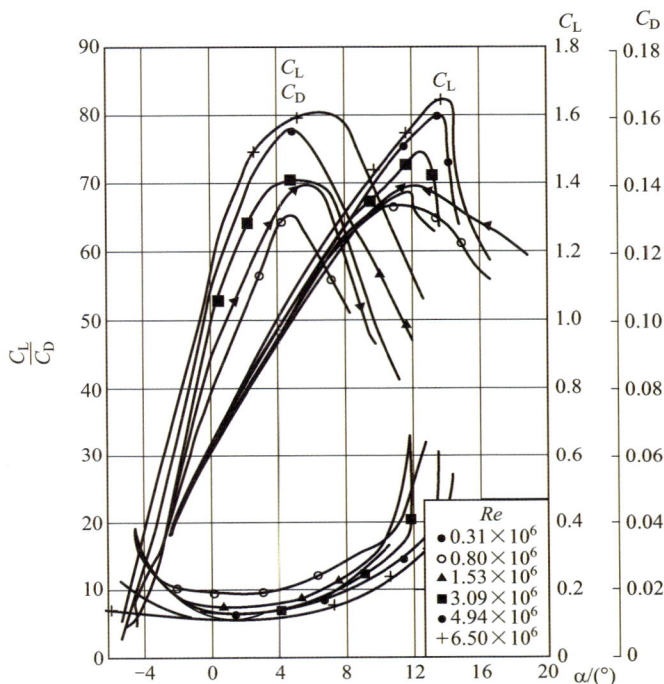

图 10 – 3　RAF – 6D 叶型气动性能曲线

## 10. 1. 2　CLARK – Y 叶型

　　CLARK – Y 叶型是美国人克拉克于 1922 年研制出的优异性能的平底叶型,至今在轴流式风扇设计中仍然得到广泛应用。此叶型前缘至 20% 弦长处之间的下表面有一较小的数值,而 20% 弦长处至后缘为一直线,其几何外形如图 10 –4 所示。

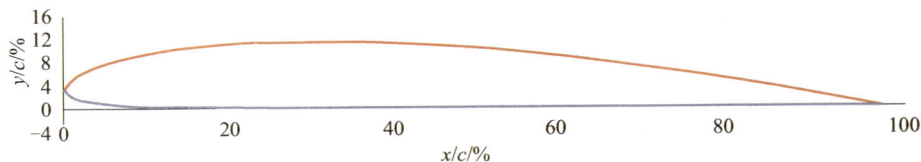

图 10 – 4　CLARK – Y 叶型几何外形

　　CLARK – Y 叶型几何参数见表 10 –2。

表 10 - 2　CLARK - Y 叶型几何参数

| $X = x/c/\%$ | $Y_{上} = y_{上}/c/\%$ | $Y_{下} = y_{上}/c/\%$ |
|---|---|---|
| 0 | 3.50 | 3.50 |
| 1.25 | 5.45 | 1.93 |
| 2.5 | 6.50 | 1.47 |
| 5.0 | 7.90 | 0.93 |
| 7.5 | 8.85 | 0.63 |
| 10 | 9.60 | 0.42 |
| 15 | 10.68 | 0.15 |
| 20 | 11.36 | 0.03 |
| 30 | 11.70 | 0 |
| 40 | 11.40 | 0 |
| 50 | 10.58 | 0 |
| 60 | 9.15 | 0 |
| 70 | 7.35 | 0 |
| 80 | 5.22 | 0 |
| 90 | 2.80 | 0 |
| 95 | 1.49 | 0 |
| 100 | 0.12 | 0 |
| $R_{前} = r_{前}/c/\%$ | 1.5 | |
| $R_{后} = r_{后}/c/\%$ | 1.5 | |

　　表 10 - 2 是相对厚度 $X = 11.7\%$ 对应的 CLARK - Y 叶型坐标。在风扇结构设计时,有时候需要增加桨叶根部叶型的厚度、减少桨叶尖部的厚度。CLARK - Y 系列叶型也包含了其他厚度的叶型,其他厚度叶型对应的型面坐标可在表 10 - 3 中数据的基础上按比例、线性插值计算得到。

　　相对厚度为 $X$ 时的 CLARK - Y 叶型上表面及下表面叶型坐标($\overline{Y}_{U}^{X}$ 和 $\overline{Y}_{D}^{X}$)的计算公式:

$$\overline{Y}_{U}^{X} = \left(\frac{X}{11.7\%}\right)\overline{Y}_{U}^{(11.7\%)} \tag{10-1}$$

$$\overline{Y}_{\mathrm{D}}^{X}=\left(\frac{X}{11.7\%}\right)\overline{Y}_{\mathrm{D}}^{(11.7\%)} \tag{10-2}$$

式中：$\overline{Y}_{\mathrm{U}}^{(11.7\%)}$ 和 $\overline{Y}_{\mathrm{D}}^{(11.7\%)}$ 为相对厚度为 11.7% 时对应的 CLARK – Y 叶型上、下表面坐标。

表 10 – 3　Gottingen 叶型几何参数

| $X=x/c/\%$ | Gö622 | | Gö623 | | Gö624 | | Gö625 | |
|---|---|---|---|---|---|---|---|---|
| | $Y_{上}=y_{上}$ /c/% | $Y_{下}=y_{下}$ /c/% | $Y_{上}=y_{上}$ /c/% | $Y_{下}=y_{下}$ /c/% | $Y_{上}=y_{上}$ /c/% | $Y_{上}=y_{下}$ /c/% | $Y_{上}=y_{上}$ /c/% | $Y_{下}=y_{下}$ /c/% |
| 0 | 2.40 | 2.40 | 3.25 | 3.25 | 4.00 | 4.00 | 5.50 | 5.50 |
| 1.25 | 3.75 | 1.45 | 5.45 | 1.95 | 7.15 | 2.25 | 9.00 | 3.30 |
| 2.5 | 4.50 | 1.05 | 6.45 | 1.50 | 8.50 | 1.65 | 10.80 | 2.35 |
| 5.0 | 5.45 | 0.60 | 7.90 | 0.90 | 10.40 | 0.95 | 13.30 | 1.25 |
| 7.5 | 6.15 | 0.35 | 9.05 | 0.35 | 11.75 | 0.60 | 14.95 | 0.75 |
| 10 | 6.60 | 0.25 | 9.90 | 0.20 | 12.85 | 0.40 | 16.35 | 0.40 |
| 15 | 7.30 | 0.15 | 10.95 | 0.10 | 14.35 | 0.15 | 18.25 | 0.15 |
| 20 | 7.70 | 0.05 | 11.55 | 0.05 | 15.30 | 0.05 | 19.30 | 0.10 |
| 30 | 8.00 | 0 | 12.00 | 0 | 16.00 | 0 | 20.00 | 0 |
| 40 | 7.80 | 0 | 11.70 | 0 | 15.40 | 0 | 19.05 | 0 |
| 50 | 7.10 | 0 | 10.65 | 0 | 14.05 | 0 | 17.35 | 0 |
| 60 | 6.15 | 0 | 9.15 | 0 | 12.00 | 0 | 15.05 | 0 |
| 70 | 5.00 | 0 | 7.35 | 0 | 9.50 | 0 | 12.10 | 0 |
| 80 | 3.55 | 0 | 5.15 | 0 | 6.60 | 0 | 8.60 | 0 |
| 90 | 1.95 | 0 | 2.80 | 0 | 3.55 | 0 | 4.75 | 0 |
| 95 | 1.15 | 0 | 1.60 | 0 | 2.00 | 0 | 2.25 | 0 |
| 100 | 0.20 | 0 | 0.30 | 0 | 0.50 | 0 | 0.65 | 0 |

在雷诺数为 $3.17\times10^{6}$、相对厚度为 11.7% 和雷诺数为 $3.17\times10^{6}$、相对厚度为 10% 时，CLARK – Y 系列叶型气动性能曲线如图 10 – 5 所示。可以看出，该翼型在较宽的攻角范围下的压力中心相对位置变化较小，高雷诺数下的最大升阻比也接近 80。

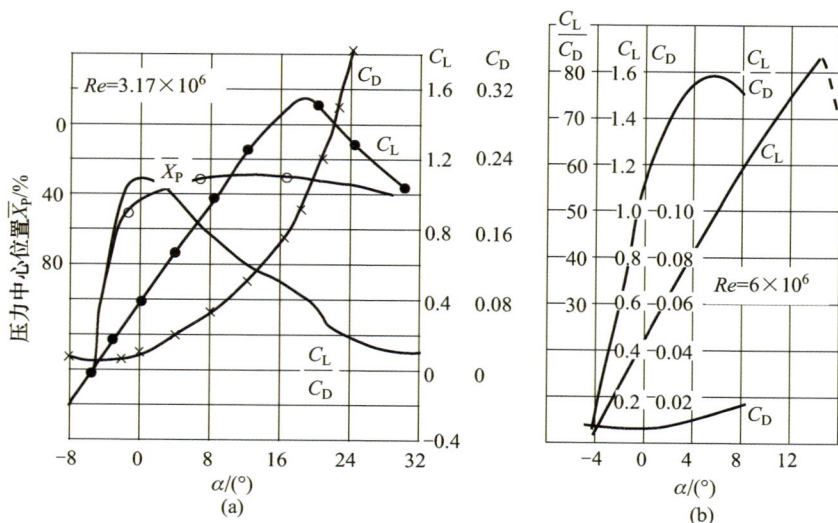

图 10 – 5　CLARK – Y 叶型气动性能曲线
（a）相对厚度 11.7%；（b）相对厚度 10%。

## 10.1.3　Gottingen 叶型

Gottingen 叶型是德国哥廷根大学空气动力研究所研制的低速叶型族，与 CLARK – Y 叶型相接近的有 Gö622、Gö623、Gö624、Gö625 等叶型。上述 4 种叶型的型面几何外形如图 10 –6 所示。

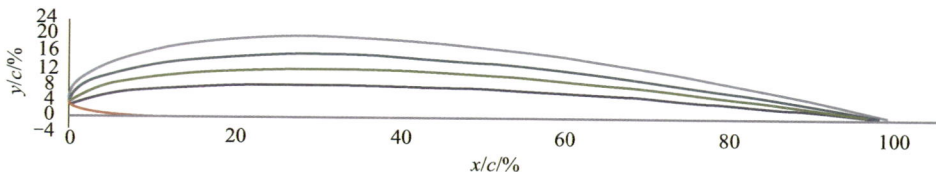

图 10 – 6　GottinGen 系列叶型几何外形

表 10 – 3 给出了这几种叶型的几何参数。图 10 – 7 为 Gottingen 叶型气动性能曲线。

## 10.1.4　LS 叶型

LS 叶型参照了英国 LS 螺旋桨的叶型，在其基础上加以修行而得到，具有 RAF – 6E 的几何外形特性，下翼面为直线。LS 叶型具有直线型的下表面。表 10 –4 给出了 LS 叶型几何参数。表中的相对厚度为 1，把坐标与相对厚度相乘就得到该相对厚度时的坐标。图 10 – 8 为 LS 叶型气动性能曲线。

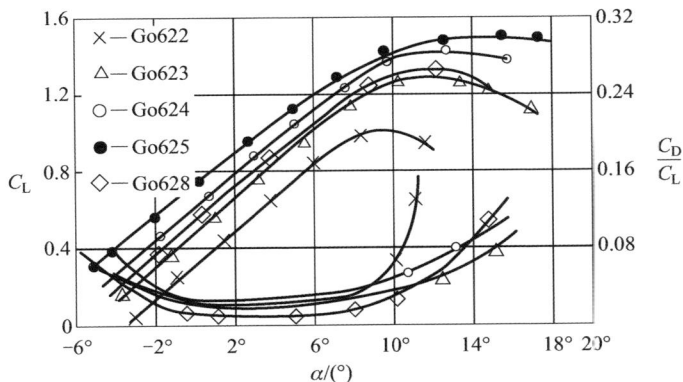

图 10 - 7 Gottingen 叶型气动性能曲线

表 10 - 4 LS 叶型几何参数

| $\bar{x} = \dfrac{x}{c}$/% | 5 | 10 | 20 | 30 | 40 | 50 | 60 | 70 | 80 | 90 | $r_{前}/c = 12\%$ |
|---|---|---|---|---|---|---|---|---|---|---|---|
| $\overline{y_上} = \dfrac{y_上}{c}$/% | 59.1 | 78.6 | 96.1 | 100 | 99.1 | 96.1 | 87.3 | 74.7 | 57.2 | 36.9 | $r_{后}/c = 9\%$ |

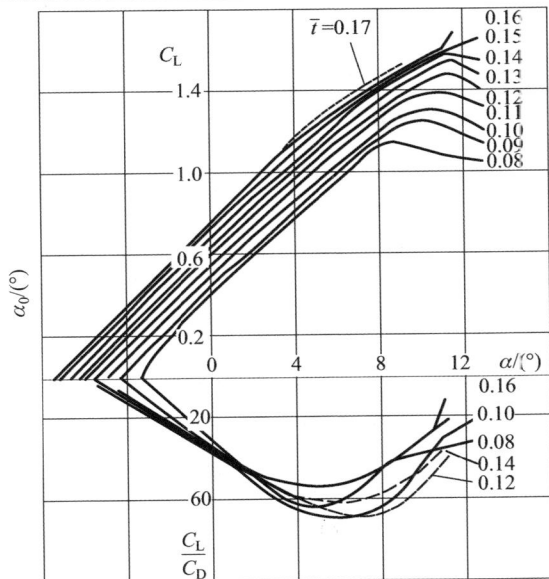

图 10 - 8 LS 叶型气动性能曲线

上述各节所介绍叶型的下翼面均为直线或者接近于直线,这四种叶型的最大厚度都位于距前缘 30% 弦长位置,最大厚度后 70% 弦长对应的叶型外形相似。试验测试表明,RAF - 6、CLARK - Y、Gottingen 及 LS 叶型的升力曲线、升力曲线线性段斜率及零升力攻角都很接近。

为方便风扇设计者使用这些叶型气动力数据,给出了零升力攻角以相对厚度为函数绘制曲线,升力系数、阻力系数、升阻比、零升攻角等气动性能参数与相对厚度和攻角的关系曲线,如图 10-9~图 10-11 所示。上述四种叶型在前缘至 30% 弦长位置的外形还是存在一定差别,比如 RAF-6 叶型前缘下倾 3% 倍弦长,而 CLARK-Y 和 Gottingen 叶型前缘下倾量为 1%~3% 弦长,这也导致这些叶型的阻力系数存在差异:在相同雷诺数下,RAF-6E 叶型在小升力系数时的型阻系数大于大升力系数时 CLARK-Y 叶型的型阻系数,而 CLARK-Y 叶型和 Gottingen 叶型的阻力系数基本一致;当升力系数在 0.8~0.9 之间时,RAF-6E、CLARK-Y 和 Gottingen 三种叶型的阻力系数没有明显区别。

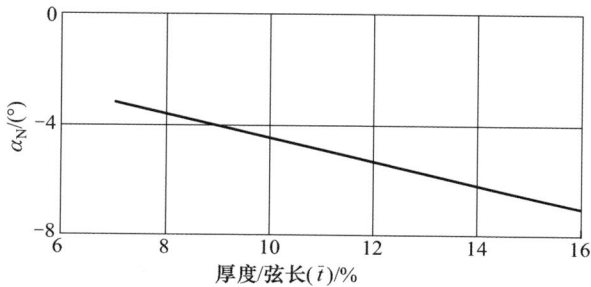

图 10-9　平底翼型的零升力攻角 $\alpha_N$ 随相对厚度 $\bar{t}$ 的变化关系

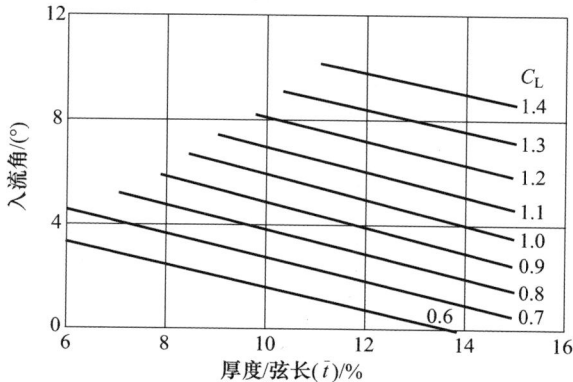

图 10-10　平底翼型升力系数与攻角关系

## 10.1.5　双凸叶型

双凸叶型主要指叶型下翼面不是直线的叶型,用于风扇的双凸叶型有 NACA 系列叶型、GA(W) 叶型及 ARA-D 叶型等。

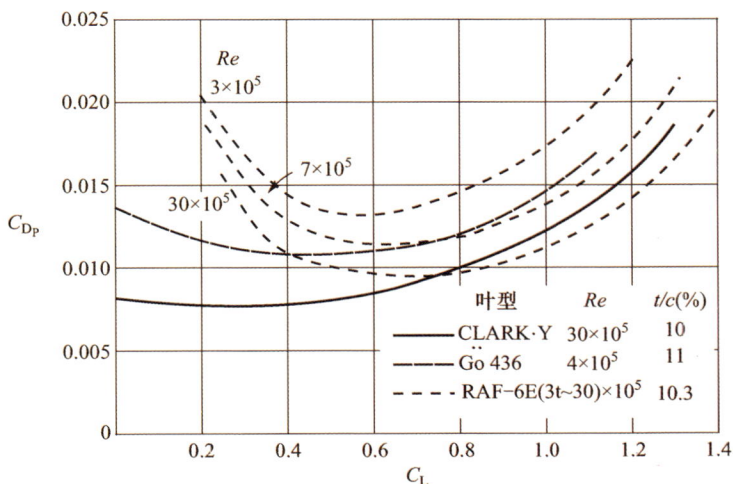

图 10 – 11　平底翼型阻力系数随升力系数的变化

## 1. NACA 叶型

NACA 叶型是美国国家航空咨询委员会(NACA)在 20 世纪 40 年代初的研究成果。NACA 叶型种类繁多,有 NACA 四位数字叶型、NACA 五位数字叶型、NACA 四、五位数字修改的叶型及 NACA 层流叶型等。在 NACA 的众多叶型中,NACA 的部分四位数字叶型及 NACA65 系列叶型常应用于风扇设计,其中,NA-CA65 系列叶型常用于高压轴流风扇及压缩机的设计,也能够用于风洞轴流风扇的设计。

NACA 四位数字叶型分为对称叶型和非对称弯度叶型。对称叶型的厚度分布可以用下式表示:

$$y_{厚} = \pm \frac{t}{0.2}(0.29690\sqrt{x} - 0.12600x - 0.35610x^2 + 0.284330x^3 - 0.10150x^4)$$

$$(10 - 3)$$

式中:$t$ 为叶型的最大厚度(图 10 – 12,上式中最大厚度的弦长位置在 30% 弦长处)。$t$ 取值不同,代表有不同厚度叶型的上下表面坐标值,其前缘半径为

$$r_{前} = 1.101t^2 \qquad (10 - 4)$$

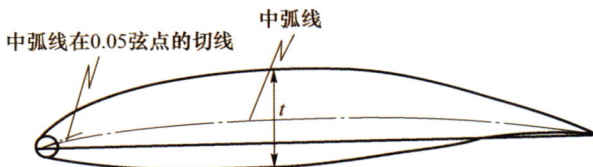

图 10 – 12　NACA 叶型

NACA 四位数字叶型的中弧线取为两段抛物线,在中弧线的最高点处二者相切,中弧线方程为

$$y_{中} = \frac{f}{p^2}(2px - x^2)\, x \leqslant p \qquad (10-5)$$

$$y_{中} = \frac{f}{(1-p)^2}\left[(1-2p) + 2px - x^2\right] x \geqslant p \qquad (10-6)$$

式中:$f$ 为中弧线最高点的纵坐标(图 10-13);$p$ 为最高点的弦向位置。

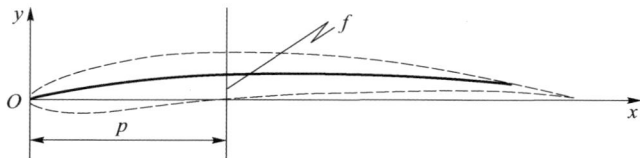

图 10-13 翼型的生成

若叶型有弯度,则需要不同弦长位置处的上表面坐标($x_上$,$y_上$)和下表面坐标($x_下$,$y_下$),相当于把式(10-3)的厚度分布在中弧线的两侧;如(10-7)

$$x_上 = x - y_厚 \sin\phi \qquad (10-7)$$

$$y_下 = y_中 + y_厚 \cos\phi \qquad (10-8)$$

$$x_下 = x + y_厚 \sin\phi \qquad (10-9)$$

$$y_下 = y_中 - y_厚 \cos\phi \qquad (10-10)$$

式中:$\phi$ 为中弧线在弦向位置 $x$ 处的切线之斜角。

中弧线的最高点的高度 $f$(弯度)和该点的弦向位置都是人为给定的,赋予 $f$ 和 $p$ 及厚度 $t$ 以一系列值便得到一个叶型族。NACA 四位数字叶型族表达方式如下:

NACA□□□□

其中:第一位数字代表弯度 $f$,是弦长的百分数;第二位数字代表中弧线最高点的弦向位置,是弦长的十分数;第三位数字和第四位数字代表厚度,是弦长的百分数。例如 NACA4415 叶型,弯度为 4%,中弧线最高点的弦向位置为 40%,厚度为 15%。

NACA 对称叶型的气动性能曲线如图 10-14~图 10-16 所示,带弯度叶型的气动性能曲线如图 10-17 和图 10-18 所示。

**2. GA(W)叶型**

GA(W)叶型是 20 世纪 70 年代美国国家航空航天局兰利研究中心研究得到的先进低速叶型族,是从跨声速的超临界叶型经过修型计算得到的。此叶型前缘比较饱满,上翼面较为平坦,接近后缘处的下翼面上凹,同时具有上、下翼面

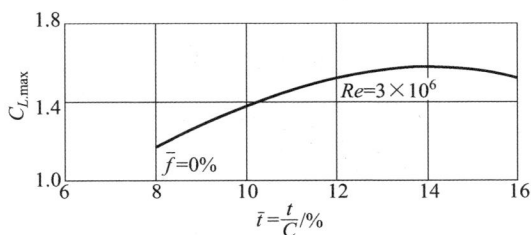

图 10 − 14　NACA − 00 族翼型最大升力系数随厚度的变化($\alpha = 13°$)

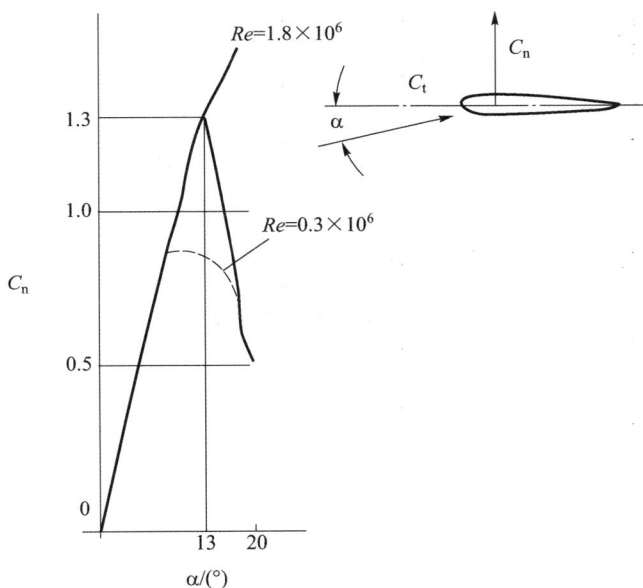

图 10 − 15　NACA0012 翼型法向力随攻角的变化

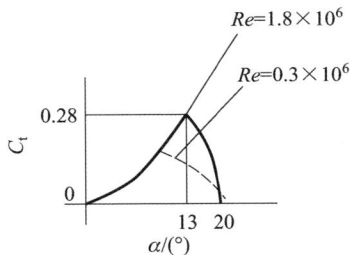

图 10 − 16　NACA0012 翼型切向力随攻角的变化

斜率相等的钝后缘。与上面提到的其他叶型相比,该叶型具有较大的升力系数和升阻比,较大的临界攻角以及失速特性缓等优点。

常用的 GA(W)叶型有两种,GA(W) − 1 和 GA(W) − 2。GA(W) − 1 叶型

281

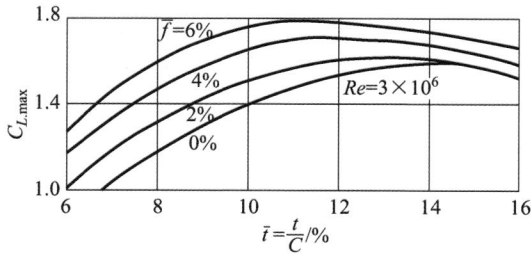

图 10 - 17　不同弯度 NACA 最大升力系数随相对厚度的变化

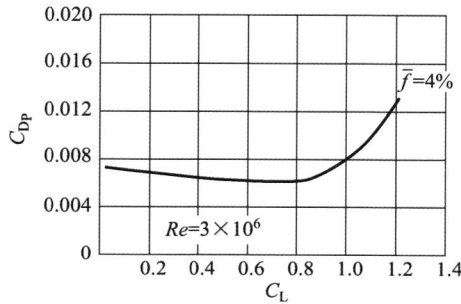

图 10 - 18　NACA4412 翼型阻力系数随升力系数的变化

最大相对厚度为 17%，其型面坐标见表 10 - 5，气动性能曲线如图 10 - 19 和图 10 - 20；GA（W）- 2 叶型最大相对厚度为 13%，其气动性能曲线如图 10 - 21和图 10 - 22 所示。

表 10 - 5　GA（W）- 1 叶型几何参数

| $x = X/C/\%$ | $y_{上} = Y_{上}/C/\%$ | $y_{下} = Y_{下}/C/\%$ |
|:---:|:---:|:---:|
| 0 | 0 | 0 |
| 0.2 | 1.3 | - 0.974 |
| 0.5 | 2.035 | - 1.444 |
| 1.25 | 3.069 | - 2.052 |
| 2.5 | 4.165 | - 2.691 |
| 3.75 | 4.974 | - 3.191 |
| 5 | 5.6 | - 3.569 |
| 7.5 | 6.561 | - 4.209 |
| 10 | 7.309 | - 4.7 |
| 12.5 | 7.909 | - 5.087 |
| 15 | 8.413 | - 5.426 |

（续）

| $x = X/C/\%$ | $y_{上} = Y_{上}/C/\%$ | $y_{下} = Y_{下}/C/\%$ |
|---|---|---|
| 17.5 | 8.848 | -5.7 |
| 20 | 9.209 | -5.926 |
| 25 | 9.779 | -6.265 |
| 30 | 10.169 | -6.448 |
| 35 | 10.409 | -6.517 |
| 40 | 10.5 | -6.483 |
| 45 | 10.456 | -6.344 |
| 50 | 10.269 | -6.091 |
| 55 | 9.917 | -5.683 |
| 57.5 | 9.674 | -5.396 |
| 60 | 9.374 | -5.061 |
| 62.5 | 9.013 | -4.678 |
| 65 | 8.604 | -4.265 |
| 67.5 | 8.144 | -3.83 |
| 70 | 7.639 | -3.383 |
| 72.5 | 7.096 | -2.93 |
| 75 | 6.517 | -2.461 |
| 77.5 | 5.913 | -2.03 |
| 80 | 5.291 | -1.587 |
| 82.5 | 4.644 | -1.191 |
| 85 | 3.983 | -0.852 |
| 87.5 | 3.313 | -0.562 |
| 90 | 2.639 | -0.352 |
| 92.5 | 1.965 | -0.248 |
| 95 | 1.287 | -0.257 |
| 97.5 | 0.604 | -0.396 |
| 100 | -0.074 | -0.783 |

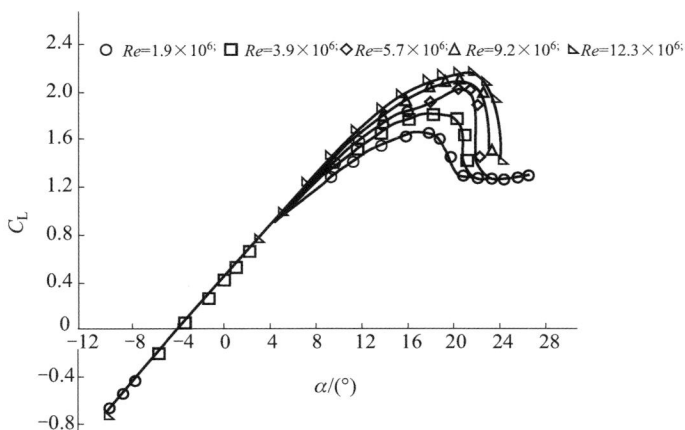

图 10－19　GA(W)－1 翼型升力系数随攻角的变化

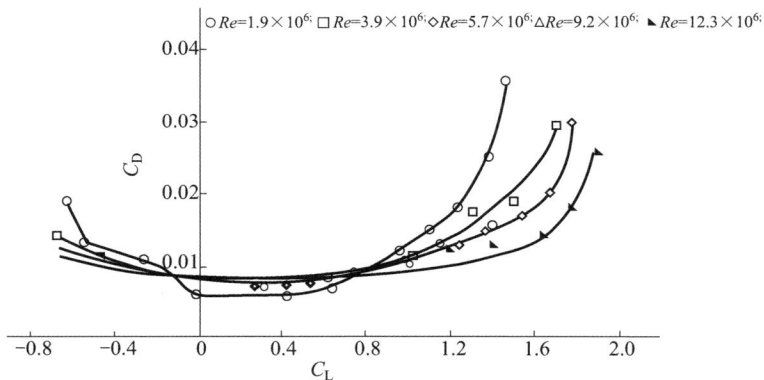

图 10－20　GA(W)－1 翼型阻力系数随升力系数的变化

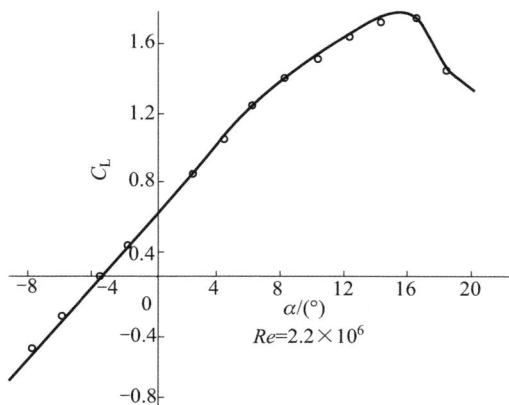

图 10－21　GA(W)－2 翼型升力系数随攻角的变化

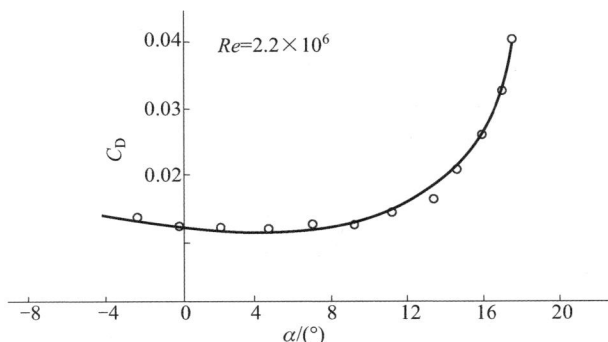

图 10 - 22　GA(W) - 2 翼型阻力系数随升力系数的变化

# 10.2　定子叶片常用叶型

## 10.2.1　C4 叶型

C4 叶型为常用的轴流风扇定子所用叶型,其为沿圆弧线按照一定厚度分布的叶型。叶型的几何外形如图 10 - 23 所示。相对厚度 10% C4 叶型的几何参数见表 10 - 6,相关气动特性见图 10 - 24 和图 10 - 25 所示。

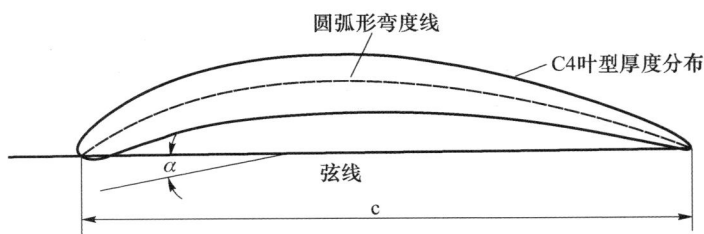

图 10 - 23　C4 叶型几何外形

表 10 - 6　C4 叶型几何参数

| $X = x/c/\%$ | 0.00 | 1.25 | 5.00 | 7.50 | 10.00 | 15.00 | 20.00 | 30.00 | $r_{前}/c = 0.12$ |
|---|---|---|---|---|---|---|---|---|---|
| $Y = y/c/\%$ | 0.00 | 1.65 | 2.27 | 3.62 | 4.02 | 4.65 | 4.83 | 5.00 | |
| $X = x/c/\%$ | 40.00 | 50.00 | 60.00 | 70.00 | 80.00 | 90.00 | 95.00 | 100.00 | $r_{后}/c = 0.06$ |
| $Y = y/c/\%$ | 4.89 | 4.57 | 4.05 | 3.37 | 2.54 | 1.60 | 1.06 | 0 | |

C4 叶型的厚度分布表达式为

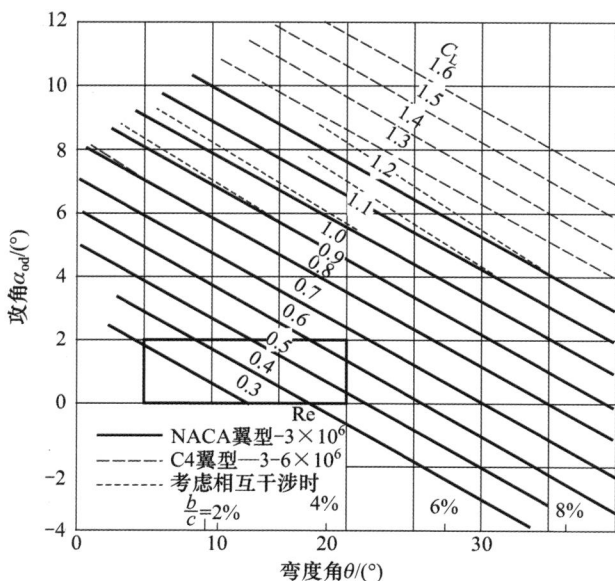

图 10 – 24 弯曲翼型升力系数关系

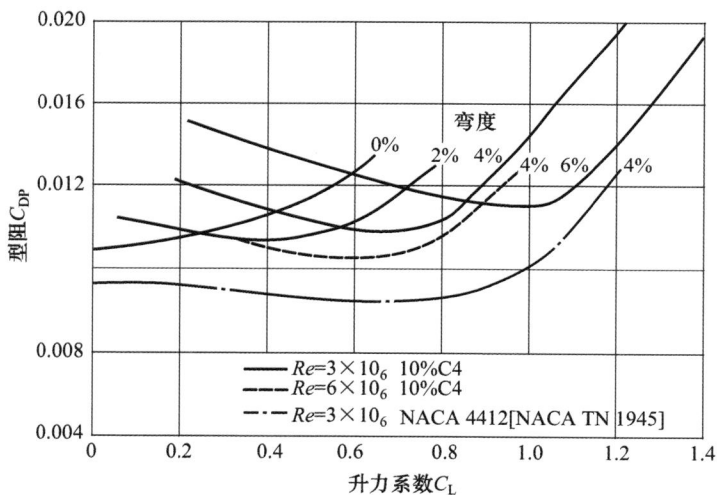

图 10 – 25 弯曲翼型阻力系数变化( 相对厚度 12% )

$$\pm y_t = \frac{t}{0.20}\left(0.3048x^{\frac{1}{2}} - 0.0914x - 0.8614x^2 + 2.1236x^3\right.$$

$$\left. - 2.9163x^4 + 1.9744x^5 - 0.5231x^6\right) \tag{10 – 11}$$

其中:$x$、$y$ 和最大厚度 $t$ 均为相对于弦长 $c$ 的百分比,其相对厚度 $t$ 一般取值 10% 。

## 10.2.2　圆弧弯板

圆弧弯板是一种几何外形相对最简单的叶型,其对来流的适应性相对于具有型面的叶型较差,但其加工简单,制造成本较低,因此也广泛应用于运行范围较窄、性能要求相对较低的轴流式风扇止旋片的设计。其几何外形如图 10 - 26 所示,主要的几何参数包括相对厚度 $t/c$、弦长 $c$ 和弯度 $b/c$。为了减小叶剖面阻力,对大厚度圆弧弯板的尾缘常常进行修形减薄。

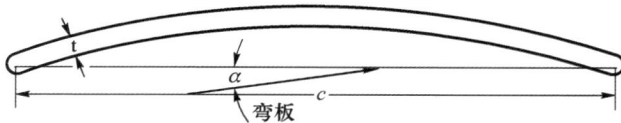

图 10 - 26　圆弧弯板几何外形

圆弧叶型零升攻角与圆弧角关系如图 10 - 27 所示,相对厚度 2% 的弯板在基于弦长雷诺数 $3 \times 10^5$ 时不同弯度的升阻力特性如图 10 - 28 和图 10 - 29 所示,可以看出弯度对升力系数的影响明显。

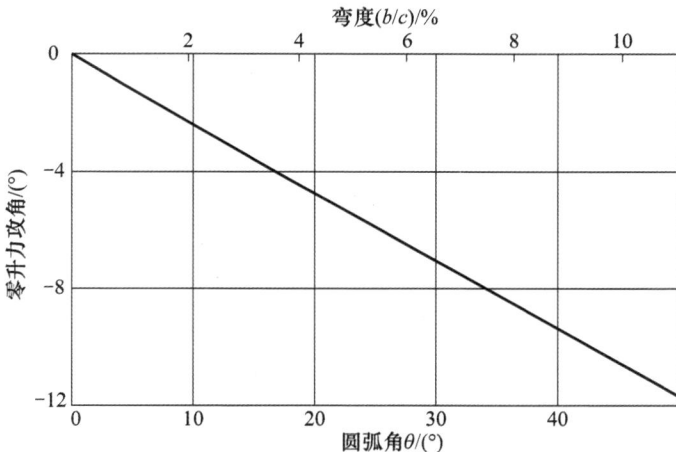

图 10 - 27　圆弧翼型零升攻角与圆弧角关系(前缘无下沉)

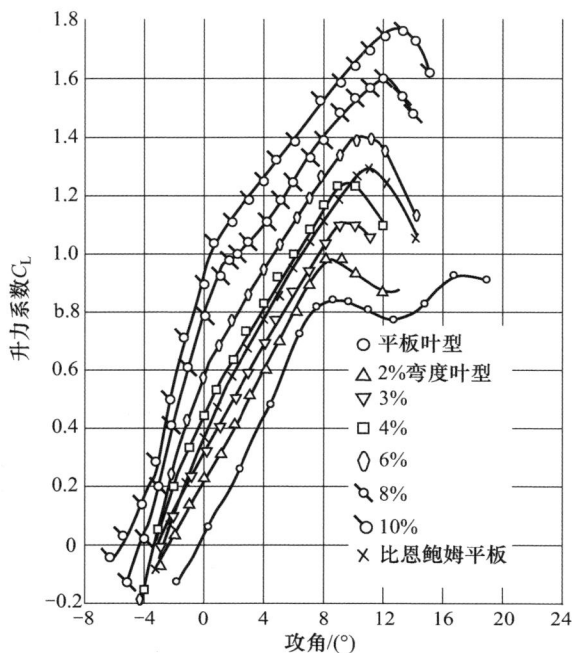

图 10-28　圆弧弯板升力数据，$Re = 3 \times 10^5$（$t/c = 0.02$）

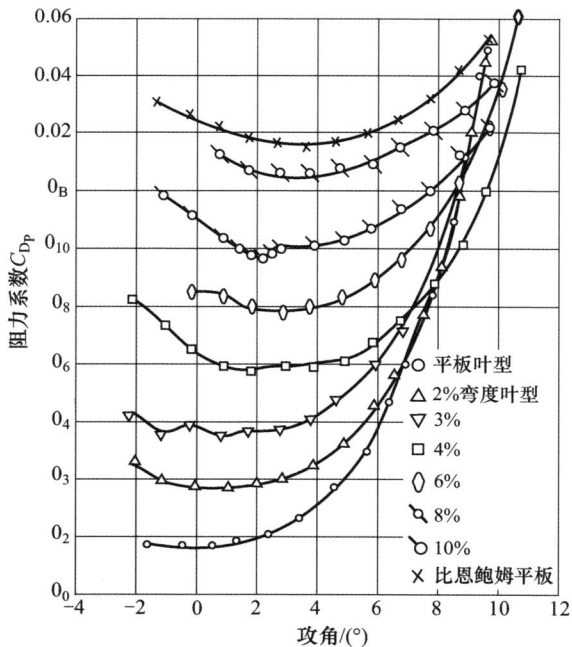

图 10-29　圆弧弯板阻力数据，$Re = 3 \times 10^5$（$t/c = 0.02$）

# 参 考 文 献

[1] 刘政崇,廖达雄. 高低速风洞气动与结构设计[M]. 北京:国防工业出版社,2003.

[2] 伍荣林,王振羽. 风洞设计原理[M]. 北京:北京航空学院出版社,1985.

[3] 范洁川. 世界风洞[M]. 北京:航空工业出版社,1992.

[4] 艾伦. 波普,约翰. J. 哈珀. 低速风洞试验[M]. 北京:国防工业出版社,1977.

[5] 波普,戈因. 高速风洞试验[M]. 邓振瀛,译. 北京:科学出版社,1980.

[6] 谷嘉锦. 声学风洞的设计[J]. 空气动力学学报,1997,15(3):311－319.

[7] 何克敏等. 低湍流度风洞及其设计[J]. 气动实验与测量控制,1988,2(2).

[8] 董谊信,陶祖贤,刘政崇. 2.4m×2.4m引射式跨声速风洞[J]. 气动实验与测量控制,1997,3(2).

[9] 彭强等. 3m×2m结冰风洞气动设计方案[R]. 中国空气动力研究与发展中心,2007.

[10] GOODYER, M J. and KILGORE R A. High Reynolds Number Cryogenic Wind Tunnel [J]. AIAA Journal, Vol. 11, No. 5, 1973. 5. 613 ~ 619.

[11] KILGORE R A. Design Features and Operational characteristics of the Langley 0. 3 meter Transonic Cryogenic Tunnel[J]. NASA TND－8304, 1976.

[12] F. JAARSMA. General Design aspects of low speed wind tunnels[C]. AGARD－CP－585, 1997.

[13] G. GIBERTINI, L. GASPARINI and A. ZASSO. Aerodynamic Design of a civil－aeronautical low speed large wind tunnel[C]. AGARD－CP－585, 1997.

[14] X. BOUIS, J. PRIEUR, J. A. TIZARD and G. HEFER. ETW Aerodynamic design － a case study[C]. AGARD－CP－585, 1997.

[15] VIEHWEGER G. The Kryo－Kanal Koln（KKK）:Description of the tunnel conversion, thermal insulation, instrumentation, operational experience, test results and operating costs [J]. N90－15943.

[16] ECKERT W T, MORT K W and JOPE. Aerodynamic design guidelines and computer program for estimation of subsonic wind tunnel performance[R]. NASA TN D－8243, 1976.

[17] 张展. 机械设计通用手册[M]. 北京:机械工业出版社,2012.

[18] 吴玉林,陈庆光,刘树红. 通风机与压缩机. 北京:清华大学出版社,2011.

[19] 张展. 风机和压缩机设计与应用[M]. 北京:机械工业出版社,2012.

[20] 李庆宜. 通风机[M]. 北京:机械工业出版社,1981.

[21] 伍悦滨,王芳. 工程流体力学泵与风机[M]. 北京:化学工业出版社,2016.

[22] 周正贵. 压气机/风扇叶片自动优化设计[M]. 北京:国防工业出版社,2013.

[23] 曾明,刘伟,邹建军. 空气动力学基础[M]. 北京:科学出版社,2015.

[24] 徐华舫. 空气动力学基础[M]. 北京:科学出版社,1987.

[25] 陆志良,陈红全,王江锋. 空气动力学[M]. 北京:北京航空航天大学出版社,2009.

[26] 郭永怀. 边界层理论讲义[M]. 合肥:中国科学技术大学出版社,2008.

[27] 吴望一. 流体力学[M]. 北京:北京大学出版社,1983.

[28] 章梓雄,董曾南. 黏性流体力学[M]. 北京:清华大学出版社,1998.

[29] 徐大川. 随意涡方法在轴流风扇设计中的应用[D]. 绵阳:中国空气动力研究与发展中心,2010.

[30] IRVING A. JOHNSEN, ROBERT O. BULLOCK. Aerodynamic design of axial – flow compressors[C]. N65 – 23345,1965.

[31] RONALD H. AUNGIER. Axial – flow compressors a strategy for aerodynamic design and analysis[M]. New York:ASME Press, 2003.

[32] Hans van DITSHUIZEN. Design of low – noise high – performance fan system for the CARDC acoustic wind tunnel with test section dimensions of 5.5m×4.0m[R], 2012.

[33] FRANCOIS G. LOUW, BRUNEAU. PHILIPPE R. P. The Design of an Axial Flow Fan for Application in Air – cooled Heat Exchanger[J]. Journal of Turbomachinery, GT2012 – 69733.

[34] 昌泽舟. 轴流式通风机实用技术[M]. 北京:机械工业出版社,2005.

[35] 王振羽. 0.8m 风洞风扇系统的设计和运转[J]. 流体力学试验与测量, 1998,12(3):73 – 77.

[36] 王振羽. 对旋式轴流通风机设计中的几个问题[J]. 风机技术,1999,(6):15 – 17.

[37] 吴秉礼,惠洪伟. 国内对旋轴流通风机推广应用评述[J]. 风机技术,2012,(2):65 – 69.

[38] 谢伟,张永建等. 矿井对旋轴流通风机设计中存在的问题及解决方法[J]. 风机技术,2005,(4): 47 – 49.

[39] WALLIS. R A. Axial Flow Fans and Ducts[M]. New York:John Wiey & Sons, 1983.

[40] 屈晓力, 余永生等. 任意涡风扇设计方法在空调室外机风扇上的应用[J]. 风机技术,2016,(5): 69 – 72.

[41] 杜功焕,朱哲民,龚秀芬. 声学基础[M]. 南京:南京大学出版社,2003.

[42] 智乃刚,萧滨诗等. 风机噪声控制技术[M]. 北京:机械工业出版社,1985.

[43] 续魁昌,历秉仁,续晓钟等. 风机手册[M]. 北京:机械工业出版社,1999.

[44] 商景泰,白石,刘永庆等. 风机实用技术手册[M]. 北京:机械工业出版社,2005.

[45] 方丹群,张斌,孙家麒等. 噪声控制工程学[M]. 北京:科学出版社,2013.

[46] 钟芳源等. 叶片机械气动声学译文集[M]. 北京:机械工业出版社,1987.

[47] 乔渭阳. 航空发动机气动声学[M]. 北京:北京航空航天大学出版社,2010.

[48] 张强. 气动声学基础[M]. 北京:国防工业出版社,2012.

[49] 伍先俊,李志明. 风机叶片噪声机理及降噪[J], 风机技术,2001(4).

[50] POWELL A. Theory of vortex sound[J]. Acoust. Soc. Am,1964,36:177 – 195.

[51] GINDER R B, NEWBY D R. An improved correlation for the broadband noise of high – speed fans[J]. Aircr. , Sept,1977,14(9):844 – 849.

[52] GOLDSTEIN MARVIN E. Aeroacoustics[M]. McGraw – Hill Book Co. , 1976.

[53] LONGHOUSE R. Vortex shedding noise of low tip speed axial flow fans[J]. Journal of Sound and Vibration, 1977,53:25 – 46.

[54] LONGHOUSE R. Control of tip clearance noise of axial flow fans by rotating shrouds[J]. Journal of Sound and Vibration, 1978,58:201 – 214.

[55] MORSE P M, INGARD K U. Theoretical Acoustics[M]. McGraw – Hill, incm, 1968.

[56] SMITH MICHEL J T. Aircraft noise[M]. Cambridge University Press, 1989.

[57] HEIDMANN MARCUS F, DIETRICH DONALD A. Effects of simulated flight on fan noise suppression [G]. AIAA, 1977,10:77 – 1334.

[58] HOWE M S. Contributions to the theory of aerodynamic sound with application to excess jet noise and the theory of the flute[J]. J. Fluid. Mech,1975,71,625 – 673.

［59］ HOWE M S. On the absorption of sound by turbulence and other hydrodynamic flows［J］, IMA J. Appl. Math. , 1984,32:187－209.

［60］ VAN DITSHUIZEN J C A. Design and calibration of the 1/10th scale model of the NLR low speed wind tunnel LST 8 ×6［R］. NLR－MP－75031－U, 1975.

［61］ 王振羽. 0.8m 风洞风扇系统的设计和运转［J］. 流体力学实验与测量, 1998,12(3):73－77.

［62］ CHEN N X. A pressure correction method for calculating the flow in low speed axial fans and compressors ［C］. Second international conference on CFD in the minerals and process industries. Australia: CSIRO, 1999.

［63］ 刘飞. 大型轴流风扇来流条件对内流影响的数值分析［J］. 工程热物理学报, 2006,27(增刊.1): 145－148.

［64］ 谢军龙. 前缘弯掠风扇叶尖涡的数值分析与 PIV 试验［J］. 工程热物理学报, 2006,27(1):57－60.

［65］ RAO K V. Investigation of unsteady flow through transonic turbine stage［R］. AIAA90－2048, 1990.

［66］ AMANO R S. Computations of turbulent flow in a turbine stator－rotor passage［R］. AIAA99－1080, 1999.

［67］ NEUBER R. Advanced Low－Noise Research Fan Stage Design［R］. NASA－CR－206308, 1997.

［68］ SCHULTEN J B H M. Vane sweep effects on rotor－stator interaction noise［J］. AIAA Journal, 1997,35 (6):945－951.

［69］ SCHULTEN J B H M. Unsteady leading－edge suction effects on rotor－stator interaction noise［J］. AIAA Journal, 2000,38(9):1579－1585.

［70］ WOODWARD R P. Benefits of sweep and leaned stators for fan noise reduction［R］. AIAA－99－0479, 1999.

［71］ AGBOOLA F A. The effects of axial fan noise control by blade sweep on the radial component of velocity ［R］. AIAA－99－1862, 1999.

［72］ 宋会玲. 气泡在液态金属搅拌流场中运动与变形的影响因素分析［J］. 工程热物理学报. 2008,29 (12):2053－2056.

［73］ SARKAR S. Computation of the Sound Generated by Isotropic Turbulence［R］. NASA－CR－191543,1993.

［74］ 丛成华,易星佑,吕金磊,徐大川. 声学风洞风扇段流场特性数值模拟［J］, 推进技术, 2011, 32 (5):741－745.

［75］ 丛成华,廖达雄,屈晓力,易星佑. 声学风洞风扇段流场结构数值模拟［J］. 空气动力学学报, 2012,30(4):450－455.

［76］ 丛成华,廖达雄,徐大川,屈晓力. 三维风扇气动特性数值模拟［C］. 第十五届全国计算流体力学会议论文集. 山东烟台:北京航空航天大学, 2012.

［77］ 杨高强,屈晓力,丛成华,张海洋,余永生. 桨叶入口收缩对风扇性能影响的数值研究［C］. 中国空气动力学会测控专委会六届六次全国学术交流会. 广东惠州, 2015.

［78］ 杨高强,屈晓力,张海洋,丛成华,余永生. 风扇段入口收缩对风扇性能影响的数值研究［C］. 第五届近代实验空气动力学会议. 辽宁大连, 2015.

［79］ 梁锡智,吴海等. 轴流对旋风机的设计和试验研究［J］. 煤炭学报,1999,24(1):94－97.

［80］ 陆明琦,顾建明. 轴流通风机的性能及其测试［J］. 流体机械, 2004,32(6):30－32.

［81］ 吴勇华,樊广明等. 风机性能测定合理调节工况的分析与确定［J］. 五邑大学学报, 1997, 11(3): 31－34.

[82] 和海波. 对旋风机变工况下性能分析与两级电机功率匹配研究[D]. 哈尔滨理工大学,2014.

[83] HIRSCH S,C H S K A,HIRSCH SKAC,et al. Experimental study on the three – dimensional flow within a compressor cascade with tip clearance:Part II—The tip leakage vortex[J]. Journal of Turbomachinery,1993,(3):444 – 450.

[84] LEE G,H L G,LEE G H,et al. Structure of tip leakage flow in a forward – swept axial – flow fan[J]. Flow,Turbulence and Combustion,2003,70(1 – 4):241 – 265.

[85] BRAILKO I A,MILESHIN V I,Nyukhtikov M A. Computational and Experimental Investigation of Unsteady and Acoustic Characteristics of Counter – Rotating Fans[C]. American Society of Mechanical Engineers. Heat Transfer/Fluids Engineering Summer Conference,Charlotte,2004,2:871 – 879.

[86] 刘红蕊. 对旋式轴流风机优化设计及变转速匹配性能研究[D]. 中国科学院研究生院(工程热物理研究所),2011.

[87] BALOMBIN JR,STAKOLICH,EG. Effect of rotor – to – stator spacing on acoustic performance of a full – scale fan(Qf – 5)for turbofan[R],NASA TM X – 3103,E – 7879,1974.

[88] 余永生,屈晓力. 0.55m×0.4m声学引导风洞风扇段模型件设计技术条件[R],中国空气动力研究与发展中心,2009.

[89] 黄知龙. 0.3m×0.2m结冰引导风洞风扇段气动设计方案[R],中国空气动力研究与发展中心,2006.

[90] 黄知龙. 3m×2m结冰风洞风扇段气动设计方案[R],中国空气动力研究与发展中心,2009.

[91] MELLIN R C,SOVRAN G. Controlling the tonal characteristics of the aerodynamic noise generated by fan rotors[J]. Journal of Fluids Engineering,1970,9:143 – 154.

[92] 孙晓峰. 不等节距叶片风机气动声学特性的研究[J]. 北京航空航天大学学报,1986,4:137 – 145.

[93] Xu J. Discussion on fan motor with unequal spaced blades[J]. Motor Technology,1987,1:7 – 10.

[94] Cui C. Analysis of revolving noise of mine fans with uneven blade spacing[J]. Mining & Processing Equipment,2010,38:25 – 28.

[95] Léwy S. Theoretical study of the acoustic benefits of an open rotor with uneven blade spacings[J]. Journal of the Acoustical Society of America,1992,92:2181 – 2185.

[96] EWALD D,PAVLOVIC A,BOLLINGER J G. Noise reduction by applying modulation principle[J]. Journal of the Acoustical Society of America,1971,49:1381 – 1385.

[97] CATTANEI A,GHIO R,BONGIOVì A. Reduction of the tonal noise annoyance of axial flow fans by means of optimal blade spacing[J]. Applied Acoustics,2007,68:1323 – 1345.

[98] FIAGBEDZI Y A. Reduction of blade passage tone by angle modulation[J]. Journal of Sound and Vibration,1982,82:119 – 129.

[99] ROGER M. Contrôle du bruit aérodynamique des machines tournantes axiales par modulation de pales[J]. Acoustica,1994,80:247 – 259.

[100] Liu Y,Lin Z,Lin P,Jin Y,Setoguchi T,Kim H D. Effect of the uneven circumferential blade space on the performance of small axial flow fan[J]. Journal of Thermal Science,2016,25(6):492 – 500.

[101] RAMAKRISHNA P V,Govardhan M. Study of sweep and induced dihedral effects in subsonic axial flow compressor passages—part I:design considerations—changes in incidence,deflextion,and streamline curvature[J]. International Journal of Rotating Machinery,2009,2009:787145.

[102] CUMMING R A,Morgan W B,Boswell R J. Hightly skewed propellers[J]. Trans. SNME,1972,80:

98 – 135.

[103] CAI N, XU J, BENAISSA A. Aerodynamic and aeroacoustic performace of a skewed rotor[C]. ASME Turbo Expo, 2003, Atlanta, USA. New York: ASME: 497 – 504.

[104] Li Y, Liu J, Ouyang H, Du Z. Internal flow mechanism and experimental research of low pressor axial fan with forward – skewed blades[J]. Journal of Hydrodynamics, 2008, 20(3): 299 – 305.

[105] VAD J. Forward blade sweep applied to low – speed axial fan rotors of controlled vortex design: An overview[J]. Journal of Engineering for Gas Turbines and Power, 2012, 135(1): 012601.

[106] SANGER N L. The use of optimization techniques to design controlled diffusion conpressor blading[J]. ASME Journal of Engineer and Power, 1983, 105(2): 256 – 264.

293